AF325263

HISTOIRE

NATURELLE

DES POISSONS.

STRASBOURG, IMPRIMERIE DE F. G. LEVRAULT,
IMPRIMEUR DU ROI.

HISTOIRE

NATURELLE

DES POISSONS,

PAR

M. LE B.^{ON} CUVIER,

Grand-Officier de la Légion d'honneur, Conseiller d'État et au Conseil royal de l'Instruction publique, l'un des quarante de l'Académie française, Secrétaire perpétuel de celle des Sciences, membre des Sociétés et Académies royales de Londres, de Berlin, de Pétersbourg, de Stockholm, de Turin, de Gœttingue, des Pays-Bas, de Munich, de Modène, etc.;

ET PAR

M. VALENCIENNES,

Aide-Naturaliste au Muséum d'Histoire naturelle.

TOME TROISIÈME.

A PARIS,

Chez F. G. LEVRAULT, rue de la Harpe, n.° 81.

STRASBOURG, même Maison, rue des Juifs, n.° 33.

BRUXELLES, Librairie parisienne, rue de la Magdeleine, n.° 438.

1829.

AVERTISSEMENT.

Ce troisième volume complète l'histoire des poissons que
nous regardons comme appartenant à la famille des perches,
et nous y joignons comme appendice le genre des mulles,
qui, sans être complétement de cette famille, y tiennent
cependant d'assez près, et ne pourraient entrer dans aucune
autre sans violer les rapports naturels.

Un dernier chapitre contient l'histoire des sillago, dont
nous aurions dû parler immédiatement avant ou après les
trichodons, mais sur lesquels nous n'avions pas réuni assez
de documens pour en traiter à leur véritable place.

On comprend que ces petites interversions pourront nous
arriver plus d'une fois. Les nombreux correspondans qui de
toutes les parties du globe veulent bien enrichir notre ouvrage des produits de leurs recherches, nous adressent sans
cesse des poissons, et il n'est aucun de leurs envois qui ne
nous procure des espèces nouvelles ou ne nous mette à même
de perfectionner les descriptions des anciennes. Ainsi c'est
par un envoi récent que M. Bélanger nous a fait de plusieurs individus en bon état des principales espèces de ce
genre *sillago* (dont le *sciæna malabarica* de Bloch peut
être regardé comme le type), que nous avons pu nous con-

vaincre que ce genre doit aussi entrer dans la famille des percoïdes, et qu'il n'est ni de celle des *sciénoïdes* ni de celle des *gobioïdes,* comme nous l'avions soupçonné d'après son extérieur.

Des additions non moins intéressantes sont ressorties des envois nouveaux que nous avons reçus de MM. Lesueur et Ricord, et de celui que le malheureux Choris nous a fait tenir avant de quitter la Martinique pour se rendre au Mexique. Cet artiste, aussi courageux qu'habile, qui, dans son voyage autour du monde avec le capitaine Kotzebue, avait visité les peuplades les plus sauvages sans en recevoir aucune offense, a été assassiné de la manière la plus atroce dès les premiers pas qu'il a faits au-delà de Veracruz, et dans un pays qui se prétend civilisé. Que ces lignes soient un témoignage de la reconnaissance que nous devons à cet homme estimable.

Il est aussi de notre devoir d'exprimer celle que nous ressentons pour les nouveaux services que l'ichtyologie devra à la marine française. MM. Quoy et Gaymard, dans le voyage pénible qu'ils exécutent avec le capitaine d'Urville, ont continué de nous faire passer avec la plus noble générosité les poissons qu'ils ont recueillis, et même les dessins et les descriptions qu'ils en ont faites, nous permettant d'en profiter pour notre ouvrage, ce que nous ne ferons pas sans marquer chaque fois avec la plus grande exactitude ce que nous leur devrons.

M. Adolphe Bélanger, qui déjà nous avait adressé des poissons intéressans de la côte de Malabar, nous en a envoyé tout nouvellement une belle collection prise sur la côte du pays des Birmans et dans le grand fleuve de l'Iraouadi.

Au moment où nous allions livrer ce volume au public, la gabarre du Roi *la Chevrette,* commandée par le capitaine Fabré, revient de la mer des Indes, où elle était chargée d'opérations géographiques. Le zèle pour les sciences est aujourd'hui si général, que les officiers de ce navire ont tous de leur plein gré employé leurs momens de loisir à recueillir des objets d'histoire naturelle, qu'ils ont noblement offerts au Cabinet du Roi; et M. Reynaud, chirurgien-major, qui, par la nature de ses études, avait le plus de facilité pour ce travail, et qui se propose d'en faire le sujet d'un ouvrage particulier, a bien voulu permettre qu'en attendant nous profitassions de plus de trois cents poissons qui font partie de cette collection, et qui tous sont arrivés dans le meilleur état de conservation. Nous avons pu déjà en insérer quelques-uns dans notre chapitre des *mulles,* et nous plaçons dans nos additions ceux qui appartiennent aux genres décrits précédemment.

Nous continuerons ainsi à donner, à la fin de chacun de nos volumes, des supplémens aux volumes précédens, ce qui fera jouir nos lecteurs de toutes les nouveautés qui nous parviendront, aussitôt que nous les aurons reçues. Cette méthode nous a paru préférable à celle d'un supplément final, qui aurait trop retardé la publication d'objets souvent intéressans.

Au reste, notre intention est de terminer tout l'ouvrage par un tableau général et méthodique des genres et des espèces, avec leurs caractères réduits à leur plus simple expression : ce sera une espèce de système ichtyologique et un résumé de la science à l'état où elle sera parvenue quand nous aurons conduit à bien l'ensemble de notre entreprise. Donner dès à présent de ces sortes de caractères abrégés, eût été commencer une toile de Pénélope ; car chaque nouveau poisson que nous aurions reçu aurait pu nous contraindre à des changemens plusieurs fois répétés. En attendant on trouvera une sorte de prodrome de ce système, tel que nous le concevons en ce moment, dans la nouvelle édition de mon Règne animal, qui paraîtra sous peu.

Nous aurons soin aussi, dans chacun de ces supplémens, d'indiquer les erreurs ou les fautes d'impression qui pourront nous être échappées dans les volumes précédens. C'est ainsi que nous espérons rendre notre ouvrage de plus en plus digne de l'accueil qu'il reçoit des amis de l'histoire naturelle.

Parmi les écrits qui sont parvenus à notre connaissance depuis que nous avons terminé notre Histoire de l'ichtyologie, nous devons citer les Poissons de Ceilan de M. Bennet, dont il a paru deux cahiers, ornés de très-belles figures ; l'Ichtyologie helvétique de M. Hartman (1 vol. in-8.°, Zuric, 1827); le Mémoire sur les poissons de Cornouailles de M. Couch, inséré dans le quatorzième volume des Transactions linnéennes, 2.ᵉ partie ; le Traité de la pêche de Reider (1 vol. in-8.°, Nuremberg, 1825), à propos duquel je dois rappeler celui de Jokisch (2 vol. in-8.°, imprimé à Ronnebourg, 1802).

Nous nous sommes procuré encore un traité anonyme *sur*

les poissons de la mer Adriatique, imprimé à Trieste en 1796; et nous avons trouvé dans un catalogue des minéraux et des animaux du territoire de Francfort, par M. Rœmer-Büchner (Francfort, 1827, in-8.°), une liste complète des poissons de ce canton.

M. Ruppel commence aussi a donner des poissons dans le bel ouvrage où il décrit les récoltes qu'il a faites en Nubie.

Enfin, nous avons découvert dans la bibliothèque de notre savant confrère, M. Huzard, deux manuscrits d'un grand intérêt. Le premier est un recueil de dessins de poissons et de leur anatomie, fait en 1679 et 1680 par des membres de l'Académie des sciences envoyés sur les côtes par ordre de Louis XIV[1]; recueil dont Duhamel a tiré, sans le dire, toutes les splanchnologies de poissons gravées dans son Traité des pêches, et même plusieurs de ses figures d'espèces. Le second est rempli de figures de différens animaux, dessinées par Feuillée ou par Plumier, mais que Feuillée s'était appropriées, où il avait même écrit en quelques endroits son nom sur celui de son maître. Il y a des poissons intéressans, entre autres notre percophis.[2]

---

1. Il est question de ce voyage dans l'Histoire de l'Académie avant 1699 (t. I.ᵉʳ, p. 280), et il y est dit que Duverney et Lahire y examinèrent les poissons. Ce fut Lahire qui fit les dessins. Le recueil, en un volume in-folio, a appartenu à la bibliothèque de Colbert, et porte ses armes et son chiffre. Il est cité par Broussonnet dans son Mémoire sur les squales, à propos du squale bouclé. La nomenclature linnéenne des espèces y est ajoutée en quelques endroits, à ce que nous croyons, de la main de Broussonnet.

2. On voit par une note de la main de Mariette, que Feuillée même lui avait fait présent de ce recueil en signe d'amitié.

Pour terminer, nous avouerons une négligence presque impardonnable que nous avons commise dans notre Histoire de l'ichtyologie, en n'y citant point l'Histoire des poissons d'Angleterre de Donavan (imprimée à Londres en 1808, 5 vol. in-8.°), et qui contient cent vingt espèces de poissons très-bien représentés, parmi lesquels il s'en trouve de très-rares.

TABLE

DU TROISIÈME VOLUME.

SUITE DU LIVRE TROISIÈME.

CHAPITRE XV.

CHAPITRE XVI.

CHAPITRE XVII.

CHAPITRE XVIII.

CHAPITRE XXIV.

CHAPITRE XXV.

CHAPITRE XXVI.

CHAPITRE XXVII.

CHAPITRE XXXII.

CHAPITRE XXXIII.

Pages. Planch.

CHAPITRE XXXIV.

APPENDICE AU LIVRE TROISIÈME.

ADDITIONS ET CORRECTIONS

AUX TOMES I, II ET III.

(Par M. le B.⁰ⁿ Cuvier.)

AVIS AU RELIEUR

POUR PLACER LES PLANCHES.

HISTOIRE

NATURELLE

DES POISSONS.

SUITE DU LIVRE TROISIÈME.

DES PERCOÏDES A DORSALE UNIQUE, A SEPT RAYONS BRANCHIAUX ET A DENTS EN VELOURS OU EN CARDES.

Nous voici arrivés à cette partie des percoïdes à dorsale unique et à sept rayons aux branchies, dont les dents sont toutes égales, et, selon que les individus sont plus ou moins grands, ressemblent aux piquans d'une carde ou aux poils d'un velours. Ces poissons se rattachent à la perche proprement dite, comme ceux de la division précédente aux sandres et aux chéilodiptères; et les motifs principaux de leur subdivision se tirent, comme pour les autres percoïdes, de l'armure des diverses parties de leur tête : ainsi les *centropristes* ont, comme les perches propres et comme les serrans, des épines à l'opercule et des dentelures au préopercule; les *polyprions* y ajoutent des crêtes dentelées sur les opercules; les *savonniers*, comme les grammistes, ont des épines et non des dentelures au préopercule, aussi bien qu'à l'opercule, etc.

3.

1

L'ordre dans lequel on pourrait exposer ces divers genres étant assez indifférent, nous placerons d'abord, selon notre coutume, hors de rang celui qui se trouve le plus à portée de tous les observateurs, et que chacun peut se procurer à tout instant : c'est celui des *gremilles*, ou perches goujonnières, dont une espèce vit dans nos eaux douces de France, et est répandue à peu près dans toute l'Europe. On doit remarquer cependant que cette préférence ne tient point à des rapports plus étroits, qui uniraient les gremilles aux genres dont nous avons parlé jusqu'ici, et nommément à la perche; au contraire, elles s'en éloignent, par leur tête nue et caverneuse, plus que les centropristes et qu'une partie des autres genres, dont nous présenterons l'histoire après la leur : en un mot, l'ordre naturel serait de les placer à la fin de cette subdivision, comme conduisant, par les épines dont leur tête est armée, aux scorpènes et aux chabots, et par les lacunes caverneuses qui s'y voient, à la grande famille des sciènes.

CHAPITRE XV.

Des Gremilles (*Acerina*, nob.).

Comme nous venons de le dire, le caractère d'une tête caverneuse, c'est-à-dire de fossettes creusées sur les os de la joue, du museau et des mâchoires, semblerait devoir rapprocher les gremilles des sciènes; mais tous leurs autres caractères les rattachent à la grande famille des percoïdes; leurs écailles rudes et ciliées, leurs dents au vomer et aux palatins, leurs trois cœcum courts, semblables à ceux de la perche commune, etc.; ces fossettes mêmes, nous en avons déjà vu un exemple parmi les perches à deux dorsales dans le genre des aprons, dont le museau, bombé et saillant en avant de la bouche, semblait annoncer encore une plus grande affinité avec les sciènes.

On ne connaît qu'un petit nombre de gremilles, toutes d'eau douce et de petite taille, toutes habitantes des rivières du nord de l'ancien continent. A la vérité, qui ne remonterait pas aux sources, pourrait croire que la gremille noire (*black ruffe*) de Pennant, poisson de la mer d'Irlande, qui est devenu le *perca nigra* de Gmelin, et l'*holocentre noir* de M. de Lacépède, est un poisson très-voisin de nos gremilles; mais un coup d'œil jeté sur la figure de Borlase[1] nous apprend que ce n'est autre chose que le *coryphæna pompilus* de Linnæus, ou, ce qui revient au même, le *centrolophe nègre* de M. de Lacépède. C'est donc encore une espèce à rayer du catalogue des poissons.[2]

---

1. Hist. nat. de Cornouailles, pl. 25, fig. 8.
2. Et même deux, comme nous le verrons à l'article du *Centrolophe*.

La GREMILLE COMMUNE, *ou* PERCHE GOUJONNIÈRE.

(*Acerina vulgaris*, nob.; *Perca cernua*, L.) [1]

Ce petit poisson, assez remarquable par ses belles couleurs et la bonté de sa chair, et renommé de tout temps parmi les pêcheurs, n'a pas été connu, autant qu'il le méritait, des premiers ichtyologistes. Les anciens n'en parlent pas. Ce n'est certainement point, comme le veulent Gesner et Aldrovande, le *porc du Nil* de Strabon; d'abord, parce que notre gremille n'existe pas dans le Nil, et de plus, parce que ce porc, que le crocodile redoutait, ne pouvait pas être un si petit poisson : l'on doit plus probablement chercher le porc dans quelqu'un des silures à grosses épines.

Cernua, désignant un poisson, n'est pas même latin : Gaza s'en est servi le premier, pour traduire l'ὀρφὸς d'Aristote, et paraît l'avoir pris de *cerna*, nom que le peuple de Rome donne aux poissons de peu de valeur, que l'on *sépare* des autres. À son exemple, les traducteurs de Galien ont mis *cernua* pour ὀρφὸς; mais comme l'orphe était un poisson de mer, il ne s'agissait point dans ces passages de notre perche goujonnière.

C'est Bélon qui lui a le premier appliqué le nom de *cernua* [2]. Il ne paraît pas en avoir approfondi l'histoire, puisqu'il la dit étrangère à nos eaux douces de France, et propre à celles de l'Angleterre, et spécialement à l'Issis, qui coule près d'Oxford, et que dans son édition française il donne pour elle la figure de l'ombrine [3]. C'est en effet en Angleterre que la gremille a été d'abord remarquée.

---

1. *Perca cernua*, Bl., pl. 53, fig. 2; *Gymnocephalus cernua*, Bl., Schn., p. 345; *Holocentre post*, Lacép., t. IV, p. 357. — 2. *Aquat.*, p. 291. — 3. P. 289.

Cajus, qui l'avait observée dans le *Yar,* qui est la rivière de Norwich, la décrivit sous le nom d'*aspredo,* et dit que les Anglais l'appellent *ruffe,* ce qui a le même sens qu'*aspredo.* Ce fut lui qui en envoya à Gesner la première image fidèle[1]. Mais Gesner en reçut aussi une figure de Strasbourg[2], et il apprit bientôt que l'espèce est commune dans toute l'Allemagne, et principalement dans l'Oder à Francfort et à Stettin, et que même on y faisait commerce des pierres de son oreille[3]. On l'y appelle, dit-il, *kaulbarsch,* ce qu'on explique par *kugelbarsch* (perche ronde ou à tête ronde)[4]. Il aurait dû ajouter que le *schroll* du Danube, qu'il donne dans son supplément[5], est certainement la même espèce.

Rondelet n'en parle en aucune façon, ce qui est vraiment étrange, car aujourd'hui ce poisson est aussi commun pour le moins dans la Seine que dans la Tamise, ou dans aucune rivière d'Angleterre ou d'Allemagne. Duhamel, que les autres auteurs n'ont point cité à ce sujet, en parle au long, et en donne une assez bonne figure[6]. Nous-mêmes l'avons observé nombre de fois. Nos pêcheurs l'appellent perche *goujonnée, goujonnière* ou *gardonnée.* C'est sur la Moselle qu'on lui donne le nom de *gremille,* que nous avons adopté pour tout le genre. Mais Rondelet paraît n'avoir bien connu que les poissons du Midi, et apparemment la gremille y est rare.

---

1. Gesner, p. 192. — 2. *Ibid.* — 3. P. 701 et 702.

4. On la nomme aussi, dans le Holstein, *stuer barsch;* en Hollande, *posch* ou *post;* en danois, *horch* (Schonefeld, p. 56); en Silésie, *goldfisch,* ou *poisson doré* (Schwenkfeld, p. 441); en Bavière et en Autriche, *pfaffenlaus,* nom ridicule, qui signifie *pou de prêtre* (Marsigli, t. IV, p. 67); on l'y appelle aussi *schroll.*

5. P. 29. — 6. Pêches, sect. 4, p. 39, pl. 8, fig. 1.

Il semble qu'elle appartienne plutôt au Nord. Toutes les rivières de l'Angleterre la possèdent[1]. Il y en a en Danemarck[2], en Suède[3], en Prusse[4], en Russie[5], et jusqu'en Sibérie, où tous les grands fleuves la nourrissent; mais je ne vois pas qu'on l'ait observée en Italie, en Espagne, ni en Grèce.

Les habitudes de la gremille sont très-semblables à celles de la perche[6]. Comme beaucoup d'autres poissons, elle se montre de préférence au temps du frai, qui a lieu au mois de Mars.

On n'en prend guère que pendant la belle saison. L'hiver elle se tient dans les profondeurs. Elle va volontiers en troupes. Elle aime les fonds de sable, selon Cajus; les torrens, selon Tragus, et les marais et les eaux tranquilles, selon Marsigli; ce qui nous semble prouver qu'on en prend dans toutes sortes d'eaux; mais la vérité est que lors du frai elle cherche, pour déposer ses œufs, les lieux où il y a des roseaux.

Dans le Rhin et dans la Seine, c'est aux bouches des petites rivières tributaires de ces fleuves que l'on en fait la meilleure pêche.

Marsigli dit qu'elle vit de petits poissons, et Willughby lui a trouvé des insectes dans l'estomac.

La chair de la gremille est encore plus estimée que celle de la perche, pour sa légèreté et son bon goût. On la regarde

---

1. Willughby, t. I.ᵉʳ, p. 335. — 2. Müller, *Zool. dan. prodr.*, n.° 392. On l'y nomme *horke, farike, stibling*, et en Norwége *kulbars* et *abor uden flos*.

3. Linn., *Faun. suec.*, p. 286, et de l'édition de Retzius, p. 338, n.° 74 : elle s'appelle en suédois, *giers*; à Fahlun, *snorgers*. — 4. Wulf, p. 28, n.° 35, et Bloch, II.ᵉ part., p. 68. — 5. Georgii, t. III, 7.ᵉ part., p. 1925, dit qu'on la nomme en russe, *jersch*; en polonais, *jargar*; en suédois, *yars* (c'est toujours le même nom de *giers*). — 6. Schæffer, *Pisc. Bavar. pentas*, p. 47.

comme un des alimens les plus sains que puisse fournir la classe des poissons. Elle est excellente, disent tous les auteurs, de quelque manière qu'on la prépare; et nous trouvons en effet que, malgré sa petitesse, c'est un de nos poissons de rivière les plus dignes d'être recherchés. En Suède on assure que près de la mer, où elle est plus rare, elle est aussi plus grande et de meilleur goût.[1]

Ayant la vie aussi dure que la perche, elle est aussi facile à transporter. On dit même que, devenue roide et comme morte par le froid, elle reprend son mouvement quand on la remet dans l'eau. Il est avantageux d'en avoir dans les viviers, parce qu'elle est très-bonne, et ne peut faire grand mal aux autres poissons à cause de sa petitesse: elle redoute plutôt les grands, et surtout les brochets. On croyait autrefois qu'elle les brûlait, ou pour mieux dire, qu'elle les faisait dépérir; mais il paraît que cette idée est abandonnée.

La gremille est moins haute et moins comprimée à proportion que la perche : sa longueur totale fait quatre fois et demie sa hauteur, et sa grosseur en fait les deux tiers. La longueur de sa tête est trois fois et demie dans sa longueur totale, et sa hauteur deux fois dans sa propre longueur. La ligne du profil va en s'abaissant depuis la nuque, et demeure rectiligne jusque vers le bout du museau, où elle devient convexe. L'œil a un peu moins du tiers de la longueur de la tête. Sa distance au museau est égale à son diamètre. La bouche n'est pas fendue jusque sous l'œil. Elle est assez protractile. Ses lèvres sont assez charnues. Les dents forment une bande de velours à chaque mâchoire et un petit groupe en travers, au-devant du vomer. Peut-être y en a-t-il deux ou trois à chaque palatin. Les dents pharyngiennes sont en cardes.

---

1. Retzius, *Faun. suec.*, p. 338.

Le crâne a plusieurs rides en rayons. Entre les yeux sont une fossette en arrière et deux en avant; toutes les trois ovales, et en avant des deux antérieures deux fossettes rondes. En dehors de celles-ci est le trou antérieur de la narine, et plus près de l'œil le trou postérieur, fort séparé de l'autre et plus grand. En dehors de la narine est encore une petite fossette ovale; puis on en voit une rangée longitudinale de cinq ou six, creusées dans les sous-orbitaires, et occupant en arc toute la longueur de la joue. Une autre rangée de huit règne le long de la branche de la mâchoire inférieure, qui en a trois, et du limbe du préopercule, qui en a cinq. Le bord montant du préopercule a six petites épines dirigées en arrière ou en haut; puis en vient une fourchue, encore assez petite; puis une forte à l'angle; et enfin au bord inférieur trois fortes, dirigées en avant. L'opercule termine sa partie osseuse par une épine pointue, au-dessus de laquelle est un petit lobe. Les ouïes sont très-fendues. Leur membrane a sept rayons. L'os sur-scapulaire, en forme de S, est finement dentelé en scie : l'os huméral forme, au-dessus de la pectorale, un angle terminé par deux ou trois petites dents. Il n'y a d'écailles visibles à aucune partie de la tête ni de la poitrine.

La dorsale commence au-dessus de la pointe de l'opercule. Ses quatre premiers rayons vont en s'alongeant; le cinquième et le sixième sont les plus grands; puis ils diminuent insensiblement jusqu'au quatorzième, qui est le dernier épineux. Le premier mou le surpasse du double. Il y en a douze mous, ou, si l'on veut, onze, dont le dernier profondément fourchu. L'anale commence sous la partie molle; elle a deux rayons épineux forts et cinq mous, dont le dernier fourchu. Elle ne va pas autant en arrière que la dorsale, et n'approche pas non plus tout-à-fait de l'anus. Celui-ci est au milieu de la longueur totale. La partie de la queue sans nageoire est aussi longue que la caudale, et à peu près le sixième de la longueur totale. La caudale a son bord postérieur arqué en croissant. Elle se compose de dix-sept rayons, dont les deux extrêmes sans branches. Les pectorales sont arrondies, de grandeur médiocre, et ont treize rayons, tous mous; les ventrales sont aussi grandes qu'elles, et ont cinq rayons mous et un épineux, fort, de moitié plus court que le troisième, qui est le plus long.

Les écailles sont de grandeur médiocre, et diffèrent peu de celles de la perche. Il y en a environ cinquante-cinq sur la longueur et vingt sur la hauteur.

La couleur de ce poisson est, vers le dos, d'un brun-clair tirant sur l'olivâtre. Il se change sur les flancs en argenté un peu doré, et sous le ventre en argenté nacré et un peu irisé. Le préopercule, l'opercule et les côtés de la poitrine sont d'un nacre très-irisé; l'opercule tirant un peu sur l'or et le vert, et le préopercule un peu davantage vers le bleu d'aigue-marine; le dessous de la gorge et de la poitrine est d'un blanc tirant sur le couleur de chair. De petites taches brunes nuageuses sont semées sur la tête et sur le dos. Elles s'unissent irrégulièrement en petites lignes longitudinales sur les flancs. La dorsale et la caudale sont du même gris jaunâtre que le dos. Sur la partie épineuse il y a quatre ou cinq taches nuageuses noires dans chaque intervalle des aiguillons. A la partie molle et à la caudale on voit sur chacun des rayons eux-mêmes quatre ou cinq points noirâtres. Les pectorales ressemblent à cette partie molle, mais leur partie inférieure n'a pas de points, et le reste en manque souvent, ou bien ils y sont fort irréguliers. Les ventrales et l'anale sont blanchâtres, avec quelques teintes de rouge sur les bords de leur partie antérieure. L'iris est noirâtre à sa partie supérieure et doré vers la partie inférieure. La cornée n'a pas la teinte jaune que nous y avons remarquée dans la perche.

Les intestins de la gremille ressemblent beaucoup à ceux de la perche; elle a de même l'estomac court et obtus; trois appendices cœcales seulement; un intestin faisant trois replis; un foie peu prolongé en arrière, dont le lobe gauche est le plus grand; une vessie natatoire simple.

Son squelette a quinze vertèbres abdominales et vingt-deux caudales. Le premier rayon épineux de la dorsale n'adhère qu'au troisième interépineux. Les côtes sont simples et assez fortes. Les apophyses transverses de la dernière vertèbre abdominale s'élargissent et s'unissent en un petit bassin.

3.

La gremille ne dépasse guère une longueur de sept ou huit pouces, ni un poids de trois onces.

Le Schrætz, *ou* Schraitzer du Danube.

(*Acerina schraitzer*, nob.; *Perca schraitzer*, L.)[1]

Le Danube et ses affluens nourrissent avec la gremille ordinaire, qui leur est commune avec les autres eaux du nord de l'Europe, une espèce un peu différente du même genre, à laquelle les Bavarois ont donné le nom de *Schraitzer,* et les Autrichiens celui de *Schrætz* (et en diminutif *Schrætzel*).

Willughby, qui l'a décrite le premier, l'avait observée à Ratisbonne. C'est Marsigli qui, dans son Histoire du Danube[2], en a donné la première figure, et c'est à un naturaliste de Ratisbonne, à Schæffer, que l'on en a dû à la fois une figure coloriée et une description extérieure et intérieure détaillée.[3]

Wulff en place aussi dans les lacs de la Prusse[4]; mais cette assertion, donnée sans détail, n'est peut-être pas fondée sur des observations faites avec assez de soin.

Il n'y en a point, à notre connaissance, en France ni en Italie, et les individus que le Cabinet du Roi possède, lui sont venus de Vienne par les soins de feu M. le marquis de Bonnay, et par la complaisance de M. de Schreibers.

---

1. Bl., pl. 332; *Gymnocephalus schraitzer*, Bl., Schn., p. 341; *Holocentre schraizer*, Lacép., t. IV, p. 347. — 2. T. IV, p. 68, et pl. 23, fig. 3. — 3. *Pisc. Bavar. pentas*, p. 48, et pl. 2, fig. 4. — 4. Wulff, *Pisc. regn. Boruss. cum amphibiis*, p. 29.

Le schrætz est plus alongé que la gremille commune. La hauteur de son corps est un peu plus de cinq fois dans sa longueur totale; son épaisseur fait les deux tiers de sa hauteur. Sa tête est aussi plus alongée à proportion surtout de la partie du museau, dont la distance à l'œil est d'un tiers plus grande que celle de l'ouïe. La longueur de la tête est un peu moins de quatre fois dans la longueur totale. Le museau n'est pas bombé, et la ligne du profil descend presque droit. Les fossettes de la tête sont plus larges et moins profondes. Il y en a une au-dessous des narines, et cinq formant une ligne depuis le tiers externe de la lèvre et le long de la joue. Une seconde ligne, de cinq, suit la branche de la mâchoire inférieure et le limbe inférieur du préopercule, lequel rentre en dessous. Il y en a une sixième à l'angle, et une septième à la partie montante du limbe. Six dentelures fortes et pointues arment le bord montant du préopercule; on en voit en outre une à l'angle et deux le long du bord inférieur, écartées de celles de l'angle et entre elles, et en avant du même bord quatre ou cinq très-rapprochées, qui, dans le frais, sont cachées par la peau. Ces quatre dernières sont fort écartées les unes des autres; les deux antérieures sont dirigées en avant. L'opercule est un peu strié et terminé par une épine fort aiguë. Le sous-opercule a le bord inférieur convexe, et l'on y observe quelques très-fines dentelures.

Le crâne est âpre et strié par plusieurs faisceaux de rayons.

Il y a une bande de dents en velours aux deux mâchoires, et un très-petit groupe au milieu du chevron du vomer.

La langue est dans le fond de la bouche, ronde, lisse et médiocrement libre.

L'os surscapulaire est finement dentelé en scie. L'os de l'épaule est âpre, et son angle postérieur fait une épine pointue, au-dessus de laquelle en est quelquefois une plus petite.

La dorsale commence au-dessus de la pectorale; elle a dix-neuf épines et douze rayons mous. Les épines croissent jusqu'à la troisième et la quatrième, qui sont les plus hautes, d'un tiers moins hautes cependant que le corps; elles diminuent ensuite jusqu'à la dix-huitième; la dix-neuvième redevient un peu plus grande. Le

premier rayon mou la surpasse du double. Derrière la dorsale est
un espace nu, égal au huitième de la longueur totale. La caudale
en égale le septième. Son bord est légèrement arqué en croissant.
Elle a dix-sept rayons et quatre petits en dessus et en dessous.
L'anus est presque au milieu du corps; mais il y a quelque distance
entre lui et l'anale; et celle-ci ne s'étend pas autant en arrière que
la dorsale. Elle a deux forts rayons épineux et six mous un peu
plus longs. La pectorale est médiocre, un peu pointue, et a quatorze rayons, dont le troisième et le quatrième sont les plus longs;
les ventrales sont aussi longues que les pectorales, et rondes.
L'épine y est forte, mais moitié moins longue que les cinq rayons
mous.

Toute la tête et la région des nageoires paires manquent d'écailles;
le desséchement en fait voir quelques-unes sous la poitrine. Il n'y
a point d'écailles particulières aux nageoires paires, ni même aucunes écailles autour de leur base. On peut compter soixante-
quinze écailles sur une ligne longitudinale, et vingt-trois à vingt-
quatre sur une ligne verticale, au-dessus des ventrales. La ligne
latérale est parallèle au dos et à peu près droite. Elle consiste en
une petite saillie mate et triangulaire sur chaque écaille. Sa distance au dos fait presque partout le quart de la hauteur totale; sur
la queue elle en fait le tiers.

La couleur générale est jaunâtre et prend à la partie supérieure
une teinte d'un brun olivâtre, et vers le ventre d'un blanc argenté.
Trois lignes noires s'étendent de chaque côté sur toute sa longueur.
La première suit exactement la ligne du dos, le long de la base de
la dorsale; la seconde suit à peu près la ligne latérale; elle est
interrompue d'espace en espace; la troisième est plus bas que la
ligne latérale, qu'elle rejoint sur la queue seulement. Elle est bien
continue. Il y a quelquefois le long du flanc une suite de taches,
qui forment une quatrième ligne. La dorsale est blanchâtre; elle
a trois ou quatre taches noires dans l'intervalle de chaque épine.
On aperçoit quelques points noirâtres sur la partie molle, ainsi que
vers le bout de la caudale. Les autres nageoires paraissent n'avoir
point de taches; elles sont plus ou moins jaunâtres.

Les intestins du schrætz sont à peu près les mêmes que dans la gremille. Son estomac est encore plus petit, et ses trois appendices cœcales plus courtes, mais le reste de son canal alimentaire est plus large.

Son squelette a deux vertèbres caudales de plus que celui de la gremille.

Ce poisson devient un peu plus grand que la gremille : il y en a qui pèsent cinq onces, et qui sont longs de huit à neuf pouces.

Ses habitudes sont les mêmes. Sa chair est aussi bonne; mais il n'est pas si facile à transporter, parce qu'il expire au moment où on le tire de l'eau.

Le Babir *des Russes.*

(*Acerina Rossica,* nob.; *Perca acerina,* Güldenstedt.)

Voici une gremille encore plus reculée vers l'Orient que le schrætz; bien qu'habitante de la mer Noire et de la mer d'Azof, elle ne paraît point remonter dans le Danube, et ce n'est que dans le Dnieper et dans le Don qu'on l'a observée, encore ne s'y porte-t-elle pas bien haut; jusqu'au confluent de la Desna, dans le premier de ces fleuves, et jusqu'à celui du Voronesch, dans l'autre. Güldenstedt, le premier et même le seul auteur qui l'ait décrite, assure ne l'avoir pas même vue dans le Phase. C'est près du Borysthène qu'on la nomme *Babir;* sur les bords du Don son nom est *Birtschok.* Les individus pêchés dans les rivières sont petits, et dans la mer même ils ne passent pas huit pouces.

Ce poisson remonte en hiver dans les rivières pour frayer. Sa chair a les mêmes qualités que celle de la gremille.

Ne l'ayant point vu, nous nous bornons à traduire la description que Güldenstedt en a donnée.[1]

Sa tête est beaucoup plus longue à proportion que dans les deux autres espèces, et égale le tiers de sa longueur totale; la hauteur du corps en fait le cinquième, et son épaisseur le septième.

La tête est creusée de fossettes auprès des narines, et sur le haut et le bas des joues. L'intervalle entre les yeux est étroit; l'occiput est finement dentelé en scie; les tempes sont hérissées d'une série perpendiculaire de dentelures, dont les plus fortes sont situées vers le bas.

L'ouverture de la bouche est étroite, un peu protractile, et lorsqu'elle est fermée, la lèvre supérieure est plus longue que l'inférieure.

Des deux ouvertures de la narine, l'antérieure est la plus petite, et distante de la postérieure, à moitié recouverte par une valvule.

Les yeux sont grands; l'iris de l'œil brun dessus, argenté dessous, mais avec un limbe très-étroit, circulaire, tout argenté; la pupille noire.

Les opercules sont plats, arqués à leur bord, entiers.

La membrane branchiostège a sept rayons. Le dos est arrondi, grisâtre; la poitrine et l'abdomen tout-à-fait plans, blanchâtres; les côtés un peu arrondis, marqués de taches noires, éparses, arrondies, plus abondantes au-dessus qu'au-dessous de la ligne latérale. Celle-ci est parallèle au dos, et plus près du dos que du ventre. Il y a des écailles sur tout le tronc, excepté la poitrine, tombant facilement, arrondies, médiocres, semées de points bruns sur le dos et les flancs; celles du ventre n'ont pas ces points: elles sont un peu rudes à leur bord, mais non épineuses. L'os de l'épaule est pointu à son sommet et lisse à sa surface.

La dorsale unique a de trente à trente-deux rayons, croissant jusqu'au onzième, et diminuant ensuite; dix-sept ou dix-huit sont épineux, réunis par une membrane blanchâtre, tachetée de brun;

---

1. Dans les *Novi Commentarii* de l'Académie de Pétersbourg, t. XIX, p. 455.

les autres mous, sans taches sur la membrane qui les réunit. Les pectorales sont oblongues, pointues, blanches, à vingt-cinq rayons; les ventrales, en trapèze, blanches, à six rayons, dont le premier, plus court, est simple et épineux. L'anale, opposée à l'extrémité de la dorsale et un peu éloignée de l'anus, est blanche, et a de sept à neuf rayons, dont les deux premiers très-forts et épineux. La caudale, blanche, fourchue, les deux lobes égaux entre eux, à dix-sept rayons, excepté les latéraux, qui sont les plus courts.

Le foie, large, confiné vers le diaphragme, a deux lobes: le gauche plus petit, pointu; le droit très-grand, carré. La vésicule du fiel est petite, cachée dans le milieu de la surface inférieure du foie. La rate, presque ronde, d'un rouge noir, est située à la base de l'estomac. Celui-ci est courbé, oblong, obtus à son extrémité, et a trois appendices cœcales, papilliformes, presque égales entre elles, surpassant à peine trois lignes dans un individu d'un empan. Le canal alimentaire se recourbe une seule fois, a peu de graisse, et est aussi long que le tronc. Les laitances sont doubles, linéaires, blanchâtres, et occupent toute la longueur de l'abdomen. Le péritoine est argenté, parsemé de points noirs, seulement près de la vessie aérienne : celle-ci est simple, ample, attachée à l'épine dorsale dans toute la longueur de la cavité abdominale, communiquant avec le gosier, à son extrémité antérieure, par un canal[1]. Les reins, attachés à l'épine dorsale, de couleur de sang, variables de forme, se déchargent dans la vessie urinaire, située près de l'anus.

Il y a quarante vertèbres à la colonne vertébrale, et quinze paires de côtes.

---

1. Peut-être y a-t-il ici quelque erreur. Nous ne trouvons point de communication de ce genre dans cette famille.

CHAPITRE XVI.

Des Cerniers et des Pentaceros.

DES CERNIERS (*Polyprion*),

Et de l'espèce commune, le CERNIER BRUN.

(*Polyprion cernium*, nob.)

Une chose assez remarquable, et qui prouve à quel point certaines parties de l'ichtyologie ont été négligées, c'est qu'un poisson très-commun dans la Méditerranée, fort connu sur toutes ses côtes, qui parvient à une longueur de cinq et de six pieds, et pèse souvent plus de cent livres, ait été si peu distingué, ou si mal indiqué par les observateurs, que ceux des naturalistes méthodiques qui en ont eu connaissance, l'aient pris pour un poisson nouveau et venu de mers éloignées.

Tel est le cas du *cernier*. Malgré son énorme taille et toutes les singularités de sa structure, ni Bélon, ni Salvien, ni Rondelet, n'en ont parlé; il n'en est pas question davantage dans Willughby; encore moins dans les auteurs de l'époque qui a suivi Linnæus. Un dessin, communiqué par M. Latham à M. Schneider, a été donné par celui-ci comme un poisson d'Amérique, et ce n'est que par le dernier voyage de M. Savigny que nous avons appris que c'est une espèce d'Europe, et très-abondante sur les côtes méridionales de la France et sur toutes celles de l'Italie.

A la vérité, M. Risso l'a connu et en a parlé dans son Ichtyologie de Nice, p. 184; mais il a cru y retrouver la *scorpène marseillaise* de M. de Lacépède (t. III, p. 269), c'est-à-dire, le *cottus massiliensis* de Forskal[1], et non pas l'*amphiprion* : or, ce prétendu *cottus massiliensis* n'est qu'une rascasse ordinaire, *scorpæna porcus* ou *scrofa*.[2]

M. Rosenthal a aussi possédé le squelette d'un vrai cernier; mais, par une erreur que je ne sais comment expliquer, il lui donne le nom de *sciæna aquila* (pl. 16, fig. 1).

On pourrait soupçonner aussi que notre cernier est le *pilote de haute mer*, donné par Duhamel (Pêches, II.ᵉ partie, section 8, p. 237, et pl. 6, fig. 2)[3], d'après un individu pris à l'entrée de la Manche; mais sa figure est si peu détaillée, les caractères particuliers à l'espèce y sont si peu exprimés, qu'il restera toujours beaucoup de doute sur ce point.

Le nom de *cernier* que ce poisson porte à Marseille, et celui de *cernio* qu'on lui donne à Nice, paraissent venir de la même origine que ceux de *cerna*, de *cernua*, et autres semblables, qui s'appliquent en général à des poissons de la famille des perches, mais à des espèces très-diverses, selon les diverses côtes. Il vient de *cernere*, et en italien il signifie en général séparation, distinction ;

---

1. Dans sa nouvelle édition, p. 367, M. Risso nous paraît parler du cernier sous le nom d'*holocentrus gulo* ou *cernia*.

2. M. Risso allègue Brunnich au lieu de Forskal; mais c'est un *lapsus calami*.

3. M. Valenciennes, Mém. du Mus., t. XI, p. 265, a fait une méprise en disant que ce *pilote de haute mer* de Duhamel est le *scorpæna americana* de Gmelin (*scorpène américaine*, Lacép., t. III, p. 384). Cette scorpène américaine est le *crapaud de mer d'Amérique* de Duhamel, sect. 5, pl. 2, fig. 5, et un poisson tout différent.

mais on l'applique aussi à la chose séparée, que l'on prend souvent en mauvaise part. Il signifie alors *rebut, épluchure.* C'est dans ce sens que le peuple de Rome, selon *Bélon,* appelle *cerna* toute sorte de petits poissons de peu de valeur, tels que des serrans, des petits labres, etc., qui se vendent ensemble, et à part des grands et des bons.[1] Mais il paraîtrait, d'après Gyllius[2], qu'en Sicile on applique spécialement ce nom à un *spare,* et que c'est ce qui a déterminé Gaza à forger celui de *cernua,* pour traduire l'ὀϱφὸς d'Aristote. Bélon[3] a ensuite employé ce nom de *cernua,* mais sans en donner aucun motif, pour notre *gremille* ou petite perche d'eau douce.

Les dictionnaires espagnols écrivent *cherna,* et le définissent un poisson de mer de la grandeur d'un saumon; mais chez les Espagnols, comme chez d'autres peuples, ce nom n'a rien de constant.

Cornide qui, dans son catalogue des noms galliciens des poissons, l'écrit *cherla,* et le fait *synonyme* de *mero,* l'applique au serran (*perca scriba,* L.). Dans les peintures de poissons du Mexique, faites pour le roi d'Espagne, que j'ai consultées, on nomme *cherna,* l'*anthias striatus* de Bloch, ou notre *mérou à croupe noire,* t. II, p. 288, et Parra, dans ses poissons de la Havane, pl. 24, adopte la même nomenclature, tant il est vrai qu'on ne peut faire aucun fond sur ces noms populaires, qui varient selon les temps et les lieux et sans aucune règle.

Nous ne pouvons mieux faire que d'adopter la description que M. Valenciennes a donnée de ce poisson dans les

---

1. Bélon, *Aquat.,* p. 198. — 2. Gyll., *De Gall. nom. pisc.,* c. 26. — 3. *Aquat.,* p. 291.

Mémoires du Muséum, t. XI, p. 265, en y ajoutant quelques détails.

Le cernier a en général la forme d'un serran, mais d'une espèce grosse et courte. Sa hauteur est trois fois dans sa longueur, et son épaisseur deux fois dans sa hauteur : la longueur de sa tête est un peu moindre que cette hauteur. Par la tête il approche des scorpènes. Elle est un peu aplatie en dessus et singulièrement ridée et rude dans plusieurs de ses parties. Sur le crâne sont deux faisceaux d'arêtes saillantes, disposées en palmettes, mais irrégulièrement, de façon que les deux brins extérieurs sont écartés, et les autres très-serrés. Au bord intérieur de ces faisceaux sont quelques tubercules, et il en part en avant quatre autres arêtes fort écartées, deux de chaque côté. Les bords de l'orbite sont âpres, et surtout à sa face supérieure. Le premier sous-orbitaire est un peu dentelé; le préopercule l'est fortement, surtout à son angle, mais irrégulièrement, et l'arête qui marque son limbe est fort âpre. Une arête saillante et âpre, bifurquée en arrière, traverse l'opercule depuis son articulation supérieure jusqu'à sa pointe, qui est forte et aiguë. Une autre pointe, moins saillante, est au-dessus de celle-là. La moitié inférieure du subopercule et tout l'interopercule ont leur bord finement dentelé. L'os surscapulaire l'est aussi un peu, ainsi que le bas de l'huméral. Une partie de ces âpretés et de ces dentelures s'adoucit au reste avec l'âge, comme dans les autres poissons, et il y en a beaucoup moins dans les grands individus que dans les petits. La nuque est carénée; la mâchoire inférieure avance un peu plus que l'autre. Toutes deux sont garnies de dents en cardes sur une large bande. Il y en a en velours sur un triangle, en avant du vomer, sur une large bande à chaque palatin, sur un disque, au milieu de la langue, sur les bases des arceaux des branchies; mais celles de leurs râtelures et des pharyngiens redeviennent fortes et en cardes. La dorsale a onze épines irrégulièrement sillonnées et âpres alternativement d'un côté et de l'autre. La première est la plus courte; elles croissent jusqu'à la sixième, que les suivantes égalent à peu près, et qui n'a pas tout-à-fait le tiers de la hauteur du corps. La partie molle de cette nageoire s'élève de près du double au-dessus de l'épineuse; elle est arrondie et à peu près aussi haute que longue. L'anale répond à cette partie molle pour la position. Ses trois épines sont fortes et sillonnées, ou même âpres, comme celles du dos; la troisième est la plus longue. Les rayons mous la dépassent du double. La caudale est à peu près carrée, à peine un peu échancrée. Les pectorales sont médiocres, et ne ressemblent en rien à celles des scorpènes. Les ventrales les surpassent en étendue et en épaisseur. Leur épine est forte, sillonnée et âpre, ou même hérissée dans la jeunesse. Elle occupe les deux tiers de la longueur de la nageoire.

B. 7; D. 11/11 ou 11/12; A. 3/8 ou 9; P. 17; V. 1/5.

Les écailles sont petites, âpres à leur bord, et n'ont que quatre ou cinq crénelures à leur racine; leur partie externe paraît à la loupe finement pointillée et ciliée. Il y en a plus de cent sur une ligne entre l'ouïe et la caudale, sur la base de laquelle il s'en étend encore assez avant, entre les rayons. On en compte environ cinquante sur une ligne verticale, au-dessus des ventrales.

Il s'en porte aussi sur les bases des parties molles de la dorsale et de l'anale, jusqu'à près de moitié de leur hauteur. La nuque, les pièces operculaires, la joue, le museau, le maxillaire, les branches de la mâchoire inférieure en sont garnies. Il n'y a de nu que la membrane des ouïes, les lèvres, le dessus du crâne et une partie du sous-orbitaire.

La ligne latérale suit à peu près la courbure du dos; elle occupe en avant le quart supérieur de la hauteur, et se marque très-peu, et seulement par un enfoncement léger des écailles.

Le cernier adulte est d'un gris-brun uniforme; sa caudale est bordée de blanchâtre. Dans sa jeunesse il est marbré de grandes et larges taches noirâtres, irrégulières et en partie nuageuses, sur un fond gris blanchâtre ou roussâtre.

Le foie de ce poisson est de grandeur médiocre, et divisé en deux lobes à peu près égaux. Son estomac est grand, en cul-de-sac obtus; il a des parois très-épaisses, et est sillonné intérieurement de gros plis irréguliers. Le pylore s'ouvre près du cardia, et n'a que deux appendices cœcales; l'une très-courte, l'autre très-longue; l'intestin est long, et fait, avant de se rendre à l'anus, six replis, dont le dernier est plus large que ceux qui le précèdent. La rate est petite, cachée sous les replis de l'intestin; la vessie aérienne, simple, grande, à parois épaisses et argentées. Les reins, grands et très-renflés à leur extrémité, touchent immédiatement à la vessie urinaire, qui est de grandeur médiocre, et s'ouvre, comme d'ordinaire, derrière l'anus.

L'estomac contient des débris de coquillages et de petits poissons. Nous y avons reconnu des sardines.

Le squelette du cernier[1] a treize vertèbres abdominales et treize caudales; à compter de la neuvième abdominale, les apophyses transverses commencent à s'alonger et à se diriger vers le bas. Dans les deux dernières seulement il y a une traverse entre ces apophyses. Un seul interépineux sans rayons est placé entre le crâne et le premier interépineux de la dorsale. Les côtes sont de force médiocre, et n'ont chacune qu'une appendice grêle.

M. Risso (Icht. de Nice, p. 185) nous apprend que la chair du cernier est blanche, tendre et d'un bon goût; qu'il se tient pendant toute l'année sur les fonds rocailleux, à une très-grande profondeur, comme de trois mille pieds; qu'on le prend à la palangre avec des caranx et des spares, et qu'il est souvent tourmenté par une grande quantité de tentaculaires fines, longues et rougeâtres, qui se tiennent dans ses intestins et lui donnent une voracité insatiable. Il est commun dans la mer de Nice; mais il nous paraît que c'est un des poissons que l'on peut appeler cosmopolites, ou du moins un de ceux dont le genre

---

1. Ce squelette a été représenté par M. Rosenthal, Pl. ichtyol., 4.ᵉ cahier, pl. 16, mais sous le faux nom de *sciœna aquila*.

se reproduit dans beaucoup de mers sous des formes très-semblables.

Si c'est le *pilote de haute mer* de Duhamel, on le prendrait quelquefois sur nos côtes de l'Océan. Il ne nous est pas possible de distinguer spécifiquement les individus apportés du cap de Bonne-Espérance par Delalande, de ceux que M. Savigny a recueillis dans la Méditerranée. C'est incontestablement l'*amphiprion* que Bloch, édition de Schneider, pl. 47, représente sous le nom d'*austral,* et dont il donne, p. 205, sous le nom d'*americanus,* une description tirée uniquement de ce dessin, et qui cependant ne lui est pas très-conforme. Si l'on s'en rapporte à la note de Latham, qui accompagnait le dessin, l'individu serait venu d'Amérique, et l'espèce y porterait (mais on ne dit pas dans quelle langue ni dans quel État) le nom de *girom.* Cependant ce nom a l'apparence espagnole.

Il est certain que c'est aussi le *perca prognathus* de Forster, qui est devenu, dans le Système de Bloch, édition de Schneider, p. 301, l'*epinephelus oxygeneios.* Nous en avons pour preuve non-seulement la description de Forster, insérée dans l'ouvrage de Bloch, mais son dessin conservé à la bibliothèque de Banks, et dont nous devons un calque aux bontés de Mme Bowdich. Or Forster avait pris ce poisson près de l'île de la Reine-Charlotte, où les habitans le connaissent sous le nom de *patò-térà;* par conséquent il habite aussi l'océan Pacifique.

DU PENTACEROS.

Ce nom désignera un petit poisson du cap de Bonne-Espérance, que nous plaçons auprès du cernier, mais qui forme l'un des genres les plus singuliers de la grande famille des percoïdes. Il a été apporté du cap de Bonne-Espérance au Musée royal des Pays-Bas, par M. Horstock, et c'est à la faveur si digne de reconnaissance que nous a accordée M. Temminck que nous devons de pouvoir le décrire. Nous nommerons l'espèce *pentaceros capensis*.

Aux nageoires près, son apparence extérieure est presque celle d'un coffre (*ostracion*, L.). Il en a la forme triangulaire; les écailles dures et serrées, quoique ne formant pas, comme dans les coffres, une cuirasse compacte. L'on y voit même des cornes, comme en portent plusieurs coffres, et fort semblables entre autres à celles de l'*ostracion auritus* de Shaw, ou *coffre à quatorze piquans* de Lacépède.

Sa hauteur fait près de moitié de sa longueur totale; ses côtés, rapprochés en toit vers le haut, s'écartent vers le bas, et à sa face inférieure, qui est plane, il a en largeur transverse, au-devant des ventrales, la moitié de sa hauteur.

La ligne de son dos est en arc régulier et presque demi-circulaire; celle du ventre, droite dans son milieu, remonte obliquement vers la bouche et vers la queue.

Le profil de sa tête fait la partie antérieure de l'arc dorsal, et la bouche est à son extrémité.

La longueur de cette tête est un peu moindre du tiers de tout le poisson, et sa hauteur à la nuque égale à peu près sa longueur. L'œil est près du milieu du profil, et a le tiers de la longueur de la tête en diamètre; c'est aussi la distance d'un œil à l'autre.

Les orifices de la narine sont assez petits, ovales, placés l'un devant l'autre, et plus près de l'œil que du bout du museau.

La fente de la bouche ne prend guère que moitié de la longueur du museau, et descend un peu obliquement en arrière.

Des dents en velours garnissent les deux mâchoires et le devant du vomer. L'intermaxillaire est étroit; le maxillaire dépasse peu la commissure et est tronqué en arrière. Sa surface est fortement striée, ainsi que celle de la mâchoire inférieure.

Le premier sous-orbitaire est rond, et remplit l'intervalle de l'œil à la bouche, mais ne s'étend point sur la joue. Sa surface est fortement striée en rayons granulés, et ses bords sont dentelés. Trois ou quatre autres, beaucoup plus étroits, mais aussi âpres, font le tour du dessous de l'orbite. Les os du nez et tout le dessus de la tête sont aussi fortement striés; deux centres de stries rayonnées sont au-dessus de chaque œil, et étendent leurs rayons sur le front et sur le crâne. De leur milieu naît, de chaque côté et au-dessus de l'œil, une lame saillante et comprimée, qui représente une corne. En arrière du crâne est une sorte de collier de sept plaques, toutes striées en rayons. Les deux plus extérieures répondent aux surscapulaires, et ont aussi chacune une petite lame saillante, dirigée latéralement. Il y en a une également petite sur la plaque mitoyenne, qui est à la nuque, ce qui fait en tout cinq cornes à l'animal. La joue est écailleuse. Le préopercule a un large limbe fortement strié en rayons et dentelé tout autour. Son angle est arrondi. Il cache entièrement l'interopercule et le subopercule, qui sont fort petits. L'opercule, deux fois plus haut que long, est arrondi en arrière et strié en rayons, mais moins fortement que les autres pièces de la tête.

Les ouïes sont fendues jusque sous l'angle de la mâchoire inférieure. Leur membrane a sept rayons; elle n'embrasse pas l'isthme, qui est fort mince en avant. L'os de l'épaule a en avant de la pectorale une partie oblongue, échancrée en arrière dans son milieu, et striée en rayons dans les deux sens; mais sa portion inférieure est cachée sous les écailles, et forme sous la gorge une carène saillante en avant, après quoi la poitrine s'aplatit et s'élargit par le fait des os du bassin. Entre les ventrales et l'anus est encore une carène saillante, comme celle de la gorge, mais un peu moins, et dirigée vers le bas.

La pectorale sort au tiers inférieur de la hauteur. Elle est pointue, du quart de la longueur totale, et a seize rayons, dont le premier fort court; le quatrième et le cinquième sont les plus longs.

Les ventrales sont fort écartées l'une de l'autre, et sortent sous le milieu des pectorales, qu'elles égalent en longueur. Leur épine est très-grosse, comprimée, tranchante et striée transversalement. Elle égale presque leurs rayons mous.

La dorsale commence au-dessus de l'épaule, et occupe moitié de la longueur du corps. Elle a douze épines très-fortes, toutes striées longitudinalement. La troisième et la quatrième, qui sont les plus longues, ont moitié de la hauteur du corps; la première et la douzième n'en ont que le quart. La membrane ne remplit que moitié de la hauteur de leurs intervalles.

La partie molle de cette nageoire n'a guère plus du tiers de la longueur de sa partie épineuse. On y compte aussi douze rayons, qui dépassent peu les dernières épines.

L'anale répond au dernier tiers de la dorsale, et a cinq rayons forts, striés comme ceux du dos, à membranes également courtes, et sept rayons mous. La portion de queue derrière les deux nageoires verticales est du neuvième de la longueur totale. Sa hauteur en avant est un peu plus considérable; mais en arrière elle l'est moins.

La caudale paraît avoir été arrondie à peu près du huitième de la longueur totale, et a dix-sept rayons.

B. 7; D. 12/12; A. 5/7; C. 17; P. 16; V. 1/5.

Il n'y a point d'écailles sur les nageoires. Celles du corps sont très-adhérentes, striées à leur surface et granulées à leur limbe. Il est difficile de les arracher. A la gorge et sous la poitrine elles ont trois carènes saillantes et obtuses, réunies en avant en une petite protubérance.

La ligne latérale commence au tiers supérieur; elle monte vers le dos, et arrive, vis-à-vis de la troisième épine, au cinquième supérieur; restant alors parallèle au dos, elle se courbe comme lui, pour devenir droite sur la queue. Elle se marque par de petites

3.

tubulures droites, et qui occupent chacune toute la longueur de son écaille.

Ce poisson a le corps d'un jaune argenté ou verdâtre, marbré de brun foncé avec une certaine régularité, de manière à avoir du jaune plus pur aux joues, à la gorge et à la poitrine, et à offrir, sur chaque flanc, derrière la pectorale, dans le brun, une grande partie anguleuse jaune, au milieu de laquelle est une tache ronde et brune. Vers l'arrière, le jaune et le brun se partagent plus irrégulièrement l'espace. Les nageoires sont jaunâtres.

La longueur de l'individu que nous décrivons est de trois pouces, et sa hauteur de deux, en y comprenant la dorsale.

La plus grande partie du foie du pentaceros est située dans l'hypocondre gauche. Elle y forme un lobe triangulaire et pointu, qui se prolonge au-delà de l'estomac. Le lobe droit est plus aminci et plus petit, mais il n'atteint pas le tiers de la longueur de l'autre. La vésicule du fiel est petite, très-alongée, suspendue à un long canal, de sorte qu'elle dépasse l'estomac, sur lequel elle est appuyée. L'œsophage est long, charnu, et dilaté en un sac arrondi en arrière, assez grand. Cet estomac a des parois minces et lisses, sans rides ni plis. La branche montante est courte et épaisse. Le pylore est étroit et muni de neuf appendices cœcales, dont sept sont sous l'estomac et y sont retenues par un tissu cellulaire assez serré. L'intestin commence par être assez large. Il remonte vers le diaphragme, entre les lobes du foie, et descend ensuite au-delà de l'estomac. Il y fait un pli, et un autre à la hauteur du pylore, d'où il se rend directement à l'anus.

La vessie aérienne est assez grande, simple, ovoïde, à parois argentées peu épaisses.

N'ayant eu qu'un individu de cette espèce, nous n'avons pu en faire le squelette.

CHAPITRE XVII.

Des Centropristes, des Gristes et des Savonniers.

DES CENTROPRISTES.

Les Centropristes sont parmi les percoïdes à dorsale
unique et à dents en velours, à peu près ce que sont les
serrans dans la division à dents canines, c'est-à-dire qu'ils
réunissent à un opercule épineux un préopercule dentelé
en scie; et c'est sur la réunion de ces deux caractères que
nous lui avons formé le nom de Centropriste, de κέντρον et
de πρίσις.

Ce genre diffère de celui des cerniers, parce qu'il n'a
point d'arête dentelée sur l'opercule, ni de dentelures au
sous-orbitaire. Le museau, la mâchoire et la membrane
des ouïes des centropristes manquent d'écailles; mais il y
en a sur leur crâne, sur leur joue et sur leurs pièces
operculaires : celles de l'opercule sont même plus grandes
que celles de la joue; circonstance sur laquelle Bloch faisait reposer les caractères de son genre Alphestes, mais
qui est de trop peu d'importance, et qui se retrouve dans
des poissons trop différens pour être élevée à la dignité de
caractère générique.

Le CENTROPRISTE NOIR; SEABASS (*perche de mer*), BLACKBASS
(*perche noire*), BLACKHARRY *des Anglo-Américains.*

(*Centropristes nigricans,* nob.; *Lutjanus trilobus,* Lacép.)

Ce poisson, l'un des plus savoureux des États-Unis, et
qui se prend en abondance le long des côtes de l'État de
New-York et jusques au pied des jetées de la ville, porte
dans les trois pointes de sa caudale un caractère remarquable, mais fugace, qui a échappé à presque tous les observateurs.

Jean-David Schœpf, qui en a donné en 1788[1] une description, mais sans figure, ne fait point mention de cette
circonstance, et toutefois sa description était assez exacte
pour que l'on doive s'étonner de la détermination singulière de Bloch, qui a placé le poisson de Schœpf parmi
les coryphènes sous le nom de *nigrescens.*[2]

M. Mitchill ne paraît pas avoir connu le travail de
Schœpf, et a reproduit le poisson comme nouveau; il lui
a donné en latin le nom de *perca varia,* et ne parle pas
non plus de la conformation de la caudale. Sa description
est accompagnée d'une figure fort reconnaissable d'ailleurs, où l'on n'en voit aucune trace. Cependant il y en
avait déjà une dans l'ouvrage de M. de Lacépède (t. II,
pl. 16, fig. 3), où ce caractère était bien marqué, et avait
motivé le nom de *lutjan trilobé,* donné au poisson; mais

---

1. Dans les Écrits de la Société des naturalistes de Berlin, t. VIII, p. 164.
2. Bl., *Syst. posth.*, p. 297, n.° 15. Nous sommes d'autant plus certains de
cette synonymie, que M. Valenciennes a vu ce poisson à Berlin étiqueté de la
main de Bloch.

le dessin qui avait été fourni à l'auteur par M. Bosc, présente, par une inadvertance du graveur, quatre épines de moins, et quatre rayons mous de plus que dans la nature, et cette inexactitude, qui s'était introduite dans la description, avait dû dérouter les naturalistes.

M. Milbert nous ayant adressé plusieurs individus de diverses grandeurs et en bon état, nous avons pu reconnaître dans quelques-uns ces proéminences fragiles de la caudale, et fixer d'une manière définitive la description et la synonymie de l'espèce. [1]

Sa forme oblongue rappelle celle d'un labre, en même temps que sa couleur sombre imite un peu celle de la carpe. Sa nuque se bombe, surtout dans le mâle, de manière à le faire paraître un peu bossu. La longueur de sa tête est du tiers de sa longueur totale; sa hauteur, au droit des pectorales, est de deux septièmes; son épaisseur de moitié de sa hauteur. Le profil descend à peu près en droite ligne, la bouche est fendue jusque sous le devant de l'œil; la mâchoire inférieure saille plus que la supérieure. L'intervalle des yeux, légèrement arrondi en travers, égale une fois et demie leur diamètre. Il n'y a d'écailles ni entre les yeux, ni sur aucune partie du museau, des mâchoires et de la membrane des branchies. Le sous-orbitaire n'a point de dentelures; la peau qui le recouvre, ainsi que l'intervalle des yeux, a de petits pores ou points saillans. Les deux ouvertures de la narine sont l'une près de l'autre, et un peu plus près de l'œil que du museau. L'antérieure a une petite lame saillante. Toutes les dents sont en fort velours et égales aux deux mâchoires, au chevron du vomer et aux palatins. La langue est triangulaire, libre et lisse. Le bord du préoper-

---

1. M. de Lacépède, t. IV, p. 246, dit avoir décrit son *lutjan trilobé* d'après un bel individu du Muséum; mais il y a ici défaut de mémoire : c'est d'après la gravure que sa description est faite; il n'y en avait point au Muséum avant ceux que M. Milbert y a envoyés.

cule est droit; son angle arrondi, et tout son pourtour finement
dentelé. On pourrait presque dire que le bord montant est cilié.
L'opercule osseux se termine par deux épines plates, mais pointues, dont la supérieure plus longue. La membrane qui le déborde
finit en pointe mousse. L'os surscapulaire représente une écaille un
peu plus grande et dentelée; mais il n'y a pas d'autre dentelure
à l'épaule. Les ouïes sont très-fendues, et leur membrane a sept
rayons. Il y a des écailles sur le crâne, derrière les yeux, sur la
joue et sur les pièces operculaires; celles de l'opercule sont doubles de celles de la joue, et presque égales à celles du corps, qui
sont assez grandes pour que l'on n'en compte que seize ou dix-
huit sur une ligne verticale, et cinquante sur une ligne longitudinale, après quoi en viennent de petites sur la base de la caudale.
La région pectorale en est garnie comme le reste. On ne voit bien
leur âpreté et les cils de leurs bords qu'à la loupe. La ligne latérale
est parallèle au dos et au tiers de la hauteur; elle ne se marque que
par un léger point saillant sur chaque écaille. La dorsale commence
au-dessus des pectorales, et finit à une distance de la queue qui fait
le huitième de la longueur. La queue a la même hauteur à cet endroit. Il y a dix rayons épineux très-pointus, dont le troisième est
le plus long, mais pas de beaucoup. La membrane forme derrière
chacun d'eux une lanière pointue. Les rayons mous, au nombre
de onze, dont le dernier fourchu jusqu'à sa base, et que l'on a pu
compter double, s'alongent plus que les épineux, et terminent la
nageoire en pointe. L'anale commence sous cette partie molle; elle
a trois épines et sept rayons mous, dont le dernier fourchu. Ils
forment une pointe semblable à celle de la dorsale. Une ligne
d'écailles monte sur la membrane entre chaque rayon, jusqu'au
quart de la hauteur, tant sur la dorsale que sur l'anale. La caudale
a dix-sept rayons disposés de manière à former trois pointes, le
quatrième en haut et le troisième en bas étant les plus longs, et
ceux du milieu s'avançant en pointe obtuse; mais il paraît que
dans les vieux individus ces rayons s'usent au bout et que les
pointes s'effacent. La longueur de cette nageoire est à peu près le
cinquième de la longueur totale. Il y a de petites écailles sur sa

base. Les pectorales sont obtuses et ont dix-huit rayons; les ventrales en ont le nombre ordinaire, et se terminent en pointe. Elles
s'attachent un peu plus en avant que les pectorales, et finissent
aussi un peu plus tôt.

Les nombres des rayons sont donc :

B. 7; D. 10/11; A. 3/7; C. 17; P. 18; V. 1/5.

La couleur générale de ce poisson est un gris brun; chacune
des écailles du corps a son milieu d'un gris jaunâtre un peu doré,
et un bord large d'un gris-brun foncé, en sorte que le corps est
régulièrement maillé. M. Mitchill dit que, dans le frais, le dos est
souvent teint de verdâtre et le ventre de rosé. Les jeunes individus
ont des bandes verticales nuageuses, et la description que donne
Linnæus de son *perca philadelphica* leur conviendrait assez, s'il ne
leur manquait la tache noire qu'il indique au milieu de la dorsale.
La membrane de la dorsale est d'un gris-foncé un peu bleuâtre,
avec trois suites de bandes blanches, disposées un peu obliquement
entre les épines, de manière à former trois bandes longitudinales.
Elles se continuent sur la partie molle, en s'y séparant un peu, et
il y en a de plus au-dessus d'elles deux autres suites ou même davantage, de sorte qu'on y voit cinq, et quelquefois six ou sept rangées de taches blanches. Les autres nageoires sont grises ou noirâtres,
et ont aussi des taches, mais plus nombreuses et moins régulières.

Le centropriste noir a le foie assez gros. Ses deux lobes sont
épais, à peu près égaux, et enveloppent l'estomac. Ce viscère est
un grand sac pointu, à parois minces, qui se dilate peu après la
sortie de l'œsophage à travers le diaphragme. La branche montante
de l'estomac est très-courte. On compte quatre appendices cœcales
au pylore. L'intestin est assez large; il fait deux longs replis. Les
organes de la génération sont doubles chez les mâles comme chez
les femelles; ils remplissent la moitié postérieure de l'abdomen vers
le temps du frai.

La vessie aérienne est très-grande, simple, à parois épaisses et
argentées. L'estomac du poisson que nous avons disséqué, était
rempli de crustacés assez gros.

Le squelette de ce centropriste, comme ceux des serrans, a vingt-quatre vertèbres, dont dix pour le corps et quatorze pour la queue. Ses côtes sont au nombre de dix paires, et les huit dernières paires sont fourchues; la crête verticale mitoyenne de son crâne se termine en avant, entre les yeux, par une tubérosité convexe et échancrée, dont il ne paraît rien au dehors. En avant de la première épine dorsale on voit trois interépineux sans rayons. La vertèbre caudale a de chaque côté une apophyse pointue, dirigée en arrière et un peu vers le haut.

Le Centropriste trident.

(*Perca trifurca*, L.; *Lutjanus tridens*, Lacép.)

Linnæus a décrit, d'après Garden, une perche à dorsale unique des côtes de la Caroline,

à laquelle il attribue une queue à trois pointes et des nombres de rayons presque identiques avec ceux de l'espèce précédente. Il ajoute que ses opercules sont finement dentelés; qu'elle est agréablement tachetée, ornée de sept bandes bleues, et que la troisième et la quatrième épines dorsales sont munies de lambeaux aussi longs qu'elles.

D. 11/12; A. 3/8; C. 20; P. 16; V. 1/5.

D'après cette courte description, on peut croire que ce poisson est fort voisin de celui que nous venons de décrire; mais pour en être sûr, il faudrait savoir si ses dents sont en velours et si son opercule est épineux : deux circonstances sur lesquelles ces auteurs se taisent.

Les côtes de l'Amérique nourrissent plusieurs autres centropristes de taille moindre que le noir.

Le Centropriste bout de tabac.

(*Centropristes tabacarius*, nob.)

L'un d'eux a trois épines à l'opercule ; c'est un petit poisson que l'on nomme à la Martinique *le bout de tabac,* et qui est

d'un roux-brun plus foncé vers le dos, plus pâle vers le ventre, avec une tache nuageuse oblongue, blanchâtre, de chaque côté, à la hauteur de la ligne latérale et vis-à-vis les sept premières épines dorsales ; une autre, petite, plus près de la dorsale et à côté du premier rayon mou, et une troisième, formant avec sa correspondante de l'autre côté un croissant, sur lequel s'implantent les quatre derniers rayons mous. La dorsale a des taches nuageuses brunes. La dentelure du préopercule est très-fine et à peine sensible.

D. 10/12 ; A. 3/7 ; C. 17 ; P. 13 ; V. 1/5.

Son nom vient de ce que, pour la longueur et pour la couleur, il ressemble à l'espèce de cigarre que les Nègres de cette colonie appellent *un bout.* Il est peu commun ; on le trouve par quinze et vingt brasses.

Le Centropriste noire-ouïe.

(*Centropristes atrobranchus*, nob.)

Parmi d'autres espèces qui n'ont qu'une épine à l'opercule, il en est une du Brésil,

dans laquelle une tache très-noire se montre à l'ouverture des ouïes, sous l'opercule, et c'est de là que nous avons tiré son nom. La dentelure de son préopercule est fine et égale. Le fond de sa couleur est jaunâtre, avec cinq bandes verticales brunes, dont la deuxième

monte sur la partie épineuse de la dorsale et s'y convertit en une
large tache noire. Le reste de cette nageoire a de petites taches
rondes, comme dans nos serrans communs. La caudale est brune;
les pectorales jaunes, et les ventrales jaunes, avec du noirâtre vers
les bords. Tel est du moins l'état où ce poisson nous paraît aujour-
d'hui dans la liqueur.

D. 10/12; A. 3/7; C. 17; P. 15; V. 1/5.

Le CENTROPRISTE ROUGE-DORÉ.

(*Centropristes aurorubens*, nob.)

Une seconde de ces espèces, dont l'opercule n'a qu'une
épine, vient encore du Brésil; mais on en a aussi reçu de
la Martinique et de Saint-Domingue. Les habitans de cette
dernière île la nomment *fadate*.

Sa forme est plus élancée. Les bandes de ses dents sont étroites
aux deux mâchoires; celles du rang extérieur à la supérieure sont
plus fortes. Au vomer elles occupent un grand espace rhomboïdal.
Les bandes palatines sont larges; mais les dents de ces trois os sont
très-fines. La langue est obtuse et âpre sur toute sa surface osseuse.
La dentelure de son préopercule est très-fine au bord montant; fine
encore, mais plus distincte, à l'angle et au bord inférieur. L'épine
de son opercule est plate, mais pointue. Sa caudale est un peu
fourchue. Il a une épine de plus et un rayon mou de moins à la
dorsale que la plupart des autres espèces. Cette nageoire est d'égale
hauteur partout. Dans la liqueur il paraît doré, plus ou moins tirant
au rose; on aperçoit sur son dos des lignes brunâtres obliques, et
sur ses flancs des vestiges de taches; mais à l'état frais, tel qu'il nous
a été rapporté par M. Ricord, il est, vers le dos, d'un rouge de
vermillon, qui change par degrés, sur les flancs et à l'abdomen, en
rouge rose. Ses flancs sont semés de taches oblongues, irrégulières,
jaunes. Ses nageoires supérieures sont rouges; les inférieures rose
pâle. Sa caudale a le bord brun ou noirâtre.

Au premier coup d'œil on serait tenté de confondre ce poisson avec le *mésoprion vivaneau*.

Il devient assez grand. Nous en avons de près d'un pied de long.

D. 12/11; A. 3/8; C. 17; P. 18; V. 1/5.

Le nombre des vertèbres est toujours le même qu'aux serrans : dix abdominales, quatorze caudales.

Le foie du centropriste rouge doré se compose d'un lobe gauche quadrilatère, assez épais, qui descend sur la branche montante de l'estomac, un peu en arrière du pylore, et d'un lobe droit, trièdre, pointu, beaucoup plus petit et de moitié plus court que le gauche.

L'estomac est un assez grand sac pointu, à parois minces et lisses; celles de l'œsophage sont plus épaisses et plissées longitudinalement. Nous avons observé quatre appendices cœcales au pylore. L'intestin fait deux replis courts.

La vessie aérienne est simple, grande, à parois minces. Le péritoine est d'une couleur argentée, à reflets rosés. L'estomac contenait des débris de biphores.

Le CENTROPRISTE ROUX.

(*Centropristes rufus,* nob.)

Une troisième de ces espèces, à une seule épine, nous ramène près du centropriste noir,

par tous les détails de sa forme, par les proportions de sa dorsale, par les bandes et les lignes blanchâtres qui la diversifient, par les points blanchâtres de la caudale; mais, indépendamment de l'absence d'une seconde épine à l'opercule, ce poisson est tout entier d'un beau roux foncé et uniforme, et je ne vois pas que sa queue ait été trilobée. Les individus que nous possédons ont été envoyés de la Martinique par M. Plée. Ils n'ont que huit pouces de long.

D. 10/11; A. 3/7; C. 17; P. 17; V. 1/5.

Le Centropriste scorpénoïde.

(*Centropristes scorpenoides*, nob.)

MM. Quoy et Gaymard ont rapporté de l'île de Waigiou, près la Nouvelle-Guinée, un petit poisson qu'ils ont représenté pl. 58, fig. 1, du Voyage de Freycinet, et nommé (p. 324) *scorpène de Waigiou*, mais que nous ne pouvons rapprocher que des centropristes et des plectropomes.

Il a bien quelque apparence de scorpène, par sa forme générale et les marbrures de différens bruns qui le colorent, ainsi que par les deux tentacules qu'il porte sur le museau; mais sa joue n'est point cuirassée par le sous-orbitaire, et les rayons de ses pectorales sont tous branchus. Ce n'est donc point une vraie scorpène, et les trois ou quatre dentelures aiguës dirigées en avant, qui arment le bord inférieur de son préopercule, sont disposées précisément comme dans les plectropomes; mais ses dents, toutes en velours ras, ne permettent pas de le placer dans ce genre, qui a des canines aiguës.

Un trait particulier de sa physionomie est d'avoir le crâne un peu concave au-dessus des yeux, et le front assez convexe entre eux.

La ligne de son dos est assez convexe; celle du ventre est plus droite.

Sa hauteur au milieu est trois fois dans sa longueur. Sa tête, l'opercule compris, qui avance beaucoup sur l'épaule, égale sa hauteur, et l'épaisseur du corps en fait moitié. L'œil a en diamètre le tiers de la longueur de la tête, et est placé dans sa moitié antérieure, en sorte que le museau est très-court. La bouche descend peu en arrière, et est fendue jusque sous le tiers antérieur de l'œil. La mâchoire supérieure est assez protractile. Le maxillaire, élargi et tronqué en arrière, ne peut se cacher sous le sous-orbitaire, qui est étroit et un peu ridé. Il y a des dents en velours aux deux mâchoires, au vomer et aux palatins.

Le tentacule est attaché entre les deux orifices de la narine, qui sont très-près l'un de l'autre, ainsi que du bord antérieur et supérieur de l'orbite. Le crâne, le front, la joue, toutes les pièces operculaires, sont écailleuses, mais non le sous-orbitaire ni les mâchoires. Le préopercule a l'angle arrondi; le bord montant finement dentelé. Son bord inférieur a trois ou quatre dentelures pointues, dirigées en avant. L'opercule occupe près de moitié de la longueur de la tête. Sa partie osseuse se termine par une pointe plate, mais très-aiguë. Les ouïes sont très-fendues, et leur membrane a sept rayons.

Les pectorales sont arrondies, du quart de la longueur du corps, et ont treize rayons; les ventrales, attachées sous le tiers antérieur des pectorales, les dépassent de leur pointe. L'aiguillon en est d'un tiers plus court que le premier rayon mou.

La dorsale a treize épines pointues, assez fortes, un peu arquées; la troisième est la plus longue : elle est double à peu près de la première et de moitié moins haute que le corps. La portion molle se relève, s'arrondit, et compte dix ou onze rayons; car le dernier, étant fourchu jusqu'à la racine, pourrait être pris pour deux. Il n'y en a que treize d'entiers à la caudale, qui est presque coupée carrément, et prend un peu moins du cinquième de la longueur du corps. L'anale est placée vis-à-vis la partie molle de la caudale. Elle a trois fortes épines, dont la première est très-courte, tandis que la deuxième dépasse encore d'un tiers la plus longue de la dorsale; la troisième est plus courte. Ses rayons mous ne sont qu'au nombre de cinq, ou de six, si l'on veut compter le dernier double.

B. 7; D. 13/11; A. 3/5; C. 13; P. 13; V. 1/5.

Les écailles sont de grandeur moyenne, toutes finement ciliées, et ont un éventail de huit ou neuf rayons. La ligne latérale suit à peu près la courbure du dos.

Tout ce poisson est marbré par grandes et petites taches de différens bruns, à peu près comme la rascasse (*scorpæna porcus*, L.).

La longueur de l'individu n'est que de quatre pouces.

Le Centropriste truité.

(*Centropristes? truttaceus*, nob.)

MM. Quoy et Gaymard viennent de nous adresser du port Western, pointe sud de la Nouvelle-Hollande, un poisson tellement semblable à celui que nous avons décrit d'après Forster, dans notre deuxième volume, p. 54, sous le nom de *perca trutta,* qu'il se pourrait bien que ce fût le même. Dans le cas où cette conjecture serait fondée, il y aurait lieu de supprimer cette espèce du *perca trutta,* car le poisson que nous avons sous les yeux a les deux parties de sa dorsale réunies, et ne peut guère être placé que dans le genre des centropristes, bien qu'il ne ressemble pas entièrement aux autres espèces, et qu'il ait même à l'extérieur une apparence de *cœsio* ou de *smaris,* ce qui pourrait un jour déterminer à en faire le type d'un genre particulier.

Son corps est alongé; la dorsale et l'anale sont basses et peuvent se cacher, quand elles s'abaissent, dans un sillon formé par les écailles latérales de la base de ces nageoires; particularités qui, réunies à un préopercule presque lisse, lui donnent tout-à-fait l'aspect d'un cœsio; mais ses dents palatines et les dentelures de son préopercule l'éloignent nécessairement de toute la famille des spares.

Le profil du dos et celui du ventre ont à peu près la même courbure, et la plus grande hauteur, mesurée à la naissance de la dorsale, est du quart environ de la longueur totale. L'épaisseur n'est que la moitié de la hauteur. La tête est un peu plus renflée que le corps. Sa longueur égale la hauteur du poisson. Le museau est obtus et un peu déprimé en coin horizontal. Le front est lisse et bombé. L'œil est entouré par une paupière adipeuse assez épaisse, mais qui ne le recouvre pas. Son diamètre n'est que du sixième de la longueur de la tête. Le sous-orbitaire, très-étroit sous l'œil, s'élargit un peu vers le bout du museau. Le bord inférieur est assez fortement dentelé. Le préopercule couvre la plus grande portion de la joue; il est recouvert de quatre rangées d'écailles assez fortes. Le limbe est nu; le bord vertical est lisse ou à peine cilié; le bord horizontal a des dentelures plus visibles, dont les antérieures ont la pointe dirigée en avant. L'opercule est étroit, et n'a que deux pointes aplaties assez faibles. Il y a quelques écailles sur sa surface, tandis que le sous-opercule et l'interopercule en sont tout-à-fait dépourvus. La mâchoire inférieure dépasse à peine la supérieure. Ses branches sont recouvertes d'une peau nue. Le maxillaire est carré, et on voit à sa base quelques écailles. La lèvre supérieure est très-mince; l'inférieure est plus épaisse. Les dents aux deux mâchoires sont en carde fine; il n'y a aucune canine. Aux palatins et au chevron du vomer sont des dents en cardes plus fines que celles des mâchoires. La langue est assez épaisse, libre, carrée à son extrémité, et entièrement lisse. Les dents pharyngiennes sont semblables à celles du palais.

Les ouïes sont fendues comme à l'ordinaire des perches, et il y a sept rayons branchiostèges.

La dorsale naît à peu près au tiers de la longueur totale. Ses épines sont grêles : la dernière n'a pas la moitié de la hauteur de la quatrième, qui est la plus longue. Les rayons mous sont plus élevés que le dernier des rayons épineux ; mais ils ne le sont pas à beaucoup près autant que le quatrième. L'anale est courte, assez basse. Ces deux nageoires, comme nous l'avons dit, peuvent se cacher entièrement dans un sillon profond, formé par les écailles, qui sont implantées à la base des rayons. Il n'y a pas d'ailleurs d'écailles sur leur membrane. La caudale est fourchue; les nageoires paires sont petites.

Les nombres sont :

B. 7; D. 9/18; A. 3/9; C. 17; P. 12; V. 1/5.

Les écailles sont très-minces, très-finement ciliées et de grandeur médiocre. Le bord radical est droit et sans dentelures ni crénelures. La ligne latérale suit la courbure du dos, par le tiers de la hauteur du corps; elle est composée d'une suite de petits traits saillans. La couleur paraît avoir été bleuâtre sur le dos et argentée sous le ventre. Il y a quelques traces de taches éparses sur le corps.

Le foie est composé de deux lobes étroits, minces et alongés, entre lesquels on voit, à l'ouverture du corps, une innombrable quantité d'appendices cœcales, nouvel indice d'une différence générique, et qui forment, par leur réunion dans un tissu cellulaire assez dense, une masse sur laquelle est l'estomac. Ce viscère a la forme d'un sac conique, à pointe obtuse, et chargé en dedans de grosses rides. L'intestin est court, fait deux replis; la rate est ovale, alongée, cachée sous les cœcum, entre les deux replis de l'intestin.

Il y a une grande vessie natatoire à parois très-minces.

Nous avons trouvé dans l'estomac des débris de biphores.

Notre individu est long d'environ huit pouces.

DES GROWLERS (*Grystes*, nob.).

Comme il y a des poissons qui, avec tous les caractères des serrans, manquent de dentelures au préopercule, il y en a aussi qui joignent cette intégrité de préopercule à tous les caractères des centropristes. Ils sont à ces derniers ce que les bodians de Bloch étaient à ses holocentres; et si nous ne réunissons pas les grystes et les centropristes en un seul genre, comme nous avons réuni les bodians et les holocentres dans notre genre serran, c'est que nous ne trouvons pas entre eux les mêmes passages insensibles.

Le GROWLER SALMOÏDE.

(*Grystes salmoides*, nob.; *Labrus salmoides*, Lac.)

Tel est le *growler* de New-York, dont nous devons la connaissance à M. Milbert, mais qui n'a point été décrit par M. Mitchill.

Ce nom de *growler,* qui signifie *grogneur,* vient peut-être de quelque bruit qu'il fait entendre comme les sciènes ou les trigles, mais nous n'avons à cet égard aucun renseignement positif. *Grystes* en est l'équivalent grec.

M. Lesueur, croyant l'espèce nouvelle, en a publié une description dans le Journal des sciences de Philadelphie, sous le nom de *cichla variabilis;* mais nous avons tout lieu de croire que c'est ce poisson qui est représenté et décrit par M. de Lacépède (t. IV, p. 716 et 717, et pl. 5, fig. 2) sous le nom de *labre salmoïde,* d'après des notes et une figure fournies par M. Bosc, qui le nommait *perca trutta.* La figure en est un peu rude, mais la description s'accorde avec ce que nous avons vu, sauf quelques détails, qui tiennent peut-être moins au poisson même qu'à la manière dont il a été observé.

Ce prétendu labre, au rapport de M. Bosc, est très-commun dans les rivières de la Caroline, où on lui a transporté le nom de *trout* (c'est-à-dire *truite*). Il atteint deux pieds de longueur. C'est un excellent manger; sa chair est ferme et savoureuse. On le prend aisément à l'hameçon, surtout en mettant un morceau de cyprin pour appât.

Le growler a à peu près la forme d'un serran. Sa plus grande hauteur, qui est vers le milieu, ne fait pas tout-à-fait le quart de sa longueur, et son épaisseur ne fait pas moitié de sa hauteur. La

3.   6

longueur de sa tête n'est que trois fois et demie dans sa longueur
totale. Son profil descend très-peu. Sa mâchoire inférieure est un
peu plus longue que l'autre, et a quatre ou cinq pores sous chacune de ses branches. De larges bandes de dents en velours les
garnissent toutes les deux, ainsi que le devant de son vomer et
ses palatins. Le bord de son préopercule est parfaitement entier, et
a l'angle un peu arrondi. L'opercule osseux se termine par deux
pointes peu aiguës, dont la supérieure est la plus courte. La membrane branchiale a six et quelquefois sept rayons, variation qui est
assez singulière, mais que nous avons constatée. Les os de l'épaule
sont lisses, mais entiers, comme le préopercule. Le sous-orbitaire
a quelques rides. Les écailles sont médiocres : il y en a quatre-vingt-
dix sur une ligne longitudinale, et trente-six ou quarante sur une
verticale. Son front, son museau, ses mâchoires, le limbe de son
préopercule, la membrane des ouïes en manquent ; mais il y en a
sur sa joue et ses pièces operculaires. Il en porte de petites sur les
parties molles de sa dorsale et de son anale, et sur la caudale.
Toutes sont finement ciliées et pointillées à leur partie visible, et
ont huit crénelures à leur base. La ligne latérale, un peu arquée
vers le bas, à son origine, suit du reste à peu près la courbure du
dos. La dorsale ne commence que sur le milieu des pectorales. Ses
épines sont faibles ; la plus haute, qui est la quatrième, n'a pas le
tiers de la hauteur du tronc sous elle. L'échancrure entre la pénul-
tième et la dernière est prononcée ; l'anale ne commence que sous
sa partie molle. Les deux nageoires finissent vis-à-vis l'une de
l'autre, et laissent entre elles et la caudale un espace qui fait presque le quart de la longueur totale. La caudale se termine un peu
en croissant ; les pectorales et les ventrales sont petites ou médiocres.

D. 10/13 ou 14 ; A. 3/11 ou 12 ; C. 17 ; P. 16 ; V. 1/5.

Tout ce poisson, devenu adulte, est d'un brun-verdâtre foncé,
avec une tache d'un noir bleuâtre à la pointe de l'opercule.

Nous avons reçu, par M. Milbert, un individu de huit à neuf
pouces et un de six à sept. C'est ce dernier qui a six rayons à la
membrane des ouïes et quatorze rayons mous à la dorsale.

Plus tard, M. Lesueur nous en a envoyé de la rivière Wabash un individu long de seize pouces, et trois autres qui n'en ont guère que cinq. Les jeunes sont d'un vert plus pâle, et ont sur chaque flanc vingt-cinq à trente lignes longitudinales et parallèles brunes, qui paraissent s'effacer avec l'âge.

Le foie du growler est très-petit, presque entièrement placé dans le côté gauche; l'œsophage, très-court, se dilate en un estomac ovale assez grand, à parois minces et sans plis. Le pylore, près du cardia, est large et entouré de quatorze appendices cœcales, dont dix à gauche et quatre à droite, assez grosses et assez longues. L'intestin remonte jusque sous le diaphragme, descend jusqu'auprès de l'anus, puis retourne jusqu'auprès du pylore, d'où il va droit à l'anus. Son dernier repli a deux étranglemens assez marqués. La rate est petite, au milieu de l'abdomen, près de la pointe de l'estomac. La vessie natatoire, très-grande, mince, peu argentée, s'étend depuis le diaphragme jusqu'auprès de l'anus. Tout le péritoine a un bel éclat d'argent. L'estomac était rempli d'une grande quantité de fourmis ailées, de tipules, de cousins et autres petits insectes volans, communs sur les eaux douces.

Le Growler de la rivière Macquarie.

(*Grystes Macquariensis*, nob.)

Les caractères les plus essentiels du growler d'Amérique se sont retrouvés dans un poisson de la rivière Macquarie à la Nouvelle-Hollande, qui pour la tournure ressemble cependant davantage à la perche commune,

principalement par la hauteur de sa nuque, d'où son profil descend obliquement. Son museau est aussi plus alongé qu'au growler, et c'est plutôt sa mâchoire supérieure qui dépasse l'autre. Ses écailles, surtout celles du dos, sont plus petites qu'au growler, et ses épines dorsales et anales sont beaucoup plus fortes, et même elles le sont beaucoup comparativement à tous les poissons de cette famille. La partie épineuse de la dorsale est séparée de la molle par une échancrure assez marquée. La joue est un peu renflée. Il n'y a de dentelure ni au sous-orbitaire ni au préopercule, qui n'a pas même de limbe distinct. L'opercule osseux n'a qu'une petite épine pointue.

Le premier aiguillon de la dorsale est très-petit; les autres très-forts. La partie molle est plus élevée, plus courte et arrondie. La caudale est carrée, et a ses angles arrondis.

B. 7; D. 11/14; A. 3/12; C. 17; P. 19; V. 1/5.

La couleur de ce poisson (dans la liqueur) paraît d'un gris violâtre, plus pâle en dessous, semé de taches nuageuses noirâtres, médiocres et irrégulières. Le bord de la partie molle de la dorsale et de l'anale, et les deux bords de la caudale près de ses angles, sont blancs.

Notre individu est long de dix pouces.

Le foie de ce grystes est gros, situé en travers sous l'œsophage, et ne forme qu'un seul lobe triangulaire, dont l'angle le plus aigu se prolonge dans l'hypocondre gauche. L'œsophage est large et court; l'estomac étroit, alongé, un peu courbé et arrondi en arrière. Ses parois sont très-épaisses, et leur surface interne est sillonnée par de grosses rides irrégulières. La branche montante qui aboutit au pylore est grosse, à cause de l'épaisseur de ses parois; car son canal est étroit. Le pylore est muni de trois cœcum très-courts, dont un à gauche et deux à droite.

L'intestin est de longueur médiocre; il descend un peu plus loin que l'estomac, où il se plie pour remonter jusque sous la branche montante de l'estomac; il y fait un second repli, et il se rend à l'anus. A chaque repli le diamètre de l'intestin diminue, et ses parois sont plus épaisses. Cette plus grande épaisseur existe aussi pour le duodénum; mais son diamètre est grand. La rate est ovale, alongée et située sur le duodénum. La vessie natatoire est très-grande, simple, ovale, à parois argentées, beaucoup plus épaisses à la partie postérieure. Les reins se réunissent en un gros lobe unique, auprès de l'anus, et ils versent l'urine dans la vessie, dont les parois sont très-épaisses, et forment une sorte de cône assez large, qui remonte entre les vésicules séminales. L'estomac était vide.

DES SAVONNIERS (*Rypticus*, nob.).

Parmi les perches à deux dorsales, nous avons vu les grammistes, qui se caractérisent par des opercules et des préopercules épineux, sans dentelure ni à l'un ni à l'autre. Les savonniers partagent avec eux cette circonstance d'organisation, et ont de même les dents en velours, et les écailles petites et enveloppées par l'épiderme. Si les grammistes ont leurs premières épines anales cachées sous la peau, les savonniers n'en ont même aucune, ou tout au plus le vestige d'une seule. Du reste, ces deux sous-genres ressemblent singulièrement, pour l'ensemble de leurs formes, aux serrans ordinaires, et même leur tête osseuse est plus semblable qu'aucune autre à celle de nos petites espèces de la Méditerranée, le *serranus scriba* et le *serranus cabrilla*.

A ces caractères, déjà très-remarquables, les savonniers en joignent un qui ne l'est pas moins, et qui consiste à n'avoir à leur dorsale qu'un très-petit nombre d'épines, comme de trois ou de quatre; et de plus, cette dorsale n'est pas même échancrée, ce qui nous a fait rejeter ce sous-genre jusqu'ici, et un peu plus loin des grammistes que leurs affinités naturelles ne l'auraient peut-être voulu.

Le nom de *savon* que l'on donne à notre première espèce à la Martinique, et celui de *savonnier,* qu'elle y portait du temps du père Plumier, tient à la singulière douceur de sa peau, et à la matière onctueuse et gluante dont cette peau est recouverte, et qui, au rapport de M. Plée, mousse comme du savon lorsqu'on la frotte avec la main.

A la Havane, selon Parra, on l'appelle *jabonsillo*, ou plutôt *xabonsillo*, ce qui signifie *savonnette*.

Plumier et Parra avaient été jusqu'à présent les seuls qui eussent laissé quelques documens sur ce poisson. Plumier en a dans ses manuscrits une figure enluminée passable, aux détails des opercules près, et Aubriet en a fait une copie dans les Vélins du Muséum[1], en sorte qu'il y a lieu de s'étonner que ni Bloch ni M. de Lacépède n'en aient rien dit. La figure de Parra[2] est cependant bien supérieure et ne laisse rien à désirer, et sa description, quoique briève, est aussi fort exacte. Schneider a établi sur elle son *anthias saponaceus*[3]. Broussonnet possédait un bel individu de ce poisson, venu de la Jamaïque et long de près de dix pouces; il l'avait appelé *perca microps*.

L'espèce se prend sur les côtes du Brésil, comme dans le golfe du Mexique, et c'est de là que le Cabinet a reçu par M. Delalande les premiers individus qu'il a possédés. Je ne vois pas cependant que Margrave en ait parlé. Il paraît qu'elle traverse l'Océan, car MM. Quoy et Gaymard viennent d'envoyer des îles du cap Vert un individu qui ne nous semble différer en rien de spécifique de ceux d'Amérique.

Parra assure qu'on ne mange pas le savonnier.

---

1. Elle est intitulée : *Tinca marina lubrica*, *vulgo* SAVONNIER A LA MARTINIQUE, P. Plumier.

2. Poissons de la Havane, pl. 24, fig. 2 et p. 51.

3. Bloch, Syst., édit. de Schn., p. 310, n.° 20.

Le SAVONNIER COMMUN.

(*Rypticus saponaceus*, nob.; *Anthias saponaceus*, Bl., Schn.)

Nous possédons depuis long-temps cette espèce de savonnier, qui vient des parties chaudes de l'Amérique, et qui est longue de huit à neuf pouces. Sa forme est oblongue et comprimée, et sa couleur un noirâtre tirant sur le violet. La longueur de sa tête égale la hauteur du tronc, et fait plus du quart de sa longueur totale. Sa mâchoire inférieure avance plus que l'autre; sa dorsale, d'abord assez basse, s'élève par degrés, au point d'être sur l'arrière presque aussi haute que le tronc; elle se termine en s'arrondissant. Ses trois premiers rayons sont épineux et à peu près égaux; il y en a ensuite vingt-cinq mous. L'anale en a dix-sept, tous mous et peu différens en longueur : à sa base antérieure se voit seulement le vestige d'une petite épine; elle se termine aussi par un angle arrondi. Le nombre des rayons de la caudale est également de dix-sept. Son bord est convexe. L'espace entre la caudale et les deux autres nageoires verticales est fort court, à peine le quinzième du total. Les pectorales sont médiocres, obtuses, et les ventrales assez petites; elles sortent un peu plus en avant que les pectorales. Toutes les dents sont en fin velours aux mâchoires, aux palatins, au vomer et aux pharyngiens. On n'en voit point sur la langue, qui est libre et assez pointue. Il y a partout, même sur les mâchoires, des écailles elliptiques, qui, vues à la loupe, paraissent striées en rayons de toute part et crénelées tout autour, mais qui sont si petites et tellement encroûtées dans un épiderme mou et spongieux, que l'on a peine à les sentir.

Le foie de ce poisson est assez épais; il se prolonge en avant en une lame mince qui se glisse derrière le diaphragme. En arrière il donne deux pointes qui embrassent l'œsophage, et dont la gauche est la plus longue. La vésicule du fiel est très-alongée et très-étroite. L'estomac est un sac long, assez large, pointu en arrière, à parois peu charnues, et n'offrant que quelques rides à l'intérieur. Sa branche montante est courte, placée dans la bifurcation du foie. On compte six ou sept appendices cœcales de longueur et de grosseur médiocres. L'intestin fait deux longs replis; ses parois sont minces; son diamètre est égal jusqu'un peu avant l'anus, où il se renfle beaucoup. On voit à cette naissance du rectum une valvule assez épaisse. La vessie aérienne est ovale, peu considérable; ses parois sont très-minces, et les reins sont assez gros. Le péritoine est argenté, très-fibreux et épaissi sous les reins. Nous avons trouvé, des débris de poissons dans l'estomac.

Nous en avons fait le squelette : si l'on excepte les caractères visibles à l'extérieur, il ressemble presque en tout à celui des serrans.

Le Savonnier sablé.

(*Rypticus arenatus,* nob.)

Feu M. Delalande nous a apporté du Brésil une seconde espèce de savonnier, très-semblable à la première,

mais toute grise, et semée de petits points bruns. Le premier aiguillon de sa dorsale est si petit et tellement caché sous la peau, qu'on ne le découvre que par la dissection.

Nous lui donnerons l'épithète de *sablé,* qui marque sa modification la plus apparente.

D. 3/26; A. 0/14; C. 15; P. 14; V. 1/5.

DES PERCOÏDES A DORSALE UNIQUE, A SIX RAYONS BRANCHIAUX ET A DENTS CANINES.

CHAPITRE XVIII.

Des Cirrhites (*Cirrhites,* Commerson).

Les *cirrhites* forment à la suite des serrans, et surtout des mésoprions, un petit sous-genre bien déterminé, dont la fixation est entièrement due à Commerson. Ce naturaliste, qui n'avait pas moins de sagacité que d'ardeur, en avait bien saisi le caractère, qui consiste en ce que les six ou sept rayons inférieurs de chaque pectorale sont plus gros et plus longs que les autres, et, quoique mous et articulés, ne se divisent point en branches, mais se terminent chacun en une pointe unique, qui dépasse un peu la membrane commune. Il faut remarquer, en effet, qu'ils ne forment point une nageoire particulière, comme les expressions de Commerson ont pu le faire croire, et comme le dit M. de Lacépède. Du reste, les cirrhites ont, comme les mésoprions, le préopercule dentelé à son bord montant, et l'opercule terminé en angle plat, arrondi ou émoussé; leurs écailles, leurs nageoires, les nombres de leurs rayons, correspondent aussi en général à ce qu'on voit dans les mésoprions; mais leur tête est plus courte, et ils n'ont que six rayons aux branchies. Leur vomer porte des dents en velours, mais il n'y en a point à leurs

3.   7

palatins. Leurs ventrales sortent à peu près sous le tiers antérieur ou même sous le milieu de leurs pectorales, et non pas immédiatement sous la base de ces dernières, ce qui a déterminé M. de Lacépède à les placer dans ses ab-dominaux, mais à la tête de l'ordre, comme ayant ces nageoires plus avancées qu'aucun autre de ses genres. Du reste, M. de Lacépède avait très-bien aperçu les rapports de ces poissons avec les perches et les serrans.

Nous ferons observer à ce sujet que plusieurs autres acanthoptérygiens, que l'on n'a point séparés des thora-ciques, ont aussi la naissance de leurs ventrales sous les pectorales, plus en arrière que leur base.

Les chéilodactyles et les scorpènes ont des rayons sim-ples à leurs pectorales, comme les cirrhites; mais les uns et les autres en diffèrent par leurs dents en velours; les cirrhites ayant des canines comme les serrans, les méso-prions et les autres genres, dont nous ne les éloignons qu'à cause du moindre nombre de leurs rayons branchiaux.

Commerson avait décrit et a dessiné une espèce de cirrhite à l'Isle-de-France, et avait laissé le dessin seule-ment d'une seconde espèce. Sa description a servi de base à l'article du *cirrhite tacheté* de M. de Lacépède (t. V, p. 3); mais ses dessins, n'ayant pas été reconnus, ont donné lieu à l'établissement de deux espèces placées dans d'autres genres : le *labre marbré* (t. III, pl. 5, fig. 3, p. 492), et le *spare pantherin* (t. IV, pl. 6, fig. 1, p. 160).

Aujourd'hui que nous avons sous les yeux les individus qui ont servi d'originaux aux dessins de Commerson, nous pouvons affirmer que ces deux espèces sont des cirrhites, et que la première, ou le *labre marbré,* est absolument identique avec le *cirrhite tacheté.* Le dessin, qui est de

Jossigny, porte même de la main de Commerson le nom de *cincirrus*, un de ceux qu'il avait voulu donner à ce genre.

Le Cabinet du Roi possède cinq ou six espèces de cirrhites, toutes originaires de la mer des Indes.

Le CIRRHITE MARBRÉ.

(*Cirrhites maculatus*, Lacép., t. V, p. 3; *Labrus marmoratus*, *id.*, t. III, pl. 5, fig. 3, et p. 492.)

La première de ces espèces est, comme nous venons de le dire, le *cirrhite tacheté,* ou le *labre marbré* de M. de Lacépède.

Sa forme est oblongue; son profil peu alongé, légèrement convexe; parmi ses dents en velours elle a quatre canines en avant de sa mâchoire supérieure, et trois ou quatre de chaque côté de l'inférieure, plus fortes même que celles d'en haut. Son sous-orbitaire est sans dentelures et nu, ainsi que son crâne, son museau et ses mâchoires. Il y a de petites écailles sur sa joue et de plus grandes sur son opercule. Son préopercule est arrondi, presque en demicercle et très-finement dentelé. Ses épines dorsales sont médiocres et assez égales; la partie molle de cette nageoire s'élève plus que l'autre. Ses épines anales sont fortes, surtout la deuxième. Sa caudale est coupée carrément. Le nombre des rayons simples de sa pectorale est de sept.

D. 10/11; A. 3/6; C. 15; P. 7/7; V. 1/5.

La couleur de ce poisson, dans son état sec, paraît jaunâtre, avec des marbrures nuageuses brunes, de grandes taches rondes et blanchâtres, et d'autres taches plus petites et d'un brun plus foncé. Il y a des taches brunes, semées sur la joue et sur les nageoires.

Commerson, qui l'a vu dans l'état frais, le décrit à peu près de même, en sorte qu'il ne doit pas avoir beaucoup changé par la dessiccation. Il parvient à peu près à la grandeur de notre perche de rivière, et on le pêche sur les côtes de l'Isle-de-France.

M. Ehrenberg l'a aussi rencontré à Massuah, sur la côte occidentale de la mer Rouge.

Le Cirrhite ponctué.

(*Cirrhites punctatus*, nob.)

Un deuxième cirrhite est fort semblable au tacheté.

Ses dents latérales et sa seconde épine anale sont moins fortes, et les rayons simples de sa pectorale plus longs à proportion. La pointe de son opercule est plus aiguë ; il a sur tout le corps de grandes marbrures brunes et des points noirâtres.

Ses nombres de rayons sont les mêmes qu'au tacheté.

D. 10/11 ; A. 3/6 ; C. 15 ; P. 7/7 ; V. 1/5.

Le Cirrhite pantherin.

(*Cirrhites pantherinus*, nob.; *Sparus pantherinus*, Lacép., t. IV, p. 160, pl. 6, fig. 1.)

Notre troisième cirrhite sera celui dont M. de Lacépède a fait son *spare pantherin*.

C'est le seul qui ait été connu avant Commerson. Seba en avait donné une figure passable, t. III, pl. 27, n.° 12 ; mais il avait négligé de faire remarquer la structure particulière de ses pectorales. On en trouve une autre, mais bien mauvaise, dans Renard, I.ʳᵉ partie, pl. 9, fig. 61 ; nous ne l'aurions pas reconnue, sans l'original un peu meilleur qui est dans le recueil de Corneille Vlaming, sous le même nom, assurément bien peu approprié, de *cabliau de l'île Maurice.*

Le graveur de M. de Lacépède (t. IV, pl. 6, fig. 1) a fait disparaître, comme celui de Seba, tout ce que le dessin de Commerson, qu'il copiait, laissait voir des rayons simples des pectorales; mais l'original d'après lequel ce dessin a été fait, et qui est au Cabinet du Roi, ne laisse aucun doute sur le genre auquel il appartient.

Dans l'état sec, on distingue encore les points bruns ou noirs de la tête, une bande jaunâtre le long de la ligne latérale, et au-dessus une bande brune, séparée de la dorsale par une autre plus pâle, sur laquelle se voient quelques larges taches brunes; mais le poisson frais est infiniment plus beau qu'on ne l'aurait soupçonné d'après ces individus desséchés. Le fond de sa couleur est un bel orangé, qui se change en un aurore vif sur les côtés de l'abdomen, et en couleur de citron sur la queue. La tête est semée de taches rondes bien terminées, noires, et des taches semblables, mais d'un brun rouge, sont semées sur le bas des joues, sur la membrane des ouïes et sur l'espace qui est en avant et au-dessus de la pectorale. Une large bande, d'un noir violet, à bords irrégulièrement échancrés et nuageux, règne depuis le milieu du corps jusqu'à la base de la caudale, en suivant la ligne latérale. Les rayons de la pectorale, de la partie molle de la dorsale et de la caudale sont aurore, et la membrane qui les unit est lilas : entre l'aurore et le lilas est une suite de taches d'un violet foncé. Les petites écailles qui garnissent la base de la dorsale molle sont orangées. La partie épineuse de la dorsale a sa membrane grise, excepté à la base, où elle est aurore. Les rayons des ventrales et de l'anale sont de couleur de citron, et la membrane qui les unit est grise. L'iris de l'œil est violet et a le bord rouge.

La tournure de ce poisson est entièrement celle d'un serran : la partie molle de sa dorsale est en avant du double plus haute que sa partie épineuse. Son préopercule a des dentelures d'une finesse excessive, et un arc légèrement rentrant, auquel répond un renflement de l'interopercule, presque comme dans les diacopes. L'opercule osseux se termine en angle obtus, que sa membrane dépasse d'une manière marquée. La mâchoire supérieure a deux fortes canines en avant, et il y en a trois ou quatre moindres de chaque côté de l'inférieure; les autres sont très-petites. Le vomer a une plaque de dents en velours en avant; mais on n'en voit pas aux palatins. La langue est très-libre, lisse et obtuse; les lèvres charnues et membraneuses. La caudale est coupée carrément. De petites écailles se portent assez loin entre ses rayons.

B. 6; D. 11/11 ou 10/11; A. 3/6; C. 15; P. 7/7 ou 8/6; V. 1/5.

L'espèce ne paraît pas dépasser beaucoup sept à huit pouces de longueur.

Le foie du cirrhite pantherin n'est qu'un très-petit lobe quadrilatère, placé sous l'œsophage, et donnant à gauche de l'estomac une petite languette mince, qui passe derrière les cœcum, et se contourne sur leurs pointes. La vésicule du fiel est très-petite, globuleuse, et se voit derrière le diaphragme à droite de l'œsophage, qui est très-court. L'estomac est aussi fort peu alongé, mais il a assez de largeur. Ses parois sont très-minces, et il n'y a que de très-fines rides à sa veloutée. La branche montante est assez épaisse, et s'appuie derrière le foie avant de se contourner, pour donner naissance à un intestin grêle et court, semblable à celui de la perche. Vers le milieu de la longueur du dernier pli, il y a une valvule assez forte, après laquelle le diamètre de l'intestin augmente un peu. On compte quatre appendices cœcales, une seule à droite, repliée sous la vésicule du fiel, et trois à gauche très-courtes. Il n'y a pas de vessie natatoire. Le péritoine est argenté.

Cette description est prise d'un individu que MM. Lesson et Garnot viennent de rapporter de l'Isle-de-France, presque aussi frais que s'il sortait de l'eau.

Le nom de *cabliau,* donné à ce poisson par Vlaming, ne peut s'expliquer qu'en supposant que sa chair ressemble, pour le goût, à celle de la morue fraîche.

Le *perca tæniata* de Forster, pêché près de l'île de Sainte-Christine, ou de Waitaho, l'une des Marquises, et qui est devenu, dans le Système de Bloch de Schneider, le *grammistes Forsteri,* est en réalité un cirrhite, qui doit bien peu différer de celui-ci, s'il n'est le même; mais l'auteur ne parle point de la bande noire des côtés de la queue.

Le CIRRHITE A TEMPE ANNELÉE.

(*Cirrhites arcatus,* nob.; *Perca arcata,* Parkins.)

Ce cirrhite, que nous plaçons le quatrième, est, dans son état sec, d'un gris roussâtre, et a au-dessus de la ligne latérale une bande jaunâtre, qui va depuis le milieu du corps jusqu'à la caudale, et derrière l'orbite une ligne jaune, en forme d'anse ou de demi-anneau. Trois bandes jaune-paille, lisérées de brun, traversent son interopercule, qui ne fait aucune saillie vers le préopercule. Les dentelures de ce dernier sont si fines, qu'on ne les aperçoit qu'avec une assez forte loupe. La partie molle de sa dorsale a une ligne brune au-dessus de sa portion écailleuse.

Ses nombres de rayons sont les mêmes qu'au *pantherin;* mais son corps est plus comprimé. Il paraît que l'espèce grandit moins. Nous n'en avons que de trois ou quatre pouces.

MM. Lesson et Garnot ont récemment apporté un individu de cette espèce de l'Isle-de-France. Parkinson en avait dessiné un à Otaïti, et son dessin est conservé à la bibliothèque de Banks sous le nom de *perca arcata.*

La ligne courbée de la tempe y est représentée rouge, ainsi que la ligne de la dorsale, et des taches dans l'intervalle de ses épines. Le dos y est cendré-brun.

Nous en trouvons un dessin reconnaissable dans le recueil de Vlaming.

Il y est représenté brun-roussâtre; la bande d'un roux clair; le ventre jaunâtre; l'anneau de la tempe rouge, et entourant un espace noir. Des lignes vertes y traversent le subopercule et l'interopercule.

Il y est nommé *imperator*, et sa figure est grossièrement copiée sous le même nom dans Renard, Ire partie, pl. 18, n.° 102.

Valentyn en donne une copie encore plus grossière, et tout-à-fait défigurée, n.° 470; il le nomme *knorre-pot*, disant que ce nom (pot bruyant) est justifié par le murmure qu'il fait entendre dans l'eau. C'est, ajoute-t-il, un petit poisson ferme, blanc, et très-bon à manger.

Le Cirrhite sanglier.

(*Cirrhites aprinus*, nob.)

Les naturalistes compagnons de M. Freycinet ont récemment rapporté de Timor un cinquième cirrhite, que nous appellerons *sanglier*, parce qu'il a une forte canine de chaque côté de la mâchoire inférieure.

Sa tête est moins bombée qu'aux précédens; la dentelure est beaucoup plus forte. Il est roux, et a six bandes verticales noirâtres, qui, dans le haut, forment sur la dorsale autant de taches. Le reste de cette nageoire est irrégulièrement pointillé de noir; elle est assez échancrée entre sa partie épineuse et la molle, et donne un petit lambeau derrière chaque épine.

L'individu que nous possédons est fort petit.

D. 10/12; A. 3/6; C. 17; P. 8/6; V. 1/5.

Le Cirrhite rubanné.

(*Cirrhites fasciatus*, nob.)

M. Sonnerat nous a apporté de Pondichéry un cirrhite fort semblable au précédent, et qui porte de même des bandes verticales noirâtres, mais qui n'a que cinq rayons simples aux pectorales.

La partie épineuse de sa dorsale a aussi de petits lambeaux, et sa membrane est fort échancrée derrière chaque épine, et surtout derrière la neuvième, en sorte qu'on dirait presque qu'il y a deux dorsales. Je ne vois point de canines à l'individu unique que nous possédons; mais je ne sais si c'est un caractère permanent. En ce cas, l'espèce devrait être rapprochée des chéilodactyles et des chironèmes, dont elle est loin cependant d'avoir les nombres de rayons.

Le fond de sa couleur est grisâtre, et devient blanchâtre en dessous. La tête, le dos et la membrane de la dorsale sont semés de petits points blancs. Les épines anales sont très-fortes.

D. 10/12; A. 3/6; C. 15; P. 9/5; V. 1/5.

DES PERCOÏDES A MOINS DE SEPT RAYONS BRAN-
CHIAUX, A DORSALE UNIQUE ET A DENTS EN
VELOURS.

CHAPITRE XIX.

Des Chironèmes (Chironemus, nob.).

Nous appellerons ainsi un nouveau genre, voisin des
cirrhites par les rayons simples de ses pectorales, mais qui
n'a point de canines. Sous ce rapport il se rapprocherait
des chéilodactyles, dont nous parlerons dans la famille
des sciènes; mais il en diffère, parce que son vomer porte
des dents à ses parties antérieures. Nous n'en connaissons
qu'une espèce, prise par MM. Quoy et Gaymard au port
du roi George à la Nouvelle-Hollande, et dont ils n'ont
envoyé qu'un individu en mauvais état; c'est

Le CHIRONÈME GÉORGIEN.

(*Chironemus georgianus,* nob.)

Sa forme est à peu près celle d'un cirrhite. Son œil est assez
grand. Le museau ne doit pas avoir été long. Il y a à l'intermaxillaire des dents en fort velours; on en voit aussi une bande étroite
au-devant du vomer. Les palatins et la mâchoire inférieure sont
perdus.

Le préopercule est entier, sans dentelure, à limbe indistinct; son
angle est arrondi. L'opercule a deux pointes plates vers le haut; la
seconde est assez obtuse. La membrane a six rayons; elle se joint

à celle de l'autre côté, sous l'isthme, qu'elles enveloppent. Toutes les pièces operculaires sont écailleuses.

La partie molle de la dorsale ne fait que moitié de la partie épineuse, et est un peu plus haute. Le deuxième aiguillon de l'anale est grand et fort. La pectorale a sept rayons simples et à moitié lisses, dont le deuxième, qui est le plus long, dépasse les autres d'un quart seulement, et n'atteint que jusque vis-à-vis le commencement de l'anale. Les ventrales sortent sous le tiers postérieur.

B. 6; D. 15/16; A. 3/7; P. 8/7; V. 11.

Les écailles, presque carrées, arrondies seulement au bord visible, ont quinze crénelures faibles au bord radical, et des stries qui se terminent en avant sans arriver à un centre commun; celles de la poitrine, de la gorge et de la tête, sont petites.

La ligne latérale est droite, court au tiers supérieur, et se marque par une petite élevure oblique à la base de chaque écaille.

Le foie est composé de deux très-petits lobes réunis sous l'œsophage par une bandelette fort étroite. L'œsophage est large et se continue en un sac arrondi, assez grand. La branche montante est très-courte et naît très-peu en arrière du diaphragme. Il y a quatre appendices cœcales très-courtes au pylore. L'intestin fait deux replis. Nous n'avons pas trouvé de vessie aérienne.

CHAPITRE XX.

Des Centrarchus et des Pomotis.

Nous sommes obligés, pour éclaircir la synonymie de ces deux genres, de les présenter d'abord ensemble. Les poissons qui les composent ont le corps élevé, la forme générale ovale, le museau court, et souvent une tache noire à la pointe de l'opercule : mais les uns se distinguent par un groupe de dents en velours à la langue, et par des épines nombreuses à l'anale; les autres, par le prolongement membraneux de l'angle de leur opercule.

Les eaux des États-Unis nourrissent ces deux genres de poissons; et comme ils se ressemblent beaucoup à l'extérieur et par plusieurs rapports essentiels, leur histoire a été plus ou moins mêlée.

Le *pomotis* le plus connu et le plus répandu, est appelé à New-York *pond-perch* ou *perche d'étang*[1], et suivant M. Lesueur, *sun-fish,* et il habite en effet les étangs et les eaux dormantes de l'État de New-York, de la Virginie et de la Caroline, et probablement la plupart des eaux douces de la partie tempérée de ces différens pays. Il y en a jusque dans les grands lacs, et M. Richardson nous en a communiqué des individus du lac Huron, où les habitans l'appellent aussi *sun-fish.*

Catesby l'a décrit et représenté[2], mais assez mal, dans son Histoire naturelle de la Caroline, sous le nom de *perca*

---

1. Mitchill, Poissons de New-York, dans le 1.ᵉʳ volume des Trans. de New-York, p. 4o5. — 2. Carol., t. II, pl. 8, fig. 2.

fluviatilis gibbosa, ventre luteo, et Linnæus, qui l'avait reçu de Garden, en a fait son *labrus auritus,* nom sous lequel il a été décrit de nouveau par le docteur Mitchill. C'est aussi le *labre aurite* de M. de Lacépède.

C'est M. Bosc qui a le premier connu des *centrarchus;* il avait remis à M. de Lacépède les dessins de deux espèces de ce genre, accompagnés de courtes notes explicatives, où il les nommait *perca notata* et *perca iridea;* mais M. de Lacépède, comme il lui est arrivé pour plusieurs autres poissons, avait oublié l'origine d'une partie de ces documens, et il est résulté de là une confusion que nous avons eu beaucoup de peine à débrouiller, sur laquelle nous n'aurions même obtenu peut-être aucun résultat certain, si M. Bosc n'avait retrouvé et ne nous avait communiqué les pièces originales sur lesquelles M. de Lacépède avait travaillé.

Le dessin d'un de ces *centrarchus* de M. Bosc, de celui qu'il nomme *perca notata,* a été gravé, t. III, pl. 24, fig. 2, sous le nom de *labre sparoïde,* et celui de l'autre, de son *perca iridea,* a été gravé deux fois, et toutes deux peu exactement; une fois, t. III, pl. 24, fig. 1, sous le nom de *labre macroptére;* l'autre, t. IV, pl. 5, fig. 3, sous celui de *labre iris;* mais la description du *labre iris,* t. IV, p. 716 et 718, est seule tirée des notes de M. Bosc.

Quant aux articles du *macroptére,* t. III, p. 432 et 477, et du *sparoïde, ib.,* p. 449 et 517, ils ont été rédigés d'après les gravures. C'est tout-à-fait à tort que la découverte de ces espèces a été attribuée à Commerson, et qu'elles ont été placées dans la mer du Sud.

Au reste, ni les *centrarchus,* ni les *pomotis,* ne sont des labres, bien qu'ils ressemblent assez à quelques *chro-*

mis. Ils ont l'un et l'autre des dents en velours aux deux mâchoires, au chevron du vomer et aux palatins, et des appendices cœcales nombreuses. Par conséquent ils appartiennent à la famille des perches, et le peuple des États-Unis, en appelant le pomotis *perche d'étang*, l'a mieux jugé que les naturalistes.

Après ce préambule nécessaire, nous arrivons à la description détaillée des genres et des espèces.

DES CENTRARCHUS.

Les centrarchus ont le corps ovale, comprimé, une dorsale unique, des dents en velours aux mâchoires, au-devant du vomer, aux palatins et sur les bases de la langue; le préopercule entier; l'angle de l'opercule divisé en deux pointes plates.

Nous les avons nommés *centrarchus* ou *anus épineux,* à cause du nombre assez considérable des épines de leur anale, qui va à cinq ou six, tandis que dans la plupart des genres voisins il n'est que de trois.

Le CENTRARCHUS BRONZÉ.

(*Centrarchus æneus,* nob.; *Cychla ænea,* Lesueur.)

Notre première espèce nous a été envoyée par M. Milbert, qui l'avait prise dans le lac *Ontario.* Elle a été récemment représentée par M. Lesueur, dans le Journal des sciences naturelles de Philadelphie, sous le nom de *cychla ænea;* mais le genre cychla, composé d'abord d'une manière trop vague, a été réduit par nous à des espèces de la famille des labres auxquelles le poisson actuel ne peut être comparé.

Sa forme est assez courte et un peu comprimée. Sa hauteur au-dessus des pectorales est deux fois et trois quarts dans sa longueur. La courbe de son dos descend en s'arrondissant vers le museau et vers le bout de la dorsale, et la courbe du ventre en fait autant vers le bout de l'anale. Derrière ces deux nageoires, la queue est droite, sur un espace qui ne fait guère que le sixième de la longueur. Sa hauteur au même endroit est un peu plus du huitième. L'épaisseur du corps n'est pas tout-à-fait moitié de sa plus grande hauteur. La longueur de la tête est d'un peu moins du tiers du total. L'œil est vers son tiers antérieur; son diamètre est du quart de la longueur de la tête. L'intervalle des yeux est un peu supérieur à leur diamètre. Le museau est court et obtus; les ouvertures de la narine un peu plus près de l'œil que de l'extrémité du museau. La bouche va un peu en descendant, jusque sous le milieu de l'œil. Quand elle est fermée, la mâchoire inférieure avance un peu plus que l'autre; elle a deux pores de chaque côté. Il y a des dents en velours, sur de larges bandes, aux deux mâchoires, au chevron du vomer et aux palatins, et sur une petite plaque au milieu de la langue. Le sous-orbitaire ne peut couvrir tout le maxillaire. Il manque d'écailles, ainsi que le maxillaire, les deux mâchoires, tout l'intervalle des yeux, le limbe du préopercule et la membrane branchiale; mais la joue et les pièces operculaires en ont qui, surtout celles de la joue, n'égalent pas celles du corps. C'est à peine si l'on peut dire qu'il y a une dentelure au préopercule. Son bord montant est droit, et son angle un peu dirigé en arrière. L'opercule osseux se termine par deux pointes plates et obtuses, mais fortes. Les ouïes sont très-ouvertes. Leur membrane n'a que six rayons. Il n'y a de dentelure à aucun des os de l'épaule. On compte trente-neuf à quarante écailles sur une ligne longitudinale, et dix-neuf ou vingt sur une ligne verticale à l'endroit le plus haut; elles sont un peu plus longues que larges, et paraissent lisses à l'œil; mais la loupe découvre l'à-

preté et les cils de leur partie extérieure. Leur partie cachée, striée
en éventail, a huit crénelures. La ligne latérale est parallèle au dos,
et en est distante de moins du quart de la hauteur; elle se marque
par un tube saillant sur la base de chaque écaille.

B. 6; D. 11/11; A. 6/10; C. 17; P. 14; V. 1/5.

La dorsale ne commence que vis-à-vis le tiers antérieur de la
pectorale. Sa partie épineuse est assez basse; la molle s'alonge et
s'arrondit. L'anale commence vis-à-vis la sixième épine dorsale; ses
six épines sont aussi assez courtes, et la partie molle s'arrondit
comme à la dorsale. La caudale paraît un peu bilobée; mais quand
elle s'étale, son bord est droit. Sa longueur est égale à la portion
de queue en arrière de la dorsale, c'est-à-dire au sixième du total.
Les pectorales sont obtuses et de longueur médiocre. Les ventrales,
attachées un peu plus en arrière que les pectorales, mais pas plus
longues qu'elles, sont pointues et tiennent au ventre par leur membrane, qui s'y unit dans la ligne moyenne.

La couleur de ce poisson est assez semblable à celle du centropriste noir : un gris-brun assez uniforme, d'un éclat bronzé, avec
une tache de brun-noir sur le milieu de chaque écaille, des marbrures et piquetures d'un brun nuageux sur les nageoires verticales,
et une grande tache d'un noir bleuâtre sur l'angle de l'opercule.

Ce centrarchus a un estomac large et court, où nous avons
trouvé des écrevisses d'eau douce et des larves de libellules. Ses
appendices du pylore sont au nombre de sept, et de longueur
médiocre. Son canal intestinal ne fait que deux replis.

Son squelette a la forme élevée du corps qu'il soutient. La crête
mitoyenne du crâne s'étend jusqu'entre les yeux, et est en arrière
moitié aussi haute que large. Il y a quatorze vertèbres abdominales
et dix-huit caudales. La nuque a trois interépineux sans épines; les
huit premiers interépineux de l'anale sont rapprochés et unis en
une pièce triangulaire, portée par les apophyses inférieures des
deux premières vertèbres caudales, dont la première est renflée
dans le haut, avant de se bifurquer pour se joindre au corps de la
vertèbre.

Le Centrarchus a cinq épines.

(Centrarchus pentacanthus, nob.)

Ce deuxième *centrarchus,* qui n'est peut-être qu'une variété du précédent, est dû à M. Lesueur, qui l'a pris dans la rivière d'Ouabache.

Ses formes sont les mêmes que dans le bronzé; mais il n'a que cinq épines à l'anale et dix à la dorsale. Une ligne étroite et noirâtre règne longitudinalement sur chaque rangée d'écailles. Les nageoires sont marquées de même de points bruns entre les rayons.

Notre individu est long de moins de cinq pouces.

D. 10/10; A. 5/11; C. 17; P. 14; V. 1/5.

Le Centrarchus sparoïde.

(Centrarchus sparoides, nob.; *Labrus sparoides,* Lacép.)

Notre troisième *centrarchus* est celui qui a été gravé dans M. de Lacépède (t. III, pl. 24, fig. 2), d'après un dessin de M. Bosc, sous le nom de *labre sparoïde.* Il nous a été envoyé récemment par M. Lesueur, qui l'avait pris dans la rivière d'Ouabache, et qui le nommait *cantharus nigro-maculatus.* Il a bien, en effet, comme tous les *centrarchus,* quelque apparence de canthère; mais ses dents au palais et sur la langue, et les deux pointes de son opercule, ne permettent pas de le rapporter à la famille des spares.

Il se distingue du centrarchus bronzé par la forme de sa dorsale, qui est plus basse en avant, plus élevée en arrière, et qui n'a que huit rayons épineux. Son anale est aussi bien plus haute et plus

3. 9

longue. L'angle et le bord inférieur de son préopercule ont quelques dentelures irrégulières.

D. 8/16; A. 6/18; C. 17; P. 12; V. 1/5.

Tout son corps est irrégulièrement marbré et tacheté de noirâtre sur un fond qui paraît avoir été argenté. Les points noirâtres d'entre les rayons sont irréguliers comme les taches du corps.

Nos individus sont longs de près d'un pied.

M. Bosc dit que ces poissons abondent dans les eaux douces de la Caroline, et qu'on les recherche principalement au printemps.

Le Centrarchus iris.

(*Centrarchus irideus*, nob.; *Labre iris*, Lacép.)

Nous regardons le poisson donné par M. Bosc à M. de Lacépède sous le nom de *perca iridea,* et que le premier a publié, t. IV, pl. 5, fig. 3, sous celui de *labre iris,* et, t. III, pl. 24, fig. 1, sous celui de *labre macroptère,* comme un quatrième centrarchus. Ne l'ayant pas vu, nous ne pouvons le décrire ici que d'après le dessin et la note que M. Bosc a bien voulu nous remettre, les mêmes qui avaient servi à M. de Lacépède.

Ainsi qu'on le voit par le dessin, cette espèce ressemble assez au *centrarchus sparoïde* par la hauteur de sa dorsale, mais son anale est plutôt dans les proportions du C. bronzé.

Ses nombres de rayons sont :

D. 11/14; A. 7/16.

Son corps est gris-brun, ponctué et tacheté de brun plus foncé. L'angle de l'opercule est marqué d'une tache noire. Sur l'arrière de la dorsale est une tache noire, fort large, bordée en dessus et en dessous d'une ligne jaune et de quelques points rouges. Toutes les nageoires sont tachetées de brun. Sa taille n'excède pas six pouces.

Elle n'est pas moins commune que le *centrarchus sparoïde* dans les eaux douces de la Caroline.

***

DES POMOTIS.

En donnant ce nom à ce sous-genre, nous avons voulu indiquer la conformation extérieure de son opercule, semblable à une oreille par son prolongement membraneux. Cet opercule a d'ailleurs sa partie osseuse terminée en angle obtus; ce qui, joint aux dents en pavé des pharyngiens et aux six rayons branchiaux, distingue parfaitement les *pomotis* des *centropristes*. Le nombre de leurs épines anales et leur langue lisse les distinguent des centrarchus.

Le POMOTIS COMMUN.

(*Pomotis vulgaris*, nob.; *Labrus auritus*, Lin.)

L'espèce la plus commune ressemble tellement aux centrarchus pour tout son extérieur, qu'il faut de l'attention pour les distinguer. Leurs proportions, les coupes de leurs nageoires, les formes de leurs têtes, et même la distribution de leurs couleurs, sont à peu près les mêmes. Le pomotis est cependant un peu plus mince. Son épaisseur est près de trois fois dans sa hauteur. Le museau est court et très-obtus. La bouche, quand elle est fermée, montre une commissure descendante, qui n'est fendue que jusque sous le bord antérieur de l'œil, et des mâchoires à peu près égales, dont la supérieure est assez protractile. L'œil est placé au tiers antérieur : son diamètre est du quart de la longueur de la tête; l'espace entre les yeux est assez plat, et large de près d'un diamètre et demi. Le sous-orbitaire est arrondi et sans dentelure. Le préopercule monte droit. Son angle inférieur est arrondi, et sa crénelure peu sensible.

L'opercule osseux se termine en angle obtus, et quand on le débarrasse de son prolongement membraneux, on y voit aussi un vestige de crénelure. L'intermaxillaire est bordé d'une petite lèvre charnue, et il y a deux ou trois raies de chaque côté de la mâchoire inférieure. Les dents sont en velours, sur de larges bandes aux deux mâchoires. Le bord antérieur de la supérieure en a de plus fortes, mais égales entre elles. Il y en a une rangée sur le devant du vomer; mais je n'en vois pas aux palatins. La langue est lisse et sans aucunes dents. La plus grande partie des os pharyngiens est garnie de dents en pavé, c'est-à-dire en cylindres courts, tronqués et arrondis par le bout, auxquelles s'en joignent en avant et en arrière quelques-unes en gros velours. Il n'y a d'écailles ni aux lèvres, ni aux mâchoires, ni aux sous-orbitaires, ni au front jusqu'au-dessus des yeux, ni à la membrane des branchies; mais la joue et les pièces operculaires en sont garnies comme le corps; celles de la joue sont de moitié plus petites que les autres : toutes ont plus de largeur que de longueur, et paraissent lisses à l'œil nu. Il faut une assez forte loupe pour bien voir leur âpreté et leurs cils. Leur bord radical a vingt crénelures : on en compte dix-huit ou vingt sur une ligne verticale, et trente-trois ou trente-quatre sur une ligne longitudinale, et il y en a en outre de petites à la base de la caudale. La ligne latérale est parallèle au dos, à une distance moindre que le tiers de la hauteur. L'ouverture des ouïes est grande; leur membrane n'a que six rayons. Les pectorales et les ventrales sont assez pointues; la dorsale et l'anale, assez égales en hauteur, terminées un peu en angle en arrière; la caudale, un peu bilobée. Des bandes de petites écailles se voient entre les bases des rayons. Les épines dorsales et anales sont assez fortes, surtout les anales, qui sont courtes.

Les nombres des rayons sont comme il suit :

D. 10/12; A. 3/10; C. 17; P. 13; V. 1/5.

Les ventrales sont unies au ventre par une continuation de leur membrane, et ces deux membranes se touchent. Entre leurs bases est une partie triangulaire, garnie de petites écailles.

Ce que ce poisson a de plus remarquable dans sa couleur, c'est la grande tache noire qui occupe l'angle de l'opercule et son petit prolongement membraneux. Elle a au bord postérieur et un peu inférieur du prolongement une petite tache rouge, et ses bords supérieur et postérieur sont lisérés de blanchâtre. Tout le reste du corps est d'un jaune verdâtre.un peu bronzé, plus pâle sous le ventre. Le milieu de chaque écaille est plus brun et le bord plus clair. Les intervalles des rayons mous de la dorsale, de l'anale et de la caudale ont des suites de taches brunes. Le reste des membranes des nageoires est gris; l'iris est doré. Parmi nos individus il en est de plus ou moins fauves. Il y en a qui ont des lignes plus dorées sur la joue, comme celui qu'a dessiné Catesby, et sur quelques-uns on voit une bande jaune sur la base de la pectorale. Il ne serait pas impossible qu'en les comparant dans l'état frais on y reconnût un jour plus d'une espèce.

Nos plus grands individus n'ont que huit pouces. M. Mitchill n'en donne que six aux siens.

Les intestins du pomotis s'éloignent peu de ceux des serrans. Son estomac est large, court et obtus, et il a au moins six appendices assez longues au pylore. Les parois de la vessie natatoire ont de l'épaisseur. Je compte à son squelette quatorze vertèbres abdominales et seize caudales. La crête mitoyenne et verticale de son crâne s'élève beaucoup, comme il était nécessaire pour soutenir sa nuque. Il y a derrière elle trois interosseux sans épines. Les côtes descendent fort bas, et si l'on en excepte la première, elles ont toutes un appendice latéral.

Ce *pomotis* est très-commun dans les pays qu'il habite. On le trouve surtout, selon Catesby, dans les étangs des moulins et dans les autres eaux dormantes; il se cache dans le sable et dans la vase, ce qui fait que quelques-uns l'appellent perche de terre. M. Mitchill ajoute qu'il est un objet ordinaire de pêche au hameçon et à la senne, soit pour s'amuser, soit pour s'en nourrir.

Le POMOTIS A QUATRE ÉPINES.

(*Pomotis tetracanthus*, nob.)

Nous avons reçu de Buénos-Ayres un petit *pomotis,* exactement de la même forme que celui des États-Unis;

mais qui s'en distingue par un quatrième aiguillon à l'anale, un peu plus grêle que le troisième, qui est le plus fort. Nous ne lui trouvons que cinq rayons aux branchies. Ce petit poisson, long de deux ou trois pouces, est tout entier d'un gris argenté, à nageoires fauves ou jaunâtres. Il a, comme le précédent, une tache noire sur le bout de l'opercule. Nous devons dire cependant que cette description est faite sur des individus mal conservés.

D. 10/12; A. 4/9.

CHAPITRE XXI.

Des Priacanthes (Priacanthus, nob.)

Dans la nécessité où nous sommes pour diviser une famille aussi nombreuse que celle des percoïdes, d'avoir recours à toutes les ressources que nous offrent les détails de leur conformation, nous avons trouvé à établir un sous-genre bien naturel, par cette circonstance que l'angle du préopercule forme une saillie aiguë ou une espèce d'épine plate, dont les bords sont dentelés ou crénelés comme ceux du reste de l'os.

Ce sont d'ailleurs des poissons qui ressemblent à l'anthias par les écailles rudes qui garnissent la totalité de leur museau et de leurs mâchoires, et même une ligne en dessous, sur la réunion de leurs membranes branchiales; mais ces écailles sont plus petites et par conséquent plus nombreuses que dans l'anthias : d'ailleurs les priacanthes manquent de canines, et ont des dents en velours sur une bande étroite aux deux mâchoires, à un petit chevron en avant du vomer et sur une ligne étroite à chaque palatin. Ils se ressemblent encore généralement entre eux, par leur bouche médiocrement fendue, descendant en arrière; par leur mâchoire inférieure, avancée, et dont le menton est saillant, et surtout par leurs très-grands yeux. Ils n'ont que six rayons aux branchies. L'orifice postérieur de leur narine est une large fente verticale, et a en avant un petit trou, qui en est l'orifice antérieur. Leur corps, oblong et assez comprimé, et leurs nageoires dorsale et anale, finissant en angle arrondi, achèvent d'en déterminer la forme.

Nous possédons au moins six espèces de ce genre, très-semblables entre elles, et dont la principale distinction consiste dans le plus ou moins de prolongement de l'épine du préopercule.

Le Priacanthe a gros yeux.

(*Priacanthus macrophtalmus* ; *Anthias macrophtalmus,* Bl.; *Lutjan macrophtalme*, Lac.)

L'espèce qui a été décrite la première est celle où l'épine du préopercule est la plus courte, et où par conséquent le caractère du genre se montre le moins; ce qui explique pourquoi on ne l'a pas saisi. Bloch (pl. 319) l'a nommée *anthias macrophtalmus.* Dans sa grande Ichtyologie, il la dit du Japon, et dans son Système, p. 304, il la transporte à Tranquebar; mais il s'est trop souvent trompé sur l'origine de ses poissons pour faire autorité contre des faits positifs. Pour nous, nous avons reçu celui-ci du Brésil, par M. Delalande, et de la Martinique, par M. Plée, et nous n'avons aucune raison de douter que ce ne soit le *catalufa* de la Havane, fort bien représenté dans l'ouvrage de Parra (pl. 12, fig. 1).

Ses formes sont celles que nous avons indiquées pour tout le genre. Un corps oblong, dont la hauteur est trois fois dans la longueur; la longueur de la tête aussi le tiers de celle du corps; le diamètre de l'œil, près de moitié de la longueur de la tête; la queue, en arrière de la dorsale et de l'anale, réduite en hauteur au quart de celle du corps, et en longueur à moins du sixième de la longueur totale; la dorsale et l'anale s'élevant graduellement en arrière, mais de fort peu, et se terminant par un angle arrondi; la caudale, à peine en croissant; des pectorales médiocres, obtuses;

des ventrales, d'un grand tiers plus longues, adhérentes au corps par une membrane. La pointe du préopercule diffère selon le sexe; dans le mâle elle est plus saillante, plus pointue, et a des sillons comme tout le limbe du préopercule; dans la femelle c'est un angle obtus, très-peu saillant, à dentelures très-fines.

Nous sommes assurés de ces caractères sexuels par M. Plée, qui a recueilli le mâle et la femelle, et en assez grand nombre.

C'est un individu femelle que Bloch a représenté; mais le mâle vient d'être publié par M. Desmarest, qui l'a pris pour une espèce particulière, et l'a nommé *priacanthe cépédien*.

Au bord de son opercule, dans sa moitié supérieure, sont deux petites pointes presque cachées dans la membrane.

Le sous-orbitaire est fort étroit et très-finement dentelé. Son bord orbitaire fait une saillie singulière au bord antérieur de l'orbite. Les rayons mous de la dorsale et de l'anale sont âpres, mais non écailleux. L'ouverture postérieure de la narine est verticalement oblongue, grande et très-voisine de l'œil; l'antérieure est comme une piqûre d'épingle.

D. 10/14; A. 3/15; C. 17; P. 16; V. 1/5.

Ses écailles sont petites et âpres au bord; il en a partout, excepté aux lèvres et à la membrane branchiale; encore en voit-on sur cette membrane une ligne moyenne.

Tout le corps de ce poisson, dans la liqueur, paraît uniformément d'une couleur argentée, teinte de rougeâtre; sec, il est plus ou moins jaunâtre; mais sa couleur naturelle est le rouge. M. Plée nous l'a peint ainsi. C'est probablement pour n'avoir observé qu'un individu sec que Bloch l'a enluminé en jaune. Sa figure est d'ailleurs assez incorrecte : elle n'offre qu'une narine, et les écailles y sont trop grandes. M. Desmarest a donné à la sienne une teinte cendrée, qui était aussi le produit de la liqueur. Une bordure noirâtre, étroite,

3.　　　　　　　　　　　　　　　10

règne sur les nageoires verticales; les ventrales sont noires, avec des rayons blancs. Parra le dit incarnat à l'état frais, et que l'iris de son œil est aussi incarnat.

Nos individus sont longs de dix à douze pouces. Selon M. Plée, l'espèce atteint souvent le poids de huit à dix livres.

Le squelette de ce priacanthe n'a que neuf vertèbres à l'abdomen et treize à la queue, vingt-deux en tout : deux de moins que les serrans et que la plupart des genres que nous venons de décrire. La crête mitoyenne de son crâne est assez élevée et s'avance jusqu'au bord antérieur du frontal.

Son foie est très-petit, presque tout entier à gauche. Le lobe droit est réduit à une seule petite pointe, à laquelle est attachée une assez grande vésicule du fiel. Le canal cholédoque est long, et reçoit plusieurs canaux cystiques avant de s'ouvrir dans l'intestin, entre les appendices cœcales.

L'œsophage est court et très-large. L'estomac a la forme d'un grand sac court, arrondi en arrière, à parois très-minces et sans aucun pli à l'intérieur. Vers le bas on voit une sorte de petit talon, auprès duquel s'ouvre le pylore.

L'intestin commence à se porter vers le diaphragme l'espace de deux à trois lignes. Dans cette portion de sa longueur, ses parois sont très-épaisses; sa partie antérieure est munie de cinq cœcum gros, mais courts. Il se dirige alors vers l'anus, et fait deux replis avant de s'y rendre.

La rate est très-petite, longitudinale, située auprès du pylore. Les laitances sont très-grosses et se prolongent au-delà de l'anus, dans une poche que fait le péritoine au milieu des muscles de la queue.

La vessie urinaire, qui est également très-grande, est aussi située dans cette poche. Les reins sont petits; mais les uretères sont longs.

La vessie natatoire n'occupe pas toute la longueur de l'abdomen; elle est simple, sans cornes ni appendices, arrondie antérieurement, et se termine en pointe. L'organe sécréteur de l'air est placé sous la convexité de la partie antérieure de la vessie. Ses parois sont plus épaisses dans cet endroit que vers la pointe; elles sont argentées, ainsi que le péritoine.

Le Priacanthe sablé.

(*Priacanthus arenatus*, nob.)

Nous avons reçu du Brésil, par M. Delalande, et de l'Atlantique par M. Péron,

une espèce fort semblable à la précédente, qui dans la liqueur paraît de couleur brune, avec un reflet doré, semée irrégulièrement de petits points noirs. L'épine de son préopercule est un peu plus prononcée. Peut-être n'est-ce qu'une variété d'âge.

D. 10/14; A. 3/15; C. 17; P. 16; V. 1/5.

Les individus ne sont longs que de quelques pouces.

Le Priacanthe ensanglanté.

(*Priacanthus? cruentatus,* nob.; *Labrus cruentatus,* Lacép.)

J'ai trouvé dans les manuscrits de Plumier le dessin d'un poisson qui offre tous les caractères des priacanthes,

mais dont la couleur, d'après une note écrite de la main de l'auteur, était argentée, semée de grandes taches anguleuses, couleur de corail[1], et l'iris, aussi argenté, était bordé de corail. On voit trois de ces taches sur le crâne et la nuque : six de chaque côté, le long du dos, et quinze ou seize sur trois rangs aux flancs.

Cette figure n'a point été gravée par Bloch, mais une copie qu'Aubriet en avait faite et qu'il avait coloriée d'après cette indication, a passé dans l'ouvrage de M. de Lacépède, t. III, p. 522, pl. 2, fig. 3, sous le nom de *labre ensanglanté :*

---

1. Sur le dessin d'Aubriet, on a écrit *lupus minimus argenteus maculis purpureis tesselatus*, Plum.; mais la note française du manuscrit original dit *couleur de corail.*

le trait, altéré d'abord par Aubriet et ensuite par le graveur, est presque méconnaissable, mais le dessin primitif ne laisse pas de doute sur le genre, et même l'épine du préopercule, par sa brièveté, est tellement semblable à celle de notre macrophtalme, qu'il serait très-possible que cette figure n'en représentât qu'une variété accidentelle de couleur.

Le PRIACANTHE OEIL-DE-TAUREAU.

(*Priacanthus boops,* nob.; *Perca boops,* Forst.)

Le *perca boops* de Forster, ou le *bull-eye* (œil-de-taureau) de Sainte-Hélène, donné par Bloch dans son Système, p. 3o8, d'après les manuscrits de Forster, sous le nom d'*anthias boops,* est évidemment encore un priacanthe : on voit déjà, d'après la description détaillée de Forster, que toutes ses formes sont celles de notre première espèce. La figure du même naturaliste, déposée dans la bibliothèque de Banks, et dont nous avons obtenu une copie de la complaisance de Mme Bowdich, laisse encore moins de doute à cet égard. Enfin, ce qui décide tout, c'est le poisson lui-même, que nous venons de recevoir de Sainte-Hélène par MM. Lesson et Garnot, naturalistes de l'expédition de M. Duperrey.

Sa forme est un peu plus courte que celle de la première espèce. L'angle de son préopercule est un peu moins obtus, et l'épine un peu plus proéminente. Le bord antérieur de l'opercule est moins saillant en dehors. Il y a un rayon mou de moins à la dorsale et à l'anale.

B. 6; D. 10/13; A. 3/14; C. 17; P. 19; V. 1/5.

Dans la liqueur il paraît, comme le précédent, d'un gris argenté rougeâtre. Le liséré noir de ses nageoires verticales est encore plus marqué.

Forster décrit sa couleur comme d'un rouge écarlate (*coccineum*) ; mais il s'est glissé sans doute quelque faute d'impression dans les nombres de ses rayons, qui sont indiqués comme il suit (en les comptant à notre manière).

B. 6 ; D. 10/22 (c'est probablement 10/12, et la figure n'en marque pas davantage) ;
A. 3/17 ; C. 18 (17) ; P. 18 ; V. 1/6 (1/5).

Le PRIACANTHE HAMRUHR.

(*Sciæna hamruhr,* Forsk.; *Anthias hamruhr,* Bl.)

Le *sciæna hamruhr* de Forskal (p. 45, n.° 44) est manifestement un priacanthe, et d'après sa description on pouvait déjà juger qu'il devait ressembler beaucoup au boops ; mais cet observateur s'étant borné, comme il arrive presque toujours à celui qui voit une première espèce d'un genre naturel, à indiquer des caractères génériques, il aurait été très-difficile de fixer ceux de l'espèce sur ce qu'il en rapporte ; nous les avons trouvés mieux indiqués sur un dessin fait à Lohaia par M. Ehrenberg.

Le poisson y est représenté d'une forme très-semblable à celle du macrophtalmus femelle, mais avec l'anale plus haute et l'angle du préopercule encore moins pointu. Il est tout entier d'une couleur de vermillon claire et sans taches ni liséré.

D. 10/14 ; A. 3/15 ; C. 17 ; P. 17 ; V. 1/5.

On nomme ce poisson en arabe *abu-hamruhr.* Bloch, *Syst.*, p. 307, en fait un anthias, et M. de Lacépède, t. IV, p. 209, un lutjan.

Le PRIACANTHE DE BUÉNOS-AYRES.

(*Priacanthus bonariensis,* nob.)

Nous avons reçu de Buénos-Ayres un petit priacanthe qui paraît être encore d'une espèce particulière.

Son épine est aussi longue au moins qu'au mâle du macrophtalme; mais son corps est plus court à proportion de sa hauteur, et son museau plus obtus, quand sa bouche est fermée. Son interopercule a les bords dentelés, comme son opercule. Il paraît maintenant argenté sur les flancs et au ventre, et teint de pourpre vers le dos; mais on ne peut conclure de là ses couleurs à l'état frais.

D. 10/13; A. 3/13; C. 17; P. 17; V. 1/5.

Le PRIACANTHE DES CAROLINES.

(*Priacanthus carolinus,* nob.)

MM. Lesson et Garnot ont apporté de l'île *Oualand* ou *Strong,* l'une des Carolines, un priacanthe différent des précédens

par un peu plus de longueur de son épine préoperculaire et par une dentelure bien marquée, mais excessivement fine, au bord du préopercule. Il est aussi oblong que le macrophtalme, et son œil est peut-être encore plus grand. Sa couleur, dans l'esprit de vin, paraît aussi d'un gris rougeâtre argenté; mais on ne voit pas de liséré noir à ses nageoires. La partie molle de la dorsale a des points violâtres; la caudale en a de plus marqués encore.

B. 6; D. 10/13; A. 3/14; C. 17; P. 17; V. 1/5.

Le Priacanthe du Japon.

(*Priacanthus japonicus*, nob.)

M. Langsdorf a rapporté du Japon au Musée de Berlin un beau et grand priacanthe, à peu près de la forme générale du macrophtalme,

si ce n'est qu'il a la nuque plus haute. L'angle de son préopercule est aussi conformé comme dans cette espèce, mais il se distingue de tous les autres par la hauteur et la saillie anguleuse de la partie molle de sa dorsale. Les deux dernières épines s'alongent déjà beaucoup pour concourir à lui donner ce contour. Le long de cette nageoire, à la base de chaque rayon, est une écaille relevée et dentelée, et il en est de même le long de l'anale. Les ventrales, qui sont très-grandes et attachées à l'abdomen par tout leur bord interne, ont une écaille semblable au-dessus de leur aisselle. Leur épine est comprimée, striée et finement dentelée à son bord antérieur, mais de manière que les dentelures sont tournées vers sa pointe.

Il y a des écailles jusque sur les deux rayons inférieurs de la membrane branchiale ; mais les nageoires n'en ont aucune.

Le sous-opercule et l'interopercule sont finement dentelés.

D. 10/13; A. 3/12; C. 16; P. 18; V. 1/5.

Ce poisson, que nous n'avons vu qu'à l'état sec, paraît avoir été rouge et avoir eu la membrane de ses ventrales noire.

Il est long de quinze pouces, et en a cinq et demi de hauteur aux pectorales.

Son nom japonais est *Horranda mobaru*. M. Langsdorf l'avait appelé *polyprion japonicus ;* nous lui conservons son nom spécifique, mais en le reportant à son véritable genre.

Le Priacanthe de Niphon.

(*Priacanthus niphonius,* nob.)

Un priacanthe plus petit, rapporté aussi des mers du Japon, et par le même naturaliste,

a les nageoires plus égales; les dernières épines de la dorsale un peu moins hautes que celles du milieu; celles de l'anale égales, toutes striées longitudinalement; celles des ventrales striées aussi, mais non dentelées. Les rayons mous de ces trois nageoires sont âpres et même un peu épineux. Ses écailles sont plus profondément dentelées qu'à aucun autre. Il y a sur le limbe de son préopercule, vers l'angle, des arêtes saillantes et rayonnées. Le bord inférieur n'en est pas finement dentelé, mais a des dents séparées et semblables à de petites épines. Sa ligne latérale, dans son tiers antérieur, se rapproche du dos par une convexité plus marquée.

D. 10/11; A. 3/10; C. 16; P. 16; V. 1/5.

Il est plus élevé de sa partie moyenne que le macrophtalme.

On voit encore que la membrane de ses ventrales était noire; que celle de la partie épineuse de sa dorsale et de son anale est brune ou noire dans la moitié postérieure de chaque intervalle; qu'il y avait des points bruns sur les rayons mous de ses trois nageoires verticales.

Nous ne savons pas quel était le fond de sa couleur : à l'état sec il paraît d'un gris brunâtre, avec cinq larges bandes brunes, qui descendent du dos et se portent obliquement en avant : la première vers la nuque; les trois suivantes sur le flanc; la cinquième est sur la queue.

Sa longueur est de trois pouces et demi; sa hauteur d'un et demi.

Le Priacanthe a longue épine.

(*Priacanthus macracanthus,* nob.)

Nous devons à MM. Lesson et Garnot une espèce très-particulière de priacanthe, qu'ils ont apportée d'Amboine, et qui se distingue de toutes les précédentes

par un corps un peu plus alongé, et surtout par l'épine de son préopercule, qui est longue et pointue, comme à un holocentrum. La dentelure de ce préopercule est d'ailleurs d'une finesse excessive, et elle ne se montre même sur l'épine qu'à sa base; mais, du reste, cette espèce ressemble en tout aux autres; elle paraît aussi, dans la liqueur, argentée et teinte vers le dos d'un gris roussâtre; proportionnellement c'est celle qui a la dorsale la plus haute.

D. 10/13; A. 3/14; C. 17; P. 17; V. 1/5.

Les ventrales paraissent avoir été rougeâtres. Leur rayon épineux égale les mous en longueur. Dans les précédens il est un peu plus court, si ce n'est dans l'espèce des Carolines.

Nous croyons enfin devoir rapporter à ce genre et nommer

Le Priacanthe argenté

(*Priacanthus argenteus,* nob.)

le *waboulang* ou plutôt *wawoulang*, appelé aussi *silber-fish* (poisson d'argent), et représenté par Renard, part. I, pl. 12, fig. 72, d'après Corneille de Vlaming, n.° 12.

La forme de son préopercule est un peu mieux rendue dans l'original que dans la copie : du reste, pour l'œil et pour toutes les formes, il ressemble aux autres espèces du genre. On le repré-

3.　　　　　　　　　　　　　　　11

sente rouge, semé de grandes taches blanches, inégales, plus hautes
que longues et irrégulièrement disposées sur quatre rangs.

Renard le dit fort délicieux.

Nous serions aussi tentés de rapporter à ce genre le
poisson représenté dans le Voyage de Krusenstern, pl. 63,
fig. 2, et nommé *œil rouge du Japon*. Mais cette figure
est faite avec si peu de soin, que l'on n'y distingue ni la
forme du préopercule ni les nombres respectifs des rayons
mous et des rayons épineux : il en paraît en tout à la
dorsale vingt-quatre des premiers, et dix-sept des seconds.

Sa forme générale est à peu près celle de nos priacanthes oblongs,
et il est représenté roussâtre sur le dos, blanchâtre argenté au ventre.
Sa dorsale, son anale et ses ventrales sont tachetées de blanc sur un
fond roux. Ses pectorales sont jaunes, et sa caudale mêlée de roux
et de jaunâtre. On lui a peint l'iris de l'œil d'un rouge de sang.

CHAPITRE XXII.

Des Doules (*Dules*, nob.).

Après avoir fait connaître ceux des genres de percoïdes
à moins de sept rayons branchiaux, qui se distinguent par
des caractères propres et très-marqués, il nous en reste
qui ressemblent aux centropristes par les formes générales
et par l'intérieur, et que leurs six rayons à la membrane
des branchies nous obligent seuls à en séparer. Nous en
formons un genre, que nous désignerons par le nom de
doules, et qui comprend plusieurs espèces de l'un et de
l'autre océan.

Par ce nom de doules (*esclave*) nous avons voulu indiquer la ressemblance de ces poissons avec ceux que depuis long-temps nous avons appelés *thérapons*, nom qui
lui-même, assez arbitraire, n'est que la traduction de
l'épithète donnée à l'espèce de thérapon décrite le plus
anciennement (l'*holocentrus servus* de Bloch).

Les premières espèces ont trois pointes à leur opercule,
et la dorsale indivise.

Le DOULES COCHER.

(*Dules auriga*, nob.)

Un des plus remarquables est celui que nous appelons
cocher (*dules auriga*), à cause de la forme de fouet que
prend sa troisième épine dorsale, au moyen de son alon-
gement et de la longue soie qui la termine. Il vient du
Brésil, et nous en a été apporté par feu Delalande.

Les individus que nous possédons n'ont que six à huit pouces de longueur.

Leur forme ressemble beaucoup en petit à celle du centropriste noir; mais les yeux sont un peu plus grands et plus rapprochés; il y a entre eux deux légers sillons, et le crâne est dépourvu d'écailles, comme le museau. Les dentelures du bord montant du préopercule sont très-fines; celles du bord inférieur un peu plus fortes. Il y a à l'opercule osseux trois pointes, dont la supérieure est courte et arrondie, et la moyenne, la plus forte et la plus aiguë. Les dents sont en velours sur de larges bandes, aux deux mâchoires, au-devant du vomer et aux palatins. Au rang externe, à la mâchoire supérieure, elles sont plus fortes, et néanmoins égales, en sorte qu'on ne peut dire qu'il y ait des canines.

Les deux premières épines dorsales sont petites, mais la troisième se prolonge en une soie qui égale la moitié de la longueur du corps. Les sept suivantes sont égales entre elles. Il y a ensuite treize rayons mous, aussi égaux entre eux, mais tous un peu plus hauts que les épines qui les précèdent. Le dernier est fourchu comme à l'ordinaire; la caudale est coupée carrément. La seconde épine anale est forte sans être longue. Les ventrales sortent un peu plus en arrière que les pectorales, mais ne les dépassent pas.

Dans la liqueur ce poisson paraît d'un gris jaunâtre; la plupart des écailles du dos et des côtés du thorax ont une tache brunâtre. La région abdominale est jaunâtre et sans taches, et en avant et en arrière de cette partie jaune il monte une bande verticale brune ou noirâtre, qui s'efface avant d'arriver à la ligne dorsale. Des bandes nuageuses brunâtres s'étendent obliquement sur la dorsale et sur l'anale; la caudale et les pectorales paraissent avoir été jaunes, et les ventrales sont teintes de noirâtre.

D. 10/13 ; A. 3/7 ; C. 17; P. 17; V. 1/5.

Le squelette de ce doules ressemble à celui des serrans, même par le crâne, qui est étroit, lisse, et sans crêtes à sa face supérieure. Le nombre des vertèbres y est le même; dix abdominales, quatorze caudales.

Le DOULES A VENTRE JAUNE.

(*Dules flaviventris,* nob.)

Des individus, très-semblables à l'auriga, et venus de la même mer, mais où les épines dorsales ne se prolongent pas, en sont peut-être les femelles.

Leur corps est de même brun, avec un large espace jaune sous le ventre, et deux taches noires et rondes de chaque côté de la base de la caudale. Leur dorsale et leur anale sont marbrées de bandes et de taches noires, et ils ont les pectorales rougeâtres.

D. 10/12; A. 3/7; C. 15; P. 15; V. 1/5.

———

Les autres doules n'ont que deux pointes à leur opercule, et leur dorsale est échancrée. Ce sont eux surtout qui conduisent aux thérapons, et leur ressemblent par l'extérieur; leur forme est à peu près celle de la perche; leur corps est fort comprimé; le limbe de leur préopercule a des dentelures fines, et peu apparentes; il est un peu élargi vers l'angle, et finement strié en rayons. On aperçoit, mais avec peine, quelques vestiges de dentelure à leur sous-orbitaire.

Le DOULES A QUEUE RUBANNÉE.

(*Dules tœniurus,* nob.)

Le Musée royal des Pays-Bas en a reçu de Java, par MM. Kuhl et Van-Hasselt, une espèce dont voici la description :

Son apparence et sa couleur (aux nageoires près) sont un peu celles de l'ablette ou d'un petit hareng.

La longueur de sa tête est quatre fois et un quart dans sa longueur totale, et une fois et un quart dans sa hauteur, dont son épaisseur fait le tiers ; la partie nue de sa queue, derrière la dorsale et l'anale, et avant la caudale, fait un peu plus du quart de la longueur totale. Son chanfrein est légèrement concave. Les pointes de son opercule sont aiguës, et surtout l'inférieure.

Il y a des dents en velours rude à chaque mâchoire, au chevron du vomer et à chaque palatin, sur des bandes de peu de largeur.

Les deux parties de la dorsale sont séparées par une échancrure assez profonde ; les rayons de la première sont médiocres ; il y en a neuf : le premier est très-court ; le quatrième et le cinquième, qui sont les plus élevés, n'ont pas tout-à-fait moitié de la hauteur du poisson ; le dixième, qui recommence la seconde partie, n'a que moitié de la hauteur du rayon mou qui le suit. Cette partie molle est du reste aussi haute et aussi longue que la partie épineuse, et à elles deux elles couvrent le second tiers de la longueur du corps. L'anale a sa deuxième épine plus forte et un peu plus courte que la troisième ; la caudale est fourchue jusqu'à moitié de sa longueur.

Les écailles sont petites, lisses et sans stries, ou, s'il y en a, elles sont bien fines. On en compte de cinquante-cinq à soixante dans la longueur, et quatorze à quinze dans la hauteur.

La ligne latérale se courbe un peu en haut, au-dessus de la pectorale ; puis elle s'infléchit doucement, et se rend droit à la queue : elle est fine comme le trait le plus délié.

Le dos est bleu d'acier, les flancs et le ventre rose argenté ; le bleu du dos se fond avec la couleur des flancs ; la dorsale est grise, et sa partie molle est bordée de noirâtre, plus largement vers son angle antérieur ; la pectorale, la ventrale et l'anale sont d'un gris blanchâtre, sans taches ; et la caudale, blanchâtre, a sur chaque lobe deux larges bandes obliques brunes ou noirâtres, dont celle qui est plus voisine de l'extrémité surpasse l'autre en largeur.

D. 10/10 ; A. 3/11 ; C. 17 ; P. 13 ; V. 1/5.

L'individu n'est long que de quatre pouces et demi.

Le Doules bordé.

(*Dules marginatus*, nob.)

Une autre espèce, envoyée aussi de Java par les mêmes naturalistes, et que l'on possède au Musée royal des Pays-Bas et au Cabinet du Roi,

a, comme la précédente, la forme d'une perche; la dorsale très-échancrée, sa partie épineuse plus haute dans le milieu, l'œil grand; la mâchoire inférieure plus longue, la caudale fourchue, deux pointes à l'opercule, et la dentelure du préopercule si fine qu'on a peine à la voir à l'œil nu. Son profil est rectiligne, ses écailles assez grandes (quarante à quarante-cinq sur une ligne longitudinale); sa couleur argentée, teinte de gris vers le dos; ses nageoires d'un gris jaunâtre, avec une teinte noirâtre sur la caudale et la partie épineuse de la dorsale. La partie molle de la dorsale et la caudale sont en outre lisérées de noir, et il y a une tache noire à l'angle antérieur de la partie molle de la dorsale. L'épine de cette partie molle, qui est la dixième de la nageoire, est aussi haute que les rayons qui la suivent. La deuxième épine de l'anale est plus forte, mais un peu plus courte que la troisième. La ligne latérale est presque droite.

D. 10/11 (le dernier très-profondément divisé); A. 3/12; C. 17; P. 13; V. 1/5.

L'individu n'a que quatre pouces et demi de longueur.

Nous avons disséqué cette espèce; elle a la vessie simple, longue et à parois minces, ce qui la rapproche des centropristes beaucoup plus que des thérapons, et huit cœcum assez longs à son pylore. L'intestin fait deux replis; le dernier, ou le rectum, est très-renflé.

Le Doules a queue rayée.

(*Dules caudavittatus*, nob.; *Holocentre queue rayée*, Lacép.)

Une troisième espèce de ces doules, à deux pointes à l'opercule, se nomme à l'Isle-de-France *gros-œil,* selon

Commerson. Ce naturaliste en a rapporté un individu au Cabinet du Roi, et en a laissé une description fort détaillée, sur laquelle M. de Lacépède (t. IV, p. 332 et 367) a établi son *holocentre queue rayée.*

Sa ressemblance avec la précédente est extrème; mais le nombre de ses rayons mous à la dorsale s'élève à quatorze, et celui de ses écailles sur une rangée longitudinale va à plus de cinquante, et sur une rangée verticale à dix-neuf. On ne voit point de tache au sommet de la partie molle de sa dorsale, et il n'y a pas tant de différence entre sa neuvième et sa dixième épine.

D. 10/14; A. 3/13; C. 17; P. 15; V. 1/5.

Commerson, qui a vu ce poisson à l'état frais, dit que le dos est d'un brun bleuâtre, et les flancs et le ventre d'un blanc d'argent. L'individu sec qu'il a laissé, et qui est long de cinq pouces, montre encore sur sa caudale la même distribution du noirâtre, du jaunâtre, et le même liséré noir que dans l'espèce précédente. Ce savant voyageur a observé l'espèce en Février 1770, sur les marchés de l'Isle-de-France, et l'a toujours vue plus petite que notre perche de France.

Le DOULES BRUN.

(Dules fuscus, nob.)

Une quatrième espèce, apportée de l'île de Bourbon par M. Leschenault, est un peu plus courte et plus épaisse que les précédentes, auxquelles elle ressemble d'ailleurs pour les détails.

Ses épines dorsales sont un peu moins élevées, et les rayons mous n'y sont, comme dans le bordé, qu'au nombre de onze. Sa couleur est brune, avec des reflets d'argent du côté du ventre; sa dorsale est aussi toute brune. Sur le brun de sa caudale, entre ses rayons mitoyens, se voient quelques lignes longitudinales noires. Le long de la base de son anale règnent des taches noires, une entre chaque rayon. Ses pectorales et ses ventrales sont d'un gris brun.

D. 10/11; A. 3/10; C. 17; P. 15; V. 1/5.

Nos individus n'ont que quatre pouces.

Le DOULES DE ROCHE.

(*Dules rupestris; Centropomus rupestris,* Lacép.)

Ce doit encore être une espèce de ce genre que le *poisson de roche* de l'île de Bourbon, dont la description très-détaillée, laissée par Commerson, a produit l'article du *centropome de roche* de M. de Lacépède (t. IV, p. 252 et 273). Le savant voyageur à qui nous devons la connaissance de tant de poissons, nous dit que celui-ci, le cabot et l'anguille, sont les seuls qui se trouvent dans les eaux douces de l'île. Celui-ci est estimé pour sa saveur : on le prend dans la ravine du Gol. Voici un extrait de la description de Commerson :

Son apparence et sa taille sont à peu près celles d'une carpe ordinaire; il y en a de quinze pouces de long, et qui pèsent deux livres. Le dessus du corps et de la tête est d'un brun bleuâtre; le milieu de chaque écaille y est plus noir; un blanc argenté règne sur les flancs et sous le ventre, mais les écailles y sont bordées de noirâtre, et sur chacune des écailles des opercules il y a souvent deux points noirs, plus rarement un seul; les nageoires sont d'un brun qui est plus foncé aux supérieures. On ne compte que six rayons à la membrane des ouïes, et assez forts; le préopercule est finement dentele; l'opercule se termine par deux pointes aiguës. La première dorsale a neuf épines fortes, dont celles du milieu ont jusqu'à un pouce et demi; la seconde lui est continue, et commence par un rayon épineux, suivi de onze mous, dont le dernier très-fourchu. Les pectorales sont obtuses, et ont quatorze rayons; les

3.   12

ventrales sortent plus en arrière qu'elles. A l'anale on compte trois épines assez courtes, mais très-épaisses, et neuf rayons mous; la caudale, à demi fourchue, en a seize ou dix-sept. La ligne latérale est voisine du dos et n'en suit pas entièrement la courbure, mais se courbe un peu plus vers le bas, etc.

Cette description s'applique assez bien à un doules que MM. Lesson et Garnot viennent de rapporter de l'Isle-de-France, pour que nous puissions le croire d'une même espèce.

Sa forme générale est à peu près celle d'une perche, et seulement un peu plus épaisse à proportion; sa hauteur est à peine plus de trois fois dans sa longueur, et son épaisseur un peu plus de deux fois dans sa hauteur. La longueur de sa tête est un peu plus du quart de la longueur totale. Le front descend obliquement, et sans convexité; la bouche est médiocrement fendue; la mâchoire inférieure avance un peu plus que l'autre. Les deux mâchoires, le chevron du vomer, les palatins, et même les ptérygoïdiens, sont garnis de dents en fin velours ras. Le premier sous-orbitaire est étroit, et a une partie de son bord très-finement dentelée. Le bord postérieur du préopercule descend en ligne droite, et en se portant un peu en arrière; il est très-finement dentelé, ainsi que l'inférieur : c'est à peine si on s'en aperçoit à l'œil. Son limbe est légèrement veiné; la partie osseuse de l'opercule se termine par deux pointes assez fortes. La membrane branchiale est bien fendue, et a six rayons très-prononcés; les pectinations de la première branchie sont assez longues, mais les autres sont courtes. Je ne vois de dentelures à l'épaule qu'à l'os surscapulaire. Le crâne est un peu ridé et sans écailles, ainsi que le museau et les mâchoires; mais il y en a à la nuque, à la joue et aux pièces operculaires. Elles sont grandes, rondes, très-finement ciliées; à la loupe leur partie extérieure paraît pointillée. La partie cachée est coupée carrément, a un éventail de douze rayons, et est à peine crénelée. On compte quarante à quarante-cinq de ces écailles depuis l'ouïe jusqu'aux petites de la base de la caudale, et quatorze ou quinze sur une ligne verticale au milieu. La ligne latérale, qui occupait d'abord le tiers supérieur, descend ensuite un peu : elle est au milieu dès le tiers postérieur du corps ; elle se marque par de petits tubes simples.

Voici les nombres des rayons :

D. 10/11 ; A. 3/10 ; C. 17 ; P. 14 ; V. 1/5.

Les pectorales sont petites ; la dorsale commence sur leur milieu. Sa quatrième et sa cinquième épine, qui sont les plus longues, n'ont que le tiers de la hauteur du corps ; la dixième se relève plus que la neuvième, et le premier rayon mou dépasse la dixième épine de moitié. L'anale commence sous la neuvième épine dorsale ; elle en a trois fortes, que le premier rayon mou dépasse aussi de moitié. La queue, derrière les deux nageoires, fait un peu plus du septième de la longueur totale, et est d'un quart moins haute que longue ; la caudale est presque carrée ou légèrement en croissant ; elle a de petites écailles entre les bases de ses rayons ; mais il n'y en a point aux nageoires verticales, qui peuvent seulement se cacher en partie entre deux lames d'écailles du dos. Les ventrales naissent sous le milieu des pectorales, et sont plus longues et plus épaisses qu'elles. Leur épine est assez forte, mais de moitié plus courte que leur premier rayon mou.

La couleur de ce poisson est argentée, teinte de brunâtre sur le dos ; une tache d'un brun foncé, composée de points rapprochés, occupe le bout de chaque écaille ; sous la gorge et le ventre elles se réduisent à quelques points pâles ; sur les flancs elles sont fort régulières, et s'unissent par des lignes étroites de points plus pâles qui suivent les bords des écailles. Ces lignes, devenant plus larges et moins régulières vers la queue, y forment une espèce de marbrure vers le dos ; les taches se perdent un peu dans le fond brun ; enfin, sur les joues et les opercules elles sont moins nombreuses et moins régulièrement disposées. La dorsale a sa partie molle brune, et blanchâtre à sa base ; le blanchâtre se continue sur la partie épineuse : l'anale est blanchâtre, pointillée de brun : les points bruns rendent la caudale presque entièrement de cette couleur, et elle a en outre des taches plus foncées vers son milieu ; ses angles sont blanchâtres. Les pectorales sont grises ; les ventrales blanchâtres.

Notre individu est long de huit pouces.

Le foie est petit et situé en travers sur l'œsophage ; l'estomac est assez grand, mince. Nous avons compté cinq cœcum au pylore ; ils sont longs et grêles. La vessie natatoire est grande, simple, à parois excessivement minces.

Ce poisson se nourrit de crustacés ; nous avons trouvé dans son estomac les débris d'un pagure.

CHAPITRE XXIII.

Des Thérapons, des Datnia, des Pélates et des Hélotes.

S'il existe un groupe de poissons qui semble fait pour désespérer les naturalistes, en montrant à quel point la nature se rit de leurs combinaisons caractéristiques, c'est celui dont nous traitons dans cet article, et qui avec une multitude de rapports intérieurs et extérieurs, assez particuliers pour qu'on ne puisse le démembrer, avec une grande ressemblance à toute la famille des perches, réunit des espèces munies de dents palatines avec d'autres qui paraissent en être constamment dépourvues.

Tous ces poissons ont des dents en velours aux mâchoires, des dentelures au sous-orbitaire, au préopercule et même souvent aux os de l'épaule; aucun d'eux n'a plus de six rayons aux branchies : on ne voit d'écailles ni à leur crâne, ni à leur museau, ni à leurs mâchoires; leurs épines dorsales se replient dans une rainure du dos qui se marque de chaque côté par un sillon; leur vessie natatoire est constamment divisée par un étranglement en deux sacs distincts, comme dans les cyprins, les characins et les myripristis, ce qui est un caractère assez rare dans toute la famille des acanthoptérygiens.

DES THÉRAPONS.

Leur première subdivision, ou celle des thérapons proprement dits, a le rang antérieur de ses dents des mâchoires plus fort que les autres, et sa dorsale est profondément échancrée. L'opercule se termine par un aiguillon plus fort que dans aucune perche. On leur voit quelques petites dents sur une seule rangée au-devant du vomer, qui tombent dans certaines espèces avec une extrême facilité, en sorte que dans la même on observe des individus qui en sont munis, et d'autres qui en sont dépourvus. Dans d'autres espèces il y en a même aux palatins.

Le THÉRAPON JERBOA.

(*Therapon servus*, nob.) [1]

L'espèce la plus connue a été représentée assez exactement par Bloch (pl. 238), et nommée par lui *holocentrus servus;* et c'est de cette épithète traduite en grec que nous avons fait notre nom générique (θεράπων, *servus*).

M. de Lacépède, qui pense avec beaucoup de vraisemblance que c'est le *sciæna jarbua* de Forskal, et qui en conséquence lui en a donné le nom, l'a fait graver (t. III, pl. 30, fig. 3) d'après un dessin de Commerson, qui n'est pas entièrement pareil à celui de Bloch, mais dont les légères différences ne tiennent probablement qu'au peu de soin du dessinateur. Le sujet de ce dessin venait des îles

---

1. *Holocentrus servus*, Bl. ; *Holocentre jerbua*, Lacép. ; *Sciæna jerbua*, Forsk., Gmel. et Shaw.

Séchelles. M. Ehrenberg a rapporté des individus très-semblables de la mer Rouge.

Nous avons reçu le même poisson de Timor par MM. Quoy et Gaymard, naturalistes de l'expédition Freycinet, et M. Leschenault nous l'a envoyé de Pondichéry, où il se nomme, dit-il, *palin-kichan.*

M. Reinwardt l'a aussi rapporté des Moluques au Musée des Pays-Bas, et M. Dussumier l'a trouvé à la côte de Malabar.

Sa forme générale est assez celle d'une petite perche ; sa tête est comprise un peu plus de quatre fois dans sa longueur ; la hauteur de son corps n'y est qu'un peu plus de trois fois, et son épaisseur est presque deux fois dans sa hauteur. Son profil est légèrement convexe ; des stries sur son front descendent en deux pinceaux vers le museau ; sur l'orbite sont des rugosités irrégulièrement rayonnantes. Le museau est assez court, la gueule peu fendue ; ses dents de la rangée extérieure coniques et assez fortes ; les autres formant une bande de fin velours ; le vomer perd les siennes avec la plus grande facilité, et il n'y en a aucunes aux palatins ; l'œil est grand ; les deux ouvertures de la narine sont distinctes et voisines de l'œil ; le sous-orbitaire est assez fortement dentelé sous la partie antérieure de l'œil ; la joue et l'opercule sont écailleux ; le bord du préopercule est arrondi et armé de fortes dentelures pointues, qui décroissent assez également depuis l'angle, vers le haut et vers le bas ; l'opercule est armé d'une épine longue, pointue, aplatie, mais très-forte ; et au-dessus de sa base il donne encore une petite pointe plate. Il y a quatre ou cinq petites dentelures au bord postérieur de l'interopercule. L'os surscapulaire est légèrement crénelé ; mais l'huméral a au-dessus de la pectorale cinq ou six fortes dentelures pointues. La pectorale est médiocre, ou même petite, et a treize rayons ; la ventrale sort sous son milieu, et la dépasse de sa pointe, qui est un peu filamenteuse. La dorsale commence aussi sur le milieu de la pectorale ; sa première épine est très-petite ; Bloch ne l'a pas re-

marquée, et même elle manque à un de nos individus; la seconde
et la troisième sont encore assez courtes; la quatrième, et surtout
la cinquième, sont les plus longues; elles diminuent ensuite jusqu'à
la onzième, derrière laquelle la membrane touche presque au dos;
mais la douzième se relève : à sa suite viennent les rayons mous, au
nombre de dix; le premier est double de l'épine qui le précède; ils
diminuent ensuite un peu; le dernier est fourchu. Les rayons épineux peuvent en partie se retirer entre les écailles du dos. La caudale est coupée en croissant, et a dix-sept rayons. L'anale a trois
épines; la seconde est la plus forte; la troisième est aussi longue,
mais plus mince; le premier rayon mou la dépasse du double : il
y en a huit. Cette nageoire finit vis-à-vis la fin de la dorsale.

B. 6; D. 12/10 ou 11 — 1/10; A. 3/8; P. 13; V. 1/5.

Les écailles sont plutôt petites que grandes; on en compte au
moins quatre-vingt-dix sur une ligne longitudinale, et quarante-
cinq sur une verticale derrière les pectorales; leur âpreté se sent
au tact, mais ne se voit qu'à la loupe; elles sont plus longues que
larges, tronquées, nettes, et à peine crénelées au bord radical, avec
huit stries en éventail sur leur partie cachée. Il n'y en a aucunes sur
la dorsale ni sur l'anale; mais on en voit de très-petites sur la caudale, vers sa base. La ligne latérale est vers le tiers supérieur, à peu
près parallèle au dos, et très-peu marquée.

La couleur générale de ce poisson est un argenté assez brillant,
glacé de gris-brun; le bord de chaque écaille est un peu mat; une
bande noirâtre part du devant de la dorsale pour la rejoindre vers
le milieu de sa partie molle, et forme ainsi avec sa congénère une
ellipse très-alongée; une seconde bande, concentrique à la première, part de la nuque, où elle est plus large, et va s'unir à sa
pareille derrière la dorsale; une troisième part du crâne, et règne
longitudinalement jusqu'à la caudale, sur le milieu de laquelle elle
se prolonge, y étant accompagnée en dessus et en dessous d'une
bande oblique; la pointe supérieure de la caudale est aussi noire,
mais non l'inférieure; une grande tache noire occupe la dorsale
entre sa quatrième et sa septième épine, dans ses deux tiers supé-

rieurs; une seconde, plus petite, est sur la neuvième et la dixième. Il y a aussi trois taches noirâtres sur le bord de la partie molle. Les autres nageoires sont grises.

M. Leschenault nous apprend que ce poisson parvient à une longueur de dix pouces, et qu'il est bon à manger.

Sa vessie natatoire est grande, épaisse, fibreuse, argentée; un étranglement la divise en deux parties; une antérieure, plus ronde, que deux muscles attachent à la première vertèbre, et une postérieure, oblongue et pointue en arrière, qui se prolonge jusqu'au bout de l'abdomen. Son estomac est un grand cul-de-sac obtus; il y a, près de son pylore, sept appendices cœcales assez longues; son canal intestinal fait deux replis.

Le Thérapon esclave.

(*Therapon theraps*, nob.)

Nous avons une seconde espèce de thérapon, qui ressemble tellement à la première, que nous en sommes encore à savoir si ce n'est pas à elle que se rapporte le dessin de Commerson, gravé dans M. de Lacépède pour son *holocentre jarbua*, ou l'*holocentrus servus* de Bloch.

En comparant soigneusement ces deux poissons, on trouve cependant que le *theraps* a les dents de la rangée extérieure aux deux mâchoires plus menues, plus nombreuses, plus serrées et plus égales; que les dentelures de son préopercule sont aussi plus fines, plus nombreuses et plus égales; que ses écailles sont sensiblement plus grandes: il n'en a que cinquante sur une ligne longitudinale, et dans le servus il y en a quatre-vingt-dix; qu'il manque de la très-petite épine en avant de sa dorsale, et que néanmoins, sans la compter, il en a onze à la première partie de la nageoire; que sa troisième épine anale est plus longue et plus forte que la seconde: à longueur égale, le théraps est aussi sensiblement plus gros. Enfin,

il a une bande noire de plus sur la caudale ; c'est-à-dire que sous
la bande qui fait la continuation de la troisième du corps, il y en
a deux obliques, au lieu d'une seule : toutes les autres bandes et
les taches sont les mêmes dans les deux poissons.

D. 12/10 ou 11 — 1/10 ; A. 3/8 ; C. 17 ; P. 13 ; V. 1/5.

Nous avons trouvé cette espèce parmi les poissons que
Commerson avait laissés en herbier, en sorte que, si c'est
la précédente qu'il a fait dessiner, comme le nombre des
bandes marquées à la caudale peut le faire croire, il pourrait bien les avoir confondues. Péron avait aussi apporté
cette espèce de son voyage : elle avait été envoyée de Java
au Cabinet du Stadhouder sous le nom malais de *kerrong-
kerrong* ; enfin, elle nous a été adressée de Mahé par
M. Bellanger avec le nom malabare de *malla-kiré.*

Il paraît qu'elle perd ses dents vomériennes encore plus
aisément que la précédente ; mais ses intestins sont semblables.

Le Thérapon puta.

(Therapon puta, nob.)

On prend sur les deux côtes de l'Indostan une troisième
espèce de thérapon extrêmement semblable aux deux précédentes, mais un peu plus mince. M. Leschenault nous
l'a envoyée de Pondichéry sous le nom de *mandjel-kichan*,
et Russel l'a décrite dans ses Poissons de Vizagapatam sous
celui de *keel-puta* (pl. 126). A Mahé on l'appelle *coïla;* et
M. Bellanger nous l'a envoyée de cet endroit avec cette
dénomination.

Sa forme est un peu plus alongée, sa tête un peu plus petite que
dans les deux premières ; ses dents de la première rangée encore

plus menues et à peine différentes de celles qui sont placées plus en arrière; et ce qui la distingue principalement, c'est qu'elle a à l'angle de son préopercule trois dentelures plus fortes que les autres, ou plutôt trois petites épines dirigées en arrière, et au-dessus desquelles il n'y a que trois petites dents. Le bas de ce préopercule n'est que finement crénelé.

D. 12/10 ou 10 — 1/10; A. 3/9; C. 17; P. 13; V. 1/5.

Ses couleurs sont à peu près distribuées comme dans les deux premiers; les taches de la dorsale sont les mêmes; mais ses bandes sont plus droites, et se rendent vers la tête sans s'unir sur la nuque ou sur le crâne; et il y a sur la queue, tantôt une bande oblique sous la mitoyenne, comme dans notre jarboa, tantôt deux, comme dans notre esclave.

Dans l'état frais, selon M. Russel, le fond est argenté, teint de verdâtre, changeant vers le dos. Les bandes sont d'un vert jaunâtre, et les taches noires. M. Leschenault a vu les bandes noires.

Ses dents vomériennes sont bien peu sensibles, et je n'oserais même affirmer qu'il en ait.

Ce poisson, selon M. Leschenault, abonde toute l'année dans la rade de Pondichéry et dans les étangs salés du voisinage. On l'estime peu. Il n'y parvient d'ordinaire qu'à sept pouces de longueur. Dans la rivière de Vizagapatam, où ils entrent en foule, ils n'en ont guère que cinq ou six; mais dans la mer, selon M. Russel, on en pêche quelquefois de dix: à Mahé il se prend aussi dans la rivière à la marée montante.

Le Thérapon ghebul.

(*Therapon ghebul,* Ehr.)

Parmi les poissons que M. Ehrenberg a rapportés de la mer Rouge, se trouve un thérapon que les Arabes nomment *ghebul,* et qui ressemble au puta par les formes et les couleurs,

mais qui est un peu plus élevé, et a le sous-orbitaire plus large, strié et crénelé à son bord postérieur; il est argenté et a le dos d'un bleu d'acier bruni; sa dorsale est peu échancrée; ses bandes sont au nombre de quatre; la première tout près de la base de la dorsale; la seconde partant du crâne, et se terminant sur la fin de la dorsale; la troisième partant du museau, et allant ensuite de l'œil droit sur le milieu de la caudale, où elle en a deux et même trois au-dessus d'elle; la quatrième, plus pâle, prend de l'aisselle de la pectorale, et se prolonge sur la caudale au-dessous de la précédente; elle en a une petite au-dessous d'elle. La tache de la dorsale épineuse va de la quatrième à la septième épine. Les deux dorsales sont unies par une membrane basse.

D. 12/10; A. 3/9, etc.

Nous n'avons pas vu ses dents.

Le Thérapon a quatre lignes.

(*Therapon quadrilineatus,* nob.; *Holocentrus quadrilineatus,* Bloch.)

L'holocentrus quadrilineatus de Bloch (pl. 238, fig. 2) est aussi un thérapon, et M. Valenciennes, ayant examiné l'original à Berlin, a trouvé cette figure exacte.

Sa dorsale n'est pas plus échancrée qu'au ghebul : ses dentelures préoperculaires sont à peu près égales, comme dans le jarboa et l'esclave, et l'épine de son opercule est très-faible. Il a quatre lignes noires droites; la première va de la nuque à la fin de la portion épineuse de la dorsale; la seconde part du front, passe sur l'œil, et se termine au septième rayon mou de la dorsale; la troisième part du bout du museau, est interrompue par l'œil, et gagne le bord supérieur de la queue; la quatrième va de la bouche par l'aisselle de la pectorale au milieu de la queue. Il ne paraît pas y en avoir sur la caudale. La nuque a une grande tache noire, et il y en a une sur la dorsale, depuis la seconde épine jusqu'à la dixième.

D. 12/10; A. 3/10, etc.

Ses dents n'ont pas été observées.

L'individu n'est long que de quatre pouces et quelques lignes.

Bloch ignorait son origine.

Le THÉRAPON A QUEUE JAUNE.

(*Therapon xanthurus*, nob.)

Un autre petit thérapon, semblable au *puta*, à l'*obscurus* et au *theraps* par sa forme, a été envoyé de Java au Musée royal des Pays-Bas.

Ses bandes sont au nombre de quatre, noires, sur un fond argenté; elles ne s'étendent que sur le corps, et en ligne droite, et ne se reproduisent pas sur la caudale, qui est toute jaune et coupée à peu près carrément. Les taches de sa dorsale sont peu marquées.

C'est un petit poisson de deux à trois pouces, auquel on ne voit pas de dents, ni vomériennes, ni palatines.

D. 12/9; A. 3/10; C. 17; P. 13; V. 1/5.

Peut-être n'est-ce qu'une variété du *quadrilineatus :* ce dernier a les mêmes formes et les mêmes nombres de rayons; seulement sa nuque montre une grande tache très-noire, qui ne se voit point sur le *xanthurus* que nous avons observé.

Le THÉRAPON OBSCUR.

(*Therapon obscurus*, nob.)

La mer des Indes produit encore un thérapon, où dans une distribution de couleurs analogue à celle des autres, c'est le noir qui occupe le plus d'étendue. Tous les indi-vidus rapportés, soit par Péron, soit par M. Dussumier, sont de petite taille (trois ou quatre pouces).

Les dentelures de son préopercule sont fines et égales; son épine operculaire est un peu plus petite que dans les précédens; ses dents palatines et vomériennes se voient bien. Il ressemble d'ailleurs en tout, pour les formes et le nombre des rayons, au thérapon theraps; mais il est tout entier d'un brun noirâtre, avec deux bandes et toute la longueur du ventre d'un brun jaunâtre ou argenté; sur la cau-dale, qui est jaunâtre, sont cinq bandes noires, une mitoyenne droite, deux obliques au-dessus, et deux au-dessous; la tache noire sur la dorsale épineuse est grande; il y en a deux sur sa partie molle. L'anale est aussi bordée d'une large bande noire, quelquefois lisérée de blanc. Les ventrales ont du noir dans l'intervalle de leurs rayons, qui sont blancs.

D. 12/10; A. 3/8; C. 17; P. 13; V. 1/5.

La vessie natatoire de ce petit poisson est divisée en deux, comme dans le jarboa, et il a aussi sept appendices cœcales.

Le Thérapon sale.

(*Therapon squalidus*, nob.)

Péron nous a apporté un thérapon très-semblable à *l'obscurus*,

mais plus pâle, à bandes argentées plus larges, à bandes brunes de la queue plus étroites, dont l'anale a deux taches noires au lieu d'une large bande, et dont le préopercule est plus approchant de la figure rectangulaire. Ce qui achève de prouver que c'est une espèce distincte, c'est que le nombre de ses cœcum va jusqu'à treize. Sa ves-sie natatoire est divisée comme dans les autres. On ne peut hésiter sur ses dents vomériennes et palatines, qui se voient très-bien.

D. 12/10; A. 3/8; C. 17; P. 13; V. 1/5.

L'individu est long de trois pouces et demi.

Le Thérapon a bandes transverses.

(*Therapon transversus,* nob.)

Un autre poisson de ce genre, également dû à Péron, mais que M. Dussumier vient aussi de nous rapporter de la côte de Malabar,

est d'un brun jaunâtre, sur lequel ses bandes pâles se marquent peu, et on lui voit comme cinq ou six autres bandes verticales pâles, qui croisent les premières, mais qui sont encore moins apparentes. Il a la tache noire de la dorsale épineuse; une de celles de la molle, les cinq bandes de la caudale et une tache à l'anale, à peu près comme dans les précédens.

Je ne lui vois point de dents au palais.

Les nombres des rayons sont toujours les mêmes. ✳

D. 12/10; A. 3/8; C. 17; P. 13; V. 1/5.

Nos individus ne passent pas trois pouces. L'estomac est le plus ample du genre; il y a onze cœcum au pylore. La vessie est divisée comme à l'ordinaire.

Le Thérapon cendré.

(*Therapon cinereus,* nob.)

Nous avons reçu de la mer des Indes un thérapon

à dentelures fines et égales, mais bien marquées, soit au sousorbitaire, soit au préopercule, de couleur argentée, teinte de cendré vers le dos, sans aucune bande apparente, mais avec la grande tache noire sur la dorsale, entre la quatrième et la septième épine, comme dans le jarboa et l'esclave.

D. 12/10; A. 3/10, etc.

C'est un petit poisson qui, tout jeune qu'il paraît être, n'a bien sûrement aucunes dents au palais.

Sa vessie natatoire est double, et même sa pointe postérieure se distingue encore par un petit étranglement; sa partie antérieure est petite; son estomac est petit, pointu; les appendices du pylore sont au nombre de dix, divisées en trois paquets; l'intestin fait deux replis, chacun long comme l'abdomen.

DES DATNIA.

Les Datnia peuvent former une deuxième subdivision des thérapons; ils diffèrent de la première par un corps plus élevé, par un profil rectiligne ou concave, et un museau pointu, et par des épines dorsales plus fortes et occupant un plus grand espace, quoiqu'en même nombre; leur dorsale est peu échancrée, ils n'ont aucunes dents au palais.

Le Datnia argenté.

(*Datnia argentea*, nob.; *Coius datnia*, Hamilt. Buchan.)

La mer des Indes en produit une espèce que nous avons décrite avec soin d'après un individu envoyé de Java par MM. Kuhl et Van Hasselt. Son aspect est bien particulier par son museau pointu, sans être long, et par son profil rectiligne ou même un peu concave.

Au premier coup d'œil on est tenté de rapprocher ce poisson de la variole (*lates*); mais l'étude plus détaillée de ses caractères fait bientôt revenir de cette opinion.

Son corps est comprimé et élevé; vu de côté, sa forme générale est ovale; sa hauteur n'est pas tout-à-fait trois fois dans sa longueur, et son épaisseur deux fois et demie dans sa hauteur : en arrière il ne commence à diminuer de hauteur qu'à l'anale. En avant, le

profil descend obliquement dès la dorsale. La tête est moins longue
d'un quart que le corps n'est haut. La ligne de la gorge est horizontale; l'œil est au milieu de la longueur, mais près de la ligne du profil.
Son diamètre est trois fois et demie dans la longueur de la tête : les
deux trous de la narine sont assez écartés, l'antérieur est à peu près
à égale distance entre l'œil et le bout du museau. La bouche n'est
pas tout-à-fait fendue jusque sous l'œil; cette partie du devant du
museau est un peu déprimée. Chaque mâchoire a une bande assez
large de dents en fin velours. La supérieure est peu protractile,
l'inférieure n'a point de pores. Les lèvres sont un peu membraneuses et retroussées. Le premier sous-orbitaire reçoit en partie le
maxillaire sous son bord, qui est dentelé finement, mais très-sensiblement. En arrière il n'a pas d'épines, et s'unit à la joue sans
division extérieure. Le dessus de la tête est marqué de quelques
élevures longitudinales, en partie branchues, mais très-peu saillantes. Ni le crâne, ni le front, ni le museau, ni les mâchoires, ni
les membranes des ouïes n'ont d'écailles; mais il y en a sur la joue
et sur les pièces operculaires. Le préopercule est arrondi, sans angle
rentrant, et son bord est finement dentelé. L'opercule osseux se
termine en deux pointes aiguës, dont l'inférieure est la plus longue.
La membrane branchiostège n'a que six rayons. Il y a des dentelures à l'os surscapulaire et au coracoïdien au-dessus de la pectorale.
Les épines dorsales sont très-fortes, alternativement élargies d'un
côté ou de l'autre, et rentrant dans une rainure : il y en a douze; la
première est courte, la quatrième et la cinquième sont les plus
longues, elles égalent la moitié de la hauteur : la onzième et la
douzième sont plus courtes d'un tiers. Ensuite les rayons mous se
relèvent; il y en a dix, qui n'occupent en longueur que moitié de
l'espace des douze épineux. L'anale commence sous la douzième
épine dorsale, et finit vis-à-vis du dernier rayon mou du dos. Elle
a trois rayons épineux très-forts, surtout le second, qui est énorme,
et huit rayons mous. La partie nue de la queue, derrière ces deux
nageoires, fait à peu près le neuvième de la longueur totale, et la
caudale en fait un peu plus du sixième; elle est taillée en croissant.
Les pectorales sont médiocres; les ventrales naissent sous leur tiers

3.   14

antérieur, et les dépassent aussi d'un tiers. L'épine des ventrales est
assez forte; le premier rayon mou est de moitié plus long, et finit
en pointe; il y a au-dessus de leur aisselle une petite lame triangulaire écailleuse, peu détachée : celle de la pectorale a un espace nu,
mais pas de repli.

D. 12/10; A. 3/8.

Les écailles sont médiocres; il y en a plus de cinquante entre
l'ouïe et les petites de la base de la caudale, et environ vingt-cinq
sur une ligne verticale derrière la pectorale. Il s'en continue quelques petites entre la base des rayons mous de la dorsale, de l'anale
et de la caudale. Leur forme est rectangulaire, un peu plus longue
que large; leur bord externe est très-finement dentelé et pointillé
sur une bande fort étroite. Il y a vingt stries à l'éventail de leur
partie cachée. La ligne dorsale est à peu près parallèle au dos, et
occupe le tiers supérieur. Les écailles qui forment la rainure où
se cache la dorsale se distinguent des autres par un sillon.

Tout ce poisson est argenté et légèrement teint de grisâtre vers
le dos. Les épines de ses nageoires sont elles-mêmes argentées; la
membrane et toutes les parties molles en sont grises; le bord de
la partie épineuse est liséré de noirâtre, et il paraît y avoir eu une
grande tache noirâtre sur la partie molle de l'anale. Chaque écaille
a un petit bord mat, et il y a dans le disque une partie qui jette
aussi moins d'éclat que le reste.

L'individu que nous avons décrit est long de sept pouces.

Le foie de ce datnia est petit; le lobe gauche est alongé, triangulaire et très-pointu; le droit est court et quadrilatère; la vésicule
est petite, alongée, et elle s'étend au-delà de la pointe de l'estomac.
Ce viscère a la forme d'un sac alongé, pointu; il descend en arrière
au-delà de la moitié de la longueur de l'abdomen, en s'inclinant
un peu vers le bas. La branche montante remonte jusque sous le
diaphragme. On compte onze cœcum autour du pylore, cinq à
gauche et six à droite; l'intestin est de longueur médiocre, étroit,
et ne fait que deux replis. La vessie aérienne est double; sa première
partie est globuleuse, et s'étend depuis le diaphragme jusqu'à la

bifurcation de l'estomac. La seconde est de beaucoup plus grande, car elle est trois fois plus longue, et deux fois plus haute. Elle occupe tout l'arrière de l'abdomen. Ses parois, ainsi que celles de la première, sont fortes, épaisses, fibreuses, argentées, et l'on voit sur la seconde les impressions des côtes, auxquelles elle adhère fortement. Il n'y a pas de conduit aérien.

M. Hamilton Buchanan donne (pl. 9, fig. 29 et p. 88) la description et la figure d'un poisson du Gange, qu'il nomme *coius datnia*, et qui nous paraît absolument de la même espèce que celui-ci : il a des formes semblables, des dentelures aux mêmes endroits; les mêmes nombres et les mêmes proportions dans ses rayons; la tache noire de l'anale, la petite tache mate de chaque écaille; seulement le museau paraît moins aigu dans la figure. D'après la description, les lignes de taches sont dans le frais verdâtres, teintes d'or vers le dos, et couleur de perle vers le ventre; et il y a des points noirs sur la partie molle de la dorsale et sur la caudale.

On trouve ce *coius datnia* à toutes les embouchures du Gange, et il est commun au marché de Calcutta, mais on l'y estime moins que le *vacti* ou *pêche-naire* (*lates nobilis*). Sa longueur ordinaire est de six à dix pouces.

Je garde pour ce sous-genre le nom de *datnia,* que l'espèce décrite par M. Buchanan porte en Bengale. Quant au genre *coius* de ce naturaliste, qui comprend une variole (le *vacti*), des mésoprions (le *catus* et le *gud gutia*), un thérapon (le *trivittatus*), un pristipome (le *nandus*), un anabas (le *coboius*), et un toxotes (le *chatareus*), il est évident par cette seule énumération, qu'il ne peut subsister tel qu'il est. L'auteur n'en distingue ses *chanda,* qui comprennent nos *ambasses* et une partie de nos *equula,*

que par l'espèce de transparence de leur corps, ce qui
encore est nécessairement un caractère de peu de valeur.
Ce nom de *coius* (ou *coï* chez les naturels) est lui-même
générique, mais dans une acception plus restreinte, l'*anabas* en étant considéré comme le type; et ces mêmes naturels font aussi dans leur langage un genre particulier du
datnia. C'est à notre avis le résultat d'un sentiment juste
des vrais rapports, et nous croyons devoir suivre leur idée.

Le DATNIA TREILLISSÉ.

(*Datnia cancellata*, nob.)

MM. Kuhl et Van Hasselt ont envoyé un *datnia* plus
petit et autrement coloré, mais qui ressemble au premier
pour la forme et pour le nombre et la grosseur des rayons.

Il a seulement le museau un peu plus court. Les dentelures de
son préopercule sont très-fortes. Il est argenté, teint de brunâtre
vers le dos. Quatre bandes brunes mal marquées parcourent son
corps selon sa longueur, et sont croisées par trois ou quatre bandes
verticales encore plus nuageuses; la seconde des longitudinales se
termine sur le milieu de la base de la caudale par une tache un
peu plus noire. La membrane entre les épines dorsales est très-
brune; le reste des nageoires est d'un gris jaunâtre. On voit une
tache brune sur la base de l'anale à son bord intérieur.

D. 12/10; A. 3/8.

L'individu est long de trois pouces.

Ce datnia a aussi la vessie natatoire double; mais elle est petite;
sa seconde partie n'est que deux fois et demie plus longue que la
première, et leur hauteur est la même. L'estomac est grand, arrondi
en arrière; la branche montante naît plus près du diaphragme; aussi
est-elle beaucoup plus courte. Il y a des appendices cœcales au

pylore; mais nous n'avons pu les compter, à cause de la mauvaise conservation des viscères. L'estomac était plein de petites larves de névroptères, probablement d'une espèce d'éphémère.

DES PÉLATES.

Notre troisième subdivision, que nous désignerons par le nom de PÉLATES, se distingue par une dorsale plus égale, moins échancrée, et par la terminaison de l'opercule en deux pointes faibles et à peine sensibles au travers de la membrane; leur corps est oblong, leur tête médiocre, leur museau un peu obtus; leur bouche peu fendue, leurs mâchoires égales; ils ont à chacune trois ou quatre rangs de dents très-fines, pointues, faisant velours; mais il n'en existe aucune ni à leurs vomers ni à leurs palatins.

Le PÉLATES A QUATRE LIGNES.

(*Pelates quadrilineatus,* nob.)

Le Cabinet du Roi en a une espèce provenue du voyage de Péron, et que MM. Lesson et Garnot viennent aussi de rapporter du port Jackson.

Les crénelures de son sous-orbitaire se sentent plus avec le doigt qu'elles ne se voient; celles du préopercule sont aussi très-fines. Sa plus grande hauteur, qui est à peu près au milieu, est trois fois et demie dans la longueur. La tête est un peu moins longue que cette hauteur; l'œil est au milieu de sa longueur. La bouche n'est pas fendue jusque sous l'œil. Elle est peu protractile; ses lèvres sont un peu retroussées; et le maxillaire, qui est petit, se retire ordinairement sous le sous-orbitaire.

La hauteur de la plus grande épine dorsale, qui est la cinquième, est deux fois et demie dans celle du corps. La douzième est seulement d'un quart plus courte, et le premier rayon mou la dépasse d'un tiers. Les pectorales sont médiocres; les ventrales sortent un peu plus en arrière qu'elles, et les dépassent un peu; la caudale est coupée en croissant, et ses pointes sont assez aiguës.

B. 6; D. 12/10; A. 3/10; C. 17; P. 15; V. 1/5.

Ce poisson est long de six pouces. Sa couleur, comme celle du thérapon, est argentée et teinte de gris : au dos le gris est plus foncé et change en verdâtre ou en bleuâtre. Quatre bandes noirâtres, en ligne droite, règnent : la première, depuis la nuque jusque vers le milieu de la dorsale molle; la seconde, depuis le sourcil jusqu'à la fin de cette dorsale; la troisième, depuis le bout du museau (interrompue par l'œil) jusqu'à la base de la queue au-dessus de la ligne latérale, qu'elle traverse à l'endroit de sa courbure; la quatrième, enfin, qui est la plus faible, depuis l'angle de la bouche jusqu'à la caudale au-dessous de la ligne latérale. Toutes les nageoires sont grises.

Le PÉLATES A SIX LIGNES.

(*Pelates sexlineatus*, nob.)

MM. Quoy et Gaymard ont rapporté des îles Sandwich des poissons qui pourraient n'être qu'une variété ou des individus plus jeunes de l'espèce précédente.

Leur taille est moindre (ils n'ont que trois ou quatre pouces); les dentelures de leur sous-orbitaire plus marquées, et il y a deux lignes noires de plus, une tout près de la dorsale, à sa base, et une vers le ventre, depuis la base de la pectorale jusqu'à la fin de l'anale. La partie épineuse de la dorsale paraît lisérée de noir. Les nombres des rayons sont les mêmes.

D. 12/10; A. 3/10, etc.

Il y en a un individu du port Jackson, rapporté avec le *quadrilineatus* par feu Péron.

Le PÉLATES A CINQ LIGNES.

(*Pelates quinquelineatus*, nob.)

Une autre espèce ou variété, également du port Jackson, et rapportée par MM. Lesson et Garnot,

a cinq lignes; savoir, les quatre du premier échantillon, et une cinquième, faible, allant du bas de la pectorale à la fin de l'anale. L'individu est plus grand que les précédens : il a près de huit pouces.

L'estomac de tous ces poissons est petit, terminé en pointe. Sa branche qui va au pylore est égale à celle qui vient du cardia : on compte six appendices cœcales; l'intestin fait deux replis, et est à peu près d'égale grosseur partout; la vessie natatoire est double, et la pointe de la seconde vessie se sépare par un étranglement; mais ce troisième lobe est plus petit que celui du thérapon cinereus.

———

DES HÉLOTES.

Les HÉLOTES peuvent faire une quatrième subdivision dans les thérapons.

Comme dans la première, leur dorsale est profondément échancrée et leur opercule armé d'une épine; mais leur corps est oblong, leur tête petite et leur bouche étroite, comme dans la troisième, et de plus leurs dents du rang extérieur, au lieu d'être simplement coniques, comme dans les autres, sont divisées chacune en trois petites pointes : ils n'ont aucunes dents palatines.

*L'*Hélotes a six lignes.

(*Helotes sexlineatus*, nob.; *Therapon sexlineatus*, Quoy et
Gaym.)

Nous n'en connaissons qu'une espèce, que feu Péron
avait déjà apportée de la Nouvelle-Hollande, et que
MM. Quoy et Gaymard, qui l'y ont retrouvée à la baie
des Chiens marins, ont fait graver dans la Relation du
voyage de Freycinet (pl. 60, fig. 1) sous le nom d'*esclave
six-lignes.*

Son corps est oblong; sa hauteur est quatre fois et demie dans
sa longueur : il diminue par degrés en avant, pour former un
museau court et un peu obtus ; la longueur de la tête égale la
hauteur du corps : la bouche est très-peu fendue (comme dans
les bogues et les amphacanthes), point protractile; l'œil est assez
grand, un peu plus près du museau que de l'ouïe; le sous-orbitaire
recouvre en partie le maxillaire, et est dentelé, mais si finement
qu'on ne s'en aperçoit qu'à la loupe; le préopercule est arrondi
et finement dentelé; l'opercule osseux a une petite épine très-
pointue, qui dépasse même sa membrane, et au-dessus une pointe
plate. Il y a des écailles sur la joue et les pièces operculaires; mais
non sur le museau ni sur le crâne, où l'on voit au contraire des
stries qui avancent entre les yeux et s'y divisent. Ni l'os surscapulaire ni le coracoïdien n'ont de dentelures. La pectorale est
médiocre, un peu obtuse; la ventrale naît sous son milieu, et la
dépasse. La dorsale naît à peu près sur le même point que la
ventrale : elle ne s'élève pas autant que dans les thérapons; mais
son échancrure est aussi profonde. Les nombres de ses rayons
sont les mêmes (12/10). Le premier est fort court; le cinquième
et le sixième sont les plus longs : tous sont assez grêles et fort
aigus. La partie molle n'a que moitié de la longueur de la partie
épineuse. L'anale répond exactement à cette partie molle : elle a

trois épines, dont la troisième, qui est la plus longue, ne fait encore que moitié du premier rayon mou : il y en a dix de ceux-ci. La partie nue de la queue égale la caudale, et fait à peu près le sixième de la longueur totale. La caudale est fourchue, à lobes obtus, dont le supérieur est un peu plus grand. Les écailles sont petites, minces : à la loupe elles paraissent très-finement striées. C'est à peine si au tact on y sent une légère âpreté. On en compte plus de cent dans la longueur et environ trente-cinq dans la hauteur. La ligne latérale paraît comme une strie continue qui serpente légèrement en deux endroits, mais qui au total demeure parallèle au dos. Les nageoires n'ont pas d'écailles.

Ce poisson est argenté et glacé de gris-brun, un peu plus prononcé du côté du dos, où il se change en bleu d'acier. Six bandes noirâtres règnent en ligne droite sur toute sa longueur : la troisième, qui aboutit à l'œil, se continue au-delà jusqu'au bout du museau ; la quatrième, déjà plus pâle, arrive à la commissure des lèvres ; la cinquième, plus pâle encore, se termine à la pectorale ; la sixième est souvent presque imperceptible. Il n'y a point de taches sur les nageoires, qui paraissent toutes d'une couleur grisâtre.

D. 11 — 1/10 ou 12/10 ; A. 3/10 ; C. 17 ; P. 13 ; V. 1/5.

Nous avons disséqué cet hélotes : son estomac au-delà du pylore ne forme qu'un petit cul-de-sac pointu et court ; il y a quinze appendices cœcales ; l'intestin fait deux replis ; la vessie natatoire, épaisse, fibreuse et argentée, est divisée en deux, et sa partie antérieure donne deux pointes qui vont s'attacher au crâne. Son squelette a vingt-cinq vertèbres, dont quinze caudales ; les côtes antérieures sont comprimées et élargies dans le haut ; la dernière vertèbre abdominale a ses apophyses transverses réunies en anneau.

DES PERCOÏDES A MOINS DE SEPT RAYONS AUX BRANCHIES ET A DEUX DORSALES.

CHAPITRE XXIV.

Du Trichodon.

Le savant et malheureux Steller avait laissé dans ses manuscrits une description détaillée du poisson sur lequel il avait formé ce genre, et quelques échantillons en ont été apportés par Merck [1], d'après lesquels Pallas l'a aussi décrit dans sa Zoographie, t. III, p. 235 et 236. M. Tilesius a inséré la description de Steller dans les Mémoires de l'académie de Pétersbourg, t. IV (pour 1813), p. 466 et suiv., et y a joint (pl. XV, fig. 8) une figure dessinée par lui-même dans le golfe d'Awatcha : il suit l'exemple de Pallas, qui juge le genre établi par Steller inutile, et place ce poisson parmi les vives, l'appelant *trachinus trichodon;* mais dans notre méthode cette réunion n'est pas admissible.

Les vives, outre l'extrême inégalité de longueur de leurs deux dorsales, ont l'opercule armé d'une grande épine; et c'est tout le contraire dans le trichodon : son préopercule a quatre ou cinq fortes épines, et son opercule finit en pointe plate. Sa tête, plate en dessus, et sa bouche, fendue verticalement, pourraient le faire rapprocher des uranosco-

---

1. Merck, auteur de Quelques lettres sur les fossiles du Cabinet de Darmstadt, le même dont M. Gœthe fait un portrait si remarquable dans ses Mémoires.

pes, mais la direction latérale de ses yeux l'en éloigne. Sa peau n'a point d'écailles; ses ventrales ne sont pas jugulaires, mais thoraciques; et sous ces deux rapports il semblerait se rapprocher des cottes; mais sa joue n'est point cuirassée, et ses sous-orbitaires ne forment autour de son orbite qu'un cordon étroit. Il est donc bien dans le cas de ces poissons qui, ne se laissant point grouper avec d'autres, doivent former des genres isolés, et, suivant notre coutume, nous lui conserverons le nom générique que lui avait imposé celui qui l'a fait connaître le premier, et nous lui donnerons pour nom spécifique celui de ce même observateur. Nous l'appellerons donc

Le TRICHODON DE STELLER.

(*Trichodon Stelleri*, nob.; *Trachinus trichodon*, Pall.)

Notre description est faite sur l'exemplaire même qui a servi à Pallas, et que M. Lichtenstein a bien voulu nous confier.

Ce trichodon a le corps comprimé en lame de couteau, et l'abdomen tranchant. Sa hauteur aux ventrales est quatre fois et quelque chose dans sa longueur, et son épaisseur ne fait pas le cinquième de sa hauteur. Sa tête prend le quart de sa longueur totale, et est presque aussi haute que longue; en dessus elle a plus d'épaisseur que le corps. Son crâne, son front et son museau ne font qu'un seul plan rectangulaire à surface inégale, et qui a en largeur les deux tiers de sa longueur. La bouche est fendue presque verticalement en avant de ce plan. Les yeux sont aux côtés de la tête et dirigés latéralement; mais leur bord supérieur touche au plan du front. Leur diamètre fait moitié de la longueur du dessus de la tête; ils sont placés un peu plus près du museau que de l'occiput.

Le maxillaire est presque vertical, et a le double du diamètre de
l'œil en longueur. Son extrémité postérieure, qui, dans ce poisson,
est l'inférieure, s'élargit et est tronquée carrément. L'intermaxillaire
est mince et peu protractile. La courbure transverse de la bouche
est parabolique. Aux deux mâchoires sont des bandes de dents en
velours ou plutôt en fines cardes, c'est-à-dire grêles, pointues,
recourbées vers l'intérieur, dont plusieurs sont assez longues. La
rangée extérieure, en partie enveloppée par la peau, semble de
substance cornée, et c'est ce qui a fait imaginer à Steller le nom
de *trichodon*. On voit une petite bande de dents semblables sur le
devant du vomer, en travers, immédiatement derrière celles des
intermaxillaires; mais il n'y en a point aux palatins, ni sur la langue,
qui est triangulaire et charnue. Tous les sous-orbitaires sont étroits:
le premier a deux petites dents qui croisent sur la racine du maxillaire. Les narines se cachent entre le premier sous-orbitaire et l'intermaxillaire. Le préopercule est rectangulaire et a son angle un
peu arrondi. Son limbe est fort étroit; cinq épines assez fortes en
garnissent le bord, une à l'angle, deux au-dessus, dirigées un peu
vers le haut; deux au-dessous, dirigées en avant. L'opercule a la
surface striée en rayons, et se termine en pointe plate. Il est aussi
haut que long. Son bord inférieur descend obliquement en avant.
Le sous-opercule suit la même obliquité, et a en longueur le double
de sa hauteur. Les membranes branchiostèges sont peu couvertes,
et ont chacune cinq rayons. Entre elles saille l'isthme comprimé
et tranchant. Il n'y a point d'armure à l'épaule. La pectorale est
ample et en forme d'aile, comme dans les uranoscopes, les cottes,
etc. Sa longueur égale celle de la tête, et sa largeur est d'un tiers
moindre. J'y compte vingt-trois rayons : les inférieurs sont les plus
courts, et il y en a peut-être trois ou quatre de simples. L'insertion
des ventrales, loin d'être jugulaire, comme dans les vives, se fait
un peu plus en arrière que celle des pectorales, et à peu près sous
leur cinquième antérieur ; elles sont d'un tiers plus courtes. Leur
épine est grêle et de moitié moindre que leurs rayons mous.

La première dorsale commence à une distance de la nuque égale
à la longueur du dessus de la tête; sa longueur égale celle de la

tête entière; mais sa hauteur n'est que du tiers de sa longueur. J'y compte quatorze rayons grêles, pointus, un peu flexibles, dont le premier se colle contre le deuxième. La seconde dorsale est séparée de la première par un intervalle égal au tiers de celle-ci : elle en diffère peu pour la longueur, mais est un peu plus basse. Je ne puis y découvrir que dix-sept rayons grêles et peu branchus[1]. L'anale commence sous le quart postérieur de la première dorsale, et finit un peu plus en arrière que la seconde; elle est plus basse que l'une et que l'autre, et a vingt-neuf ou trente[2] rayons. La caudale, taillée en croissant, et de moins du sixième de la longueur totale, a treize rayons entiers et beaucoup de rayons décroissans qui garnissent le dessus et le dessous du bout de la queue, douze à treize à chaque bord. L'intervalle entre la deuxième dorsale et la caudale est égal à la caudale elle-même.

Toute la peau de ce poisson est lisse et sans écailles ni aucunes aspérités. On y distingue à peine la ligne latérale comme un trait léger, qui marche au tiers supérieur de la hauteur.

Sa couleur à l'état sec paraît jaunâtre, teinte de brun vers le dos. Selon Steller, dans le frais, ce qui est au-dessus de la ligne latérale est plombé, et ce qui est au-dessous blanc, mais légèrement changeant en doré vers la partie postérieure. Pallas ajoute que la première dorsale a une ligne brune vers son bord et une vers sa base, et que la seconde n'en a qu'une seule. Dans les jeunes, les nageoires sont transparentes.

Notre individu est long de sept pouces; celui de Steller avait neuf pouces anglais. Les plus grands, selon Pallas, ne passent pas dix pouces.

Le squelette a, selon Steller, quarante-huit vertèbres. C'est tout ce qu'on sait de l'anatomie de cette espèce.

Steller a trouvé ce poisson sur les côtes du Kamtschatka,

---

1. Pallas en compte dix-neuf.

2. Pallas dit trente-huit, mais je crois que c'est une faute d'impression, pour vingt-huit : ni Steller ni M. Tilesius ne nous donnent ce nombre.

près des caps de *Cronok* et de *Schemœtschik,* et surtout à l'île d'*Unalaschka.*

Il est fort connu des peuples de ces contrées, à cause de ses habitudes, qui ressemblent assez à celles de la vive. C'est sur les côtes sablonneuses qu'il fait son séjour. Lors de la marée basse, il se tient caché dans le sable, et on va l'y prendre avec les mains, ce qui annonce que l'on ne redoute pas ses piqûres. Les femelles déposent leurs œufs dans des fossettes du sable, où les mâles vont les féconder. On les y prend souvent avec leurs petits, qu'elles semblent y couver. Ces détails ont été racontés à Merck par les indigènes.

Le nom de l'espèce, dans la langue kamtschadale, est *uaschaktamysch,* et dans celle des îles Aleutiennes, *anamchlyk.*

DES PERCOÏDES A PLUS DE SEPT RAYONS AUX BRANCHIES ET AUX VENTRALES.

Après des poissons analogues aux perches, mais à six rayons seulement aux ouïes, nous passons à des genres qui leur ressemblent aussi beaucoup, mais qui ont huit de ces rayons, et qui, par une particularité encore plus rare et dont il n'y a même aucun autre exemple parmi les acanthoptérygiens, ont outre l'épine sept rayons mous et même davantage à chaque ventrale.

Ce sont des poissons remarquables par leur beauté, et dont un genre, celui des *holocentrums,* est connu depuis long-temps, quoiqu'on l'ait mêlé récemment à celui des serrans, mais dont un autre, celui des *myripristis,* bien que toutes ses espèces n'aient pas échappé aux observateurs, a été trop négligé par les ichthyologistes systématiques. Il y en a enfin un, celui des *beryx,* qui est entièrement nouveau.

CHAPITRE XXV.

Des Myripristis.

Tout notables que soient les caractères des poissons dont nous allons parler, on est obligé de les chercher en devinant dans les ouvrages méthodiques, où ceux d'entre eux qui avaient été observés se trouvent, pour ainsi dire, perdus dans des genres et parmi des espèces avec lesquelles ils ont peu d'analogie.

La cause de cette négligence vient de ce que Commerson et Forskal, seuls auteurs d'après qui l'on pût en parler (car l'*aspro totus rubens* de l'un, et le *sciœna murdjan* de l'autre, sont de ce genre), n'ont point assez fait ressortir ce que leurs espèces ont de plus remarquable.

Plus récemment M. Patrice Russel, dans ses Poissons de Vizagapatam, en a publié des figures qui, sans doute, auraient attiré davantage l'attention des zoologistes; mais c'est avec les spares qu'il les range, et cette association n'est pas moins contraire à la nature que celles qu'avaient indiquées Forskal et Commerson.

Il existe cependant des myripristis dans les deux Océans; la Martinique, Cuba, le Brésil en possèdent, comme les Indes orientales et la mer Rouge, et même ce sont les espèces d'Amérique qui nous ont les premières fourni les caractères du genre.

La place naturelle des myripristis semblerait au premier coup d'œil auprès des apogons, dont ils ont la tournure générale; mais quand on entre dans le détail, on trouve qu'ils se rapprochent encore bien davantage des holo-centrums par les cannelures de leurs crânes, par les huit rayons de leur membrane branchiostège, par les épines de la base de leur caudale, et surtout par les sept rayons mous de leurs nageoires ventrales; caractère qui, dans l'ordre entier des acanthoptérygiens, n'est partagé que par les myripristis et les holocentrums.

Les myripristis diffèrent principalement des holocen-trums à l'extérieur par l'absence d'une forte épine à l'angle de leur préopercule; leur dorsale est aussi plus profondé-ment échancrée, et même le plus souvent la membrane de sa partie antérieure finit au pied du premier rayon de la postérieure, mais sans s'y attacher et sans qu'on puisse dire rigoureusement qu'ils n'ont qu'une dorsale unique.

Nous appelons ce genre du nom de *myripristis,* qui signifie *dix mille scies,* parce que toutes les pièces qui garnissent la joue, toutes celles de l'opercule et toutes les écailles y ont le bord dentelé, et que c'est là ce qui frappe le plus au premier aspect de ces singuliers poissons.

Le MYRIPRISTIS D'AMÉRIQUE.

(*Myripristis Jacobus,* nob.)

Nous décrivons d'abord l'espèce que nous avons reçue en plus grande quantité, celle qu'à la Martinique on nomme vulgairement le *frère Jacques,* et que nous appelons à cause de cela *myripristis Jacobus.*

Ce poisson a le corps court, haut, médiocrement comprimé, la tête obtuse, et la queue courte et mince, à peu près comme l'apogon. Sa hauteur n'est pas trois fois dans sa longueur totale, et la longueur de sa tête n'y est pas trois fois et demie. Son œil est très-grand, et d'un diamètre qui surpasse la moitié de la longueur de sa tête. Les orbites échancrent un peu les côtés du front, et l'intervalle d'un œil à l'autre est du quart de la longueur de la tête; son museau excessivement court, et sa mâchoire inférieure montante quand la bouche est fermée. On ne voit d'abord qu'une ouverture nasale sur le côté de ce court museau et tout près de l'œil; mais un feston membraneux de son bord antérieur est percé d'un petit trou, qui est la seconde. Sur le crâne sont sculptés un peu en relief des espèces de palmes, à bord postérieur dentelé, dont les tiges s'avancent entre les yeux et s'y bifurquent. Le front a en avant une forte échancrure demi-ovale, pour recevoir les pédicules des intermaxillaires. Une suite de petits sous-orbitaires forme un cercle étroit autour de l'œil, et ce cercle offre deux arêtes, l'une et

3. 16

l'autre dentelées. Le maxillaire lui-même a sa partie élargie striée, et son angle inférieur antérieur dentelé. Le préopercule est arrondi à l'angle, et a l'arête de son limbe et son bord également et finement dentelés. Il en est de même de tout le bord de l'interopercule et d'une partie un peu saillante au bas du subopercule. L'opercule est bien plus haut que long : son angle est obtus et a vers son tiers supérieur un piquant fourchu ; il n'a d'entier qu'une partie de son bord au-dessus du piquant et près de l'articulation : tout le reste est dentelé et un peu strié. De fines dentelures se voient aussi au mastoïdien du crâne et aux trois os de l'épaule ; l'huméral cependant n'en a qu'au-dessus de la pectorale. La mâchoire inférieure a ses os extérieurement striés et âpres. La joue et l'opercule sont couverts d'écailles, mais non le crâne, ni le museau, ni les mâchoires. La mâchoire supérieure se retire ou s'avance autant que le permet l'échancrure du front, qui reçoit la branche montante des intermaxillaires. Les deux mâchoires sont échancrées dans leur milieu.

Les dents sont en fin velours aux palatins, au-devant du vomer et aux deux mâchoires ; mais sur le devant de chaque mâchoire il y en a deux petits groupes de cinq ou six, plus grosses, mais courtes et en cône obtus, plutôt qu'en crochets. La langue n'en a aucune ; elle est lisse, mais les osselets interbranchiaux, qui font suite à l'os de la langue, sont scabres ou couverts de dents en velours très-ras. Il en est de même des pharyngiens.

Les ouïes sont fort ouvertes ; leur membrane a sept rayons plats, et un huitième, qui est l'inférieur, court et délié comme un fil. Les peignes qui garnissent les ouvertures intérieures des branchies, ont leurs pièces longues et grêles.

Tout le corps est couvert d'écailles grandes, finement striées et dentelées au bord ; il y en a dix rangées longitudinales de chaque côté, et la rangée du milieu en a trente-six sur sa longueur : la ligne latérale se marque par une tache brune un peu relevée sur chaque écaille ; elle est parallèle au dos.

En divisant la longueur totale en trois, la première dorsale occupe le tiers du milieu : elle a dix rayons, qui, quand la nageoire s'abaisse, peuvent assez bien se cacher entre les écailles du dos (c'est ce qui avait engagé Forskal à placer ce poisson parmi les sciènes, ainsi que les holocentrums, et plusieurs autres genres qui n'y appartiennent pas davantage); le troisième et le quatrième sont les plus longs, mais les deux qui les précèdent les égalent presque, et ceux qui les suivent ne diminuent pas beaucoup : tous sont comprimés, assez forts et très-pointus. La membrane derrière le dixième finit exactement au pied de l'épine de la seconde dorsale, qui est à peu près double du dernier rayon de la première, mais ne fait que moitié du premier rayon mou, en sorte que la seconde dorsale s'élève en avant plus que la première; elle n'est pas si longue : on y compte quatorze rayons mous, dont le dernier est fourchu; de petites écailles la garnissent en grande partie. Il en est de même de la caudale, qui est fourchue et de dix-neuf rayons : ces petits rayons incomplets, qui sont toujours en dessus et en dessous de la caudale, forment ici de petites épines roides et pointues; il y en a cinq en dessus et quatre en dessous. L'anale ressemble à la deuxième dorsale, mais elle a en avant trois fortes épines et même quatre; car il y en a une première presque imperceptible dans l'animal avant la dissection : la seconde est encore courte; la troisième est la plus forte des trois, mais ne surpasse pas la quatrième en longueur; elle a en arrière un sillon, dans lequel cette quatrième se retire en partie comme dans une gaîne : la quatrième est d'un tiers plus courte que le premier rayon mou; il n'y a que treize de ceux-ci, dont le dernier est fourchu. L'on voit aussi de petites écailles entre leurs bases. La pectorale est assez faible, et a quinze rayons, dont le premier simple et de moitié plus court que le second. Aux ventrales il y en a sept mous et un épineux; celui-ci n'est pas très-fort. Aucune de ces nageoires n'a, à sa base, d'écaille d'une forme particulière. Ainsi les nombres des rayons doivent s'exprimer comme il suit :

B. 8; D. 10 — 1/14; A. 4/13; C. 19; P. 15; V. 1/7.

Nous avons pu juger de la couleur de ce poisson d'après un individu qui nous a été apporté de la Martinique par M. Achard, presque aussi frais que s'il sortait de l'eau.

Elle est d'une beauté ravissante : les côtés sont d'un beau rouge-
cerise glacé sur un fond argenté, et qui vers le dos tire au vermillon;
les bords des écailles jettent un éclat doré, et cet or, un peu plus
prononcé sur les angles de leur réunion, forme des lignes longitudinales entre leurs rangées, mais qui se distinguent peu sur le fond
rouge. La tête tire aussi au vermillon, mais la teinte argentée se
montre un peu davantage sur les opercules. La partie épineuse de
la dorsale est variée de jaune et de rose, et a deux suites de taches
vermillon ou couleur de sang; sa partie molle, ainsi que celle de
l'anale et la caudale, sont du plus beau vermillon nuancé en aurore
vers les bords; mais le bord antérieur des deux premières et les
bords, tant supérieur qu'inférieur, de la caudale sont blancs; une
bande noirâtre descend de chaque côté depuis l'angle supérieur de
l'ouïe sur le bord de l'opercule et les écailles de l'épaule jusqu'à la
pectorale, sur la base et dans l'aisselle de laquelle elle s'étend un
peu. Les pectorales et les ventrales sont aurore; le bord externe de
celles-ci est blanc. L'iris est doré et teint d'aurore, surtout à son
cercle extérieur.

Ce poisson, en un mot, égale en éclat la dorade de la
Chine la plus rouge et la plus brillante.

Il ne paraît pas devenir très-grand. M. Plée, qui nous a
le premier procuré cette espèce, ne nous en a pas envoyé
d'individus de plus de huit pouces de longueur, et nous
dit qu'elle ne pèse pas plus d'un quart de livre. Elle vit
en familles le long des cayes (c'est-à-dire des marécages
ou savannes des bords de la mer). On en fait peu de cas.

Indépendamment des singularités que ce poisson montre déjà à
l'extérieur, son squelette en offre une bien remarquable. Les parties
latérales et postérieures du crâne non-seulement sont dilatées pour
envelopper une très-grosse pierre d'oreille, mais elles ont chacune
une large ouverture ovale, qui n'est fermée que par une membrane
élastique, contenant un petit filet osseux, et à laquelle se fixe le lobe

latéral de la vessie natatoire antérieure ; car ces poissons en ont deux, comme nous le dirons tout à l'heure.

Il est difficile de ne pas voir dans cette disposition une nouvelle preuve des rapports annoncés par M.Weber entre la vessie natatoire et le sens de l'ouïe.

Il y a d'ailleurs dans le squelette des myripristis vingt-sept vertèbres : la première ne porte pas de côtes ; la seconde en a une paire, mais plus fines qu'un cheveu ; la troisième en porte une paire de force ordinaire, dont la base est courbée et aplatie de manière à faire place à la partie antérieure et bilobée de la vessie natatoire; il vient ensuite sept paires de côtes, de forme ordinaire, et toutes avec un stylet à l'extérieur, qui les rend fourchues. La dixième paire, unie aux apophyses transverses qui la portent, dilate sa base de manière à former une espèce de bassin, sur lequel appuie le fond de la grande vessie natatoire. Les quinze ou seize vertèbres suivantes appartiennent à la queue. Toute la seconde dorsale répond à huit de ces vertèbres, l'anale répond à neuf.

. Le foie a son lobe gauche singulièrement ployé en V, et revenant en avant par une de ses branches ; mais ce qui est plus singulier encore, c'est que les vaisseaux hépatiques, la vésicule du fiel et le canal cholédoque sont de la plus belle couleur d'argent.

L'estomac est épais, et se termine en cul-de-sac vers le milieu de l'abdomen. Le pylore, placé près du cardia, est entouré de neuf appendices cœcales; le canal intestinal fait deux replis et est presque partout grêle et à parois minces.

La vessie natatoire, dont la membrane propre est opaque, épaisse, fibreuse, d'un blanc nacré et doublée en dedans, comme à l'ordinaire, d'une membrane fine, occupe toute la longueur de l'abdomen, et est divisée en deux par un étranglement. La partie postérieure est ovale; on y voit les organes de la production de l'air. L'antérieure est fourchue; ses deux lobes se dirigent en avant; ils font même saillie dans le haut de la cavité des branchies, en poussant en avant le diaphragme, et ils vont se terminer, comme nous l'avons dit, chacun à l'espèce de tympan que leur offre le crâne, fixant les bords de leurs parois aux bords osseux de ce cadre, dont le vide n'est rempli que par cette membrane élastique dont nous avons parlé, et dans laquelle on voit deux à trois filets osseux très-minces qui la soutiennent.

M. Delalande a rapporté du Brésil un myripristis entièrement semblable à ceux de la Martinique, si ce n'est que les stries du bord de son opercule avancent sur le disque de cet os jusqu'à moitié de sa largeur, et davantage ; il paraît aussi avoir eu une teinte très-rouge.

Il en est arrivé un semblable de la Havane à M. Desmarest ; avant que la lumière l'eût décoloré, sa teinte était d'un beau rouge aurore.

Nous hésiterions à faire de ces deux poissons une espèce particulière sur un caractère aussi léger que ce plus ou moins d'étendue des stries de leur opercule.

On peut s'étonner que de si beaux poissons n'aient été remarqués ni par Margrave, ni par Plumier, ni par Parra, et qu'il n'en soit tombé aucun individu sous les yeux des naturalistes qui ont travaillé en Europe sur des collections ; mais il est de fait que personne n'a parlé avant nous des myripristis d'Amérique.[1]

Des Myripristis d'Asie.

Forskal, Commerson et Russel ont, comme nous l'avons dit, observé des myripristis dans la mer Rouge et dans la

---

[1]. Ceci était écrit et lu à l'Académie des sciences (en 1825) avant que M. Desmarest eût publié la figure de ce poisson dans le Dictionnaire classique d'histoire naturelle.

mer des Indes, et nous-mêmes en avons reçu des différens parages de cette dernière mer; mais ces poissons se ressemblent tellement qu'il est difficile de les caractériser, et plus difficile encore de discerner dans les descriptions de ces naturalistes les espèces qu'ils ont eues sous les yeux. Nous sommes donc obligés de comparer d'abord les myripristis des Indes que nous possédons, entre eux et avec ceux d'Amérique, et nous essayerons ensuite de les retrouver dans les auteurs que nous venons de citer.

Le Myripristis du port Praslin.

(*Myripristis pralinius*, nob.)

Nous en avons reçu un du port Praslin à la Nouvelle-Irlande, d'où il a été rapporté par MM. Lesson et Garnot, qui ne diffère de celui d'Amérique que par des traits faits pour échapper à quiconque ne les comparerait pas avec la plus grande attention.

Son crâne est un peu plus large, l'intervalle des yeux n'est que trois fois dans la longueur de la tête; dans l'espèce d'Amérique il y est quatre fois.

Le bout du museau est plus court et plus vertical.

Les palmures du crâne sont beaucoup plus subdivisées, et se composent de filets nombreux minces et serrés.

On compte un rayon mou de plus à la dorsale et à l'anale.

D. 10 — 1/15; A. 4/14, etc.

Il n'y a de noir qu'au bord de l'opercule et dans l'aisselle de la pectorale, mais non à l'épaule.

Les pointes des trois nageoires verticales sont moins aiguës.

Notre individu est long de six pouces.

Le MYRIPRISTIS HEXAGONE.

(*Myripristis hexagonus*, nob.; *Lutjanus hexagonus*, Lacép.)

Un myripristis infiniment voisin de celui-là est conservé depuis long-temps au Cabinet du Roi, avec l'étiquette en hollandais de *boltok d'eau salée*. C'est ce poisson qui a servi de sujet à la description du *lutjan hexagone* de M. de Lacépède (t. IV, p. 213).

Les palmures de son crâne sont les mêmes; mais il semble avoir le corps un peu plus court à proportion de sa hauteur; ses deux dorsales paraissent vraiment unies par une petite parcelle de membrane : le piquant de son opercule se divise en quatre ou cinq petites pointes : l'écaille de son scapulaire a des dentelures moins nombreuses et plus fortes : enfin, ses nombres sont, comme dans l'espèce d'Amérique,

D. 10 — 1/14; A. 4/13, etc.

Dans son état actuel il paraît entièrement doré, et le noir, s'il en a eu, ne se montre nulle part.

Sa longueur est de cinq pouces.

Le MYRIPRISTIS DES SÉCHELLES.

(*Myripristis seychellensis*, nob.)

Un troisième myripristis nous est venu des Séchelles par le dernier voyage de M. Dussumier.

Il a les mêmes nombres de rayons que celui du port Praslin; mais ses palmures sont, comme à l'espèce d'Amérique, divisées seulement chacune en six brins un peu dentelés. Il a du noir à l'opercule, à l'aisselle de la pectorale, et sur les pointes des parties molles de la dorsale et de l'anale.

D. 10 — 1/15; A. 4/14.

L'individu est long de huit pouces.

Au rapport de M. Dussumier, sa couleur est un beau rose nuancé de doré, et on la reconnaît encore malgré l'action de la liqueur : il y a du rouge en avant, à la base de la dorsale molle et de l'anale, ainsi que sur les lobes de la caudale; leur bord antérieur est blanc.

Ce poisson est peu estimé.

Le MYRIPRISTIS A PETITES DENTS.

(*Myripristis parvidens*, nob.)

Notre quatrième myripristis des Indes vient du port Praslin, comme le premier.

Il a les palmures et les nombres de rayons de celui d'Amérique.

Toutefois son crâne est large entre les yeux comme dans notre premier des Indes. Le noir y est aussi à l'opercule et à l'aisselle; mais ni sur l'épaule ni sur les nageoires. Son caractère le plus apparent est de manquer de dentelure à l'angle du maxillaire, et de n'avoir que des dents en velours, de les avoir surtout très-petites aux groupes de la partie antérieure des mâchoires.

D. 10 — 1/14 ; A. 4/13.

L'individu n'est long que de quatre pouces.

Le MYRIPRISTIS DU JAPON.

(*Myripristis japonicus*, nob.)

M. Langsdorf a rapporté du Japon au Cabinet de Berlin, un myripristis remarquable par sa grosseur; il est long de seize pouces sur six de hauteur et trois d'épaisseur. Celui-là est très-facile à distinguer des autres.

Toutes ses dents, probablement par un effet de l'âge, sont devenues mousses comme de très-petits pavés. Il y en a plusieurs de

3.

semblables à l'angle inférieur de son maxillaire. Son opercule a à l'angle une grosse épine striée, dont la racine se continue sur la surface de l'os jusqu'auprès de sa base. Toutes les épines des nageoires sont, de même, fortes et profondément striées : son front est fort étroit entre les yeux, dont l'intervalle ne fait pas le quart de la longueur de la tête. Les palmures de son crâne sont moins nombreuses, plus grosses et très-âpres; et, en général, toutes les âpretés, les dentelures, les sillons que l'on observe dans ce genre, se montrent ici avec une force proportionnée à la taille du poisson. La chaîne de ses sous-orbitaires est plus large et plus plate : son surscapulaire est strié, mais presque pas dentelé. Sa première dorsale a une épine de plus que dans les espèces précédentes, et sa membrane s'unit un peu à l'épine de la seconde, laquelle est beaucoup plus basse à proportion, ne faisant que le quart du premier rayon mou.

B. 8; D. 11 — 1/14; A. 4/11 ou 12[1]; C. 19; P. 18; V. 1/7.

Ce poisson paraît avoir été d'une belle couleur dorée; car M. Langsdorf, qui avait bien aperçu qu'il n'entre point dans les genres reçus, l'avait appelé *ostichthys aureus,* et il porte en japonais le nom d'*umikinkio,* qui signifie *poisson doré de mer.* Ce nom est très-expressif, car si l'on ne fait attention qu'à la forme générale et aux couleurs, rien ne ressemble plus aux poissons dorés (*cyprinus auratus*) que les myripristis.

Après avoir décrit, comme nous venons de le faire, les myripristis qui se trouvent à notre disposition, nous allons examiner les articles des naturalistes dans lesquels on peut reconnaître des espèces de ce genre.

---

1. Je crois que dans l'individu il y a un rayon de tombé : on y en voit onze.

C'est d'abord manifestement un myripristis que le poisson donné par Forster (Bl., Schn., p. 203) comme la quatrième variété de l'holocentrum, et qui a

le corps large, la bouche obtuse, échancrée, les dents visibles au dehors, rassemblées en faisceaux tuberculeux, et dont les pièces operculaires, finement dentelées, *n'ont aucunes grandes épines*.

B. 6; D. 10 — 1/13; A. 3/12; C. 21; P. 14; V. 1/7.[1]

Cela est encore plus certain, s'il est possible, du poisson dont Bloch parle à la fin de sa description de l'holocentrum (Grande Ichtyologie, part. VII, p. 48), et qu'il dit avoir acheté en Hollande sous le nom de *poisson rouge à tête chauve* (*roede kaalskop-visch de l'Océan*). Nous avons sous les yeux l'individu même qu'il possédait, et qui nous paraît ressembler essentiellement à notre hexagone.

Ses nombres sont :

D. 10/13 ou 14; A. 4/12 ou 13.

On ne distingue pas bien dans l'individu, mal desséché, les deux derniers rayons de ces nageoires.

Le *sciæna loricata* de Thunberg, dont M. de Lacépède (t. IV, p. 333 et 367) a fait son *holocentre Thunberg*, est certainement aussi un myripristis. Nous en avons pour garant un beau dessin que Thunberg lui-même avait envoyé à M. de Lacépède, et qui s'est retrouvé dans les papiers de celui-ci. Tous les détails qui caractérisent les myripristis y sont bien exprimés, et autant que l'on en peut juger sur cette figure, c'est aussi à l'*hexagonus* qu'il ressemble le plus.

---

1. Il a négligé deux rayons aux ouïes et le premier de l'anale.

Les nombres en sont les mêmes.

B. 7; D. 10 — 1/14; A. 3 [1]/13; C. 18; P. 13; V. 1/7.

Thunberg a décrit la couleur comme argentée et sans taches; mais peut-être le poisson était-il dans la liqueur ou desséché lorsqu'il a fait sa description.

Il l'avait pris au Japon; mais ce n'est pas l'espèce qui a été rapportée par M. Langsdorf.

Personne ne méconnaîtra non plus un myripristis dans la description que Forskal (p. 48) donne de son *sciæna murdjan* (*persèque murdjan,* Lacép., t. IV, p. 396 et 418).

Son corps est ovale, d'un rouge cuivré et brillant, le dos plus foncé, le ventre plus pâle. La lèvre supérieure, rétuse (échancrée) dans le milieu, est protractile en sortant d'une fossette triangulaire du front; l'inférieure est plus longue et tronquée au milieu. La langue est triangulaire, rougeâtre et scabre; les dents nombreuses, très-petites, serrées; les narines dentées au bord; le vertex plan, avec quatre lignes dilatées et branchues; l'iris rouge; les yeux entourés d'un anneau osseux dentelé inférieurement; les opercules écailleux, dentelés en scie; le postérieur (l'opercule proprement dit) terminé par un piquant. Les écailles sont larges et dentelées; la ligne latérale marche plus haut que le milieu du corps et parallèlement au dos. La troisième épine de l'anale est épaisse; toute la première dorsale, qui tient à peine à la seconde, peut se cacher dans une fosse du dos. La seconde et l'anale sont environnées à leur base d'écailles redressées; la queue est fourchue, et toutes les nageoires sont rouges, excepté un bord blanc à la caudale et aux ventrales. Que l'on ajoute à ces détails les nombres des rayons,

B. 7; D. 10 — 1/14; A. 4/8; C. 19; P. 15; V. 1/7,

et l'on verra qu'il n'y a pas d'autre différence entre ce pois-

---

1. Il n'a pas compté la petite épine antérieure.

son et nos myripristis précédens, que ce nombre de huit rayons mous à l'anale.

Mais ici encore il nous paraît plus que douteux que Forskal l'ait donné exactement. M. Ehrenberg a rapporté de la mer Rouge, sous le nom de *murdjan,* un myripristis tout semblable à ceux dont nous venons de donner la description, et qui a quatorze rayons mous à la dorsale, et treize à l'anale. Sa forme est un peu plus alongée, surtout de l'arrière, que dans notre première espèce des Indes. La chaîne de ses sous-orbitaires est un peu plus large en avant, et l'épine de son opercule paraît un peu plus forte. Il ne serait pas impossible que ce fût notre espèce des Séchelles.

Ce ne peut être que par erreur que le *sciœna abusamf* de Forskal est regardé par Gmelin comme une variété du murdjan; ce serait plutôt un pagre.

L'*aspro totus rubens* des manuscrits de Commerson, dont M. de Lacépède (t. IV, p. 253 et 273) a fait son *centropome rouge,* est bien certainement encore un myripristis, et nous paraît même identique avec notre *hexagonus.*

Voici sa description telle que nous la tirons des manuscrits de ce savant voyageur :

C'est, dit-il, un poisson d'une grande beauté, et d'une saveur exquise, à peu près de la taille et de la forme générale de la carpe, d'un beau rouge-rose, quelquefois doré, dont le bord des pectorales, de la seconde dorsale et de l'anale, ainsi que le supérieur et l'inférieur de la caudale, sont blancs. Le bord postérieur de l'opercule est brun, et il y a une tache noire dans l'aisselle de la pectorale; toutes les écailles sont grandes et dentelées. Il en est de même de toutes les lames qui enveloppent la tête, et surtout de celles des opercules. Le museau est camus et comme rétus; la mâchoire inférieure se place devant l'autre, la supérieure est échancrée et rétractile. Outre les petites dents qui les garnissent, il y en a, en avant de chaque mâchoire, de plus fortes, rassemblées en quatre groupes, ou comme sur quatre verrues, et se montrant au dehors; mais le palais est lisse. La langue est triangulaire, large, courte, rouge en dessus. Les narines ouvrent leurs deux trous tout près du bord antérieur de l'œil. Les yeux sont d'une grandeur disproportionnée, ronds, convexes et d'un pouce de diamètre. La pupille en est argentée et teinte d'incarnat. La membrane des branchies a sept rayons[1]. Sur l'ouverture des ouïes sont deux lames dentelées en crête. La ligne latérale, formée par de petits traits, est voisine du dos, ou suit sa courbure, et se continue jusqu'à la caudale. Les épines de la première dorsale sont fortes et se cachent entre les écailles du dos. La caudale, profondément fourchue, est accompagnée, outre ses dix-neuf grands rayons, de petits rayons collatéraux (les petites épines).

D. 9[2] — 1/14; A. 3/13[3]; C. 19; P. 15; V. 1/7.

On pêche ce poisson autour de l'Isle-de-France, surtout en Octobre et Novembre.

On trouve de plus dans les dessins de Commerson une figure faite au crayon rouge, mais sans aucun nom, que M. de Lacépède n'a pas fait graver, et qui ne laisse point de doute sur le genre auquel on doit la rapporter. Elle montre quatorze rayons mous à la dorsale, et douze à l'anale.

Il nous reste les deux myripristis de Russel : son *botche* (pl. 105), long de neuf à dix pouces, et son *sullanerookunthee* (pl. 109), long seulement de sept pouces.

---

1. Il n'a pas compté l'inférieur, à cause de sa petitesse.
2. Il a oublié de donner le nombre des rayons épineux ; mais sa figure en marque dix.
3. Il n'a pas compté la petite épine antérieure.

Ces deux figures montrent quatorze rayons mous à la dorsale et onze à l'anale, en sorte que ce ne peut être que par une faute d'impression que dans le texte l'on n'en donne que six à l'anale du botche.

Ce texte ne les différencie d'ailleurs que parce que l'une aurait quatre et l'autre cinq petites épines à la base des bords supérieur et inférieur de la caudale; ce qui doit être un caractère aussi douteux que difficile à saisir.

Le plus grand, ou le *botche,* a la tête rouge, le bord membraneux de l'opercule d'un noir de sang caillé, le corps et la poitrine d'un rouge tirant sur le jaune, mêlé de blanc; les écailles blanchâtres, bordées de rouge; les nageoires verticales rouges, les autres d'un jaune pâle.

Le plus petit, ou le *sullaneroo-kunthee,* a la tête et le dos d'un rouge foncé; les flancs rayés de rouge, de blanc et de couleur de perle, et les nageoires d'un gris clair, taché de rouge. La figure ne lui donnant point de grosses dents en avant des mâchoires, comme en a celle du *botche,* et ses nombres de rayons s'accordant avec ceux de notre *myripristis parvidens,* il ne serait pas impossible qu'il appartînt à cette espèce.

Quant au *botche,* il ne correspond exactement à aucun de ceux que nous possédons; et si sa figure est exacte, elle pourrait bien indiquer une espèce de plus, et nous l'inscrirons dans notre liste en lui conservant son nom indien. Nous l'appellerons donc *myripristis botche.*

CHAPITRE XXVI.

Des Holocentrums.

Holocentrum, tout-épine, d'ὅλος et de κέν7ρον, est un nom fabriqué par Artedi, dans la description du Musée de Seba[1], pour désigner ce genre, dont il ne connaissait alors qu'une espèce; genre très-naturel, mais que Bloch a ensuite gâté en y associant les serrans. Nous ramenons aujourd'hui ce nom a son sens étroit et primitif, et restreignons le genre aux espèces analogues à celle qui lui a servi de type.

La magnificence des tégumens de ces poissons n'est pas moins remarquable que la force de leur armure, et la mer n'en produit pas de plus brillans : l'éclat de leurs écailles égale celui des miroirs; et des bandes rouges ou des taches brunes, diversement distribuées, les font encore mieux ressortir.

Quant à leurs caractères distinctifs, ce sont presque en tout ceux des myripristis. Qui ajouterait aux myripristis une épine au préopercule, lierait un peu davantage leurs deux dorsales, et retrancherait quelques rayons à l'anale, en ferait aussitôt des holocentrums.

Ceux-ci ont, comme les myripristis, sept rayons mous

---

1. Seba, Muséum, t. III, pl. 27, fig. 1. Gronovius l'a changé en *holocentrus* contre l'étymologie, mais pour que le nom fût masculin, les noms des êtres animés étant rarement neutres. Nous lui conservons sa forme neutre, pour bien rappeler que nos *holocentrums* ne sont pas les mêmes que les *holocentrus* de Bloch, ou plutôt qu'ils n'en font qu'une petite partie.

aux ventrales, et huit à la membrane des branchies (bien
que Forster et Gronovius ne leur en aient donné que six);
des petites épines en dessus et en dessous de la base de la
caudale; les dents en velours; le sous-orbitaire, toutes les
pièces operculaires, les os de l'épaule, toutes les écailles
dentelés en scie; leurs épines dorsales se cachent de même
entre les écailles du dos; leur troisième épine anale est
encore plus grosse, et a également une rainure qui reçoit
la quatrième; leur crâne est sculpté en dessus, et même il
a en dessous l'oreille un peu renflée, mais non pas toujours
ouverte ni liée à la vessie natatoire : celle-ci est simple,
ovale; elle occupe toute la longueur de l'abdomen, mais
elle ne se porte point plus avant, et ne se bifurque point
pour arriver à l'oreille. Leurs intestins ont aussi beaucoup
de ressemblance avec ceux des myripristis : un estomac
en cul-de-sac, court et obtus; huit ou dix appendices cœcales; un canal replié deux fois; deux longs lobes aigus au
foie; mais je n'ai pas vu que leur vésicule du fiel fût argentée. Le squelette des holocentrums a, comme celui des
myripristis, vingt-sept vertèbres et dix paires de côtes,
dont la dernière se dilate pour former une espèce de bassin, derrière lequel est le premier interépineux inférieur,
qui est formé de la réunion de ceux des trois premières
épines de l'anale, et d'une grandeur proportionnelle à
celle de la troisième.

On voit dans l'holocentrum, encore mieux que dans les
myripristis, cette disposition qui fait que les épines dorsales se couchent un peu sur deux rangs, ce qui les aide
à se mieux enfoncer dans le sillon que forment les écailles :
c'est que la rainure qu'elles ont en arrière, et par laquelle
elles s'appliquent chacune sur l'épine suivante, n'est pas

3.   18

au milieu, mais alternativement du côté droit dans l'une, du côté gauche dans la suivante.

Les espèces de ce genre se ressemblent beaucoup, et leurs différences sont moins frappantes que leurs caractères génériques, ce qui fait qu'il est difficile de les distinguer dans les descriptions qu'en ont données les voyageurs et les naturalistes; et voilà pourquoi des auteurs graves[1], qui n'avaient pu voir par eux-mêmes les individus venus de différentes mers, ont pensé que la même espèce vivait dans les deux Océans, mais une comparaison attentive et immédiate détrompe bientôt de cette erreur.

*L'*Holocentre a longues nageoires.

(*Holocentrum longipinne*, nob.; *Holocentrus sogho, Bodianus pentacanthus* et *Sciœna rubra*, Bl., et *Amphiprion matejuelo*, Bl., Schn.)

L'espèce qui fait l'objet de ce premier article, et qui nous servira de point de comparaison pour le reste du genre, est celle qui nous paraît avoir été décrite le plus anciennement et par un plus grand nombre d'auteurs. Elle est propre aux côtes de l'Amérique sur la mer Atlantique. Nous l'avons reçue du Brésil par M. Delalande, de la Martinique par M. Plée et par M. Achard, de Porto-Rico et de Saint-Thomas par M. Plée, et de Saint-Domingue par M. Ricord. Le nom d'*holocentrum longipinne,* que nous lui donnons, dérive de ce que la partie molle de sa dor-

---

1. Bloch, part. VII, p. 48; Lacépède, t. IV, p. 351; Shaw, vol. IV, part. II, p. 553. Ils ont même commis une erreur moins excusable en donnant l'holocentrum pour européen, et en s'appuyant sur Duhamel, quoique cet auteur disc expressément du sien qu'il en ignorait l'origine.

sale et les fourches de sa caudale sont plus longues et plus pointues que dans aucune autre espèce du genre.

Son corps est ovale, légèrement comprimé; sa queue devient beaucoup plus mince. La hauteur du corps au milieu est trois fois et demie dans la longueur; celle du tronçon de la queue y est plus de douze fois. Le profil descend obliquement, et par une ligne légèrement convexe; le museau est un peu moins court qu'au myripristis, mais l'œil est aussi grand. La longueur de la tête est à peu près le quart de la longueur totale, et sa hauteur à l'endroit de la nuque égale presque sa longueur.

Le crâne est sculpté des mêmes palmures en éventail que dans le myripristis; chacune de ces palmures a sept rayons, dont l'interne est plus écarté; leurs tiges se portent de même en avant et se bifurquent : entre elles est l'échancrure pour les pédicules des inter-maxillaires, plus profonde que dans le myripristis. Il y a aussi des stries obliques au-dessus de l'orbite un peu en arrière. Entre l'œil et le bout du museau est une grande ouverture de narine, et à son bord antérieur s'en aperçoit une autre excessivement petite, comme une piqûre d'aiguille. Le premier sous-orbitaire donne en avant deux grosses dents ou crochets plats, qui croisent la racine du maxillaire; ensuite viennent des dentelures assez marquées, puis de fines jusqu'à la tempe; mais il n'y en a qu'un rang, et non pas deux comme au myripristis. Le maxillaire n'a pas non plus des dentelures à son angle inférieur, mais sa surface est de même en partie rude et sillonnée. Le préopercule a des dentelures fines à ses deux bords, mais non au rebord de son limbe, en sorte qu'on n'y en voit aussi qu'un rang et non pas deux. Ce qui le distingue encore mieux, et ce qui fait même le caractère le plus apparent des holocentrums, c'est la grosse et longue épine de son angle, qui se dirige en arrière vers la racine de la pectorale et dépasse un peu le bord des ouïes; elle est sillonnée et rude. L'opercule a dans le haut deux grosses épines plates, dont l'inférieure est plus petite. Son bord au-dessus forme un petit lobe arrondi; au-dessous il est rectiligne et à dentelures pointues. La moitié de sa surface est sil-

lonnée d'avant en arrière, et sa base seule a des écailles. Le subopercule, qui fait le bord du couvercle des ouïes au-dessous des
deux fortes épines de l'opercule, est aussi dentelé et strié ; ses
dentelures supérieures sont un peu plus fortes et plus écartées, et
il en a quelquefois dans le bas trois ou quatre sur une petite partie
un peu avancée. L'interopercule est aussi strié, et sa moitié postérieure est dentelée en scie. La mâchoire inférieure est âpre, et ne
dépasse pas sensiblement la supérieure. On voit quatre ou six pores
en avant dans sa partie charnue. La bouche est peu fendue. Il y a
des dents en velours aux deux mâchoires, au-devant du vomer,
aux palatins, aux os interbranchiaux et aux pharyngiens ; mais la
langue n'en a point : elle est libre, pointue, un peu charnue et lisse.
Le premier et le troisième os de l'épaule, c'est-à-dire le surscapulaire
et l'huméral, sont dentelés en scie : ce dernier dans le haut seulement de sa partie au-dessus de la pectorale.

Il y a des écailles sur la joue et sur la base de l'opercule ; elles
sont, comme celles du corps, grandes, larges, striées et dentelées
sur leur partie externe, lisses et à peine à deux ou trois crénelures
obtuses à leur partie cachée : sur le corps on en compte douze
rangées longitudinales de chaque côté, et la rangée du milieu en
contient environ cinquante-cinq. La ligne latérale est peu sensible,
et ne se marque que par une petite tache brunâtre sur les écailles
de la cinquième rangée. Sa courbure est à peu près celle du dos.

L'anus est un peu plus loin que le milieu du corps (en y comprenant la caudale). La partie de la queue qui est entre l'anale et la
caudale, fait à peu près le sixième du tout. La dorsale commence
au-dessus des ouïes ; elle a quatorze rayons forts et pointus, peu
inégaux ; les plus hauts (le troisième et le quatrième) ont à peu près
le tiers de la hauteur du corps : le onzième, qui est le plus court,
s'unit par une continuation de la membrane commune au premier
rayon mou, lequel s'élève subitement cinq fois plus haut : ce premier rayon mou est simple ; le second, qui est branchu, est encore
plus long d'un tiers, en sorte qu'il égale presque la hauteur du
corps : la portion molle s'abaisse ensuite beaucoup ; elle a quinze
rayons. Les écailles du dos se redressent pour embrasser sa base,

mais il n'y a point d'écailles entre les rayons. L'anale a d'abord
une petite épine presque imperceptible; puis une plus grosse, mais
encore courte; puis une très-grosse, striée, faisant à peu près moitié
de la hauteur du corps, et pouvant loger dans une rainure la quatrième, qui est presque aussi longue qu'elle, mais bien plus mince.
Les premiers rayons mous dépassent les épines d'un tiers; ils diminuent ensuite de manière à former une nageoire un peu pointue,
mais moins haute que celle du dos qui lui répond. Le nombre de
ces rayons mous est de onze. La caudale est très-fourchue; ses
branches sont très-pointues, et la supérieure dépasse l'inférieure
d'un quart. En dessus de sa base il y a cinq, et en dessous quatre
rayons très-courts et épineux. Le nombre des grands rayons est de
dix-neuf.

Les ventrales sont longues et pointues; leur épine est forte, mais
de moitié plus courte que les rayons mous, dont le nombre est de
sept.

La pectorale est médiocre; ses rayons sont au nombre de quinze;
le premier, court, et le second, aussi long que les autres, sont
simples, quoique articulés; les autres sont branchus.

Ainsi on doit exprimer comme il suit les nombres de ces rayons :

B. 8; D. 11/15; A. 4/11; C. 19; P. 15; V. 1/7.

Bien que cette espèce soit une de celles dont nous
possédons les plus grands individus, nous n'en avons pas
de plus de douze ou treize pouces de longueur.

Quant à sa couleur, il paraît qu'elle est sujette à quelques variétés.

Nous en avons reçu de la Martinique par les soins de
M. Achard, et de Saint-Domingue par ceux de M. Ricord,
des individus parfaitement conservés sous ce rapport.

Leur dos et leurs flancs sont d'un beau rouge de cerise glacé sur
un fond d'argent, ce qui sous certains aspects produit l'effet des plus
beaux rubis. Ce fond rouge est relevé de sept ou huit lignes dorées,
marchant longitudinalement entre les rangées d'écailles, mais plus

ou moins marquées, selon les individus; vers le bas, viennent ensuite deux ou trois lignes argentées, et tout le dessous est d'un blanc d'argent : l'on aperçoit sur la poitrine des vestiges de lignes rougeâtres. La tête est d'un argenté brillant, glacé de rouge à la tempe, sur une partie plus ou moins étendue de la joue, et un peu à la base de l'opercule. Il y a aussi une teinte rougeâtre sur le crâne. Les rayons des nageoires sont en général aurore ou rougeâtres. La membrane de la partie épineuse de la dorsale est jaune; mais dans chaque intervalle des épines est une bande oblique rouge. La membrane de la partie molle est blanche, ainsi que celle des autres nageoires : cependant la caudale, dont les rayons sont épais et serrés, paraît presque toute rouge, surtout à ses bords supérieur et inférieur.

M. Plée décrit à peu près de même l'individu qu'il a envoyé de Porto-Rico. *Il est,* dit-il, *entièrement rouge, avec des lignes blanches; la partie molle de sa dorsale est jaune.* Et sur celui qu'il adresse de Saint-Thomas : *C'est une belle espèce, entièrement rouge; dans la mer elle brille de l'éclat de l'or et de l'argent. Retirée de l'eau, elle est d'un beau rouge tirant sur le rose, avec la nageoire dorsale jaune.*

Selon les notes que nous a communiquées M. Poey sur les individus de la Havane, ils sont d'un vermillon foncé sur le dos et ont les bandes longitudinales, et le reste du corps est d'un vermillon plus clair, approchant du couleur de rose. Il en est de même des nageoires, excepté la membrane de la partie épineuse, qui est verdâtre.

Nous trouvons que sur un de nos individus les lignes dorées ont presque entièrement disparu, et cette teinte rouge uniforme, que des lignes dorées n'interrompent pas d'une manière sensible, se retrouve dans quelques-unes des anciennes figures de ce poisson.

Le prince Maurice en avait laissé une, qui a été très-mal gravée dans Margrave (p. 147) sous le nom de *jaquaraca*, qu'il faut écrire *jaguaruça*[1]. Bloch en a donné (pl. 225) une copie altérée et même falsifiée, sur laquelle il a établi son *bodianus pentacanthus*. J'avais deviné l'espèce de ces figures d'après la description que Margrave a jointe à la sienne, et M. Lichtenstein a confirmé ma conjecture par l'examen du dessin original; mais Bloch, dans sa gravure, a changé les épines de place, et en a ajouté deux qui ne sont pas dans la figure du prince. Ainsi, bien que ce prétendu *bodian pentacanthe* ait été adopté par tous ceux qui ont écrit après Bloch[2], et que Shaw en ait même copié la figure[3], on doit rayer du système cette misérable création.

L'enluminure est plus exacte que le dessin : le poisson y paraît rouge en dessus et aux flancs, argenté en dessous; les nageoires rouges vers leur pointe, plus pâles vers leur base; la partie épineuse de la dorsale jaune, à rayons rouges. Le peintre n'a aucunement exprimé les reflets dorés qui forment les lignes longitudinales : on ne les voit pas non plus dans l'original, dont le corps est entièrement rose glacé d'argent.

Une autre figure de ce poisson a été donnée par Catesby (t. II, pl. 2, fig. 2), sous le nom d'*écureuil* ou *perche marine*, et Bloch (édit. de Schn., p. 82) en fait son *sciæna rubra*. L'enluminure n'y montre pas non plus de raies jaunes.

Parra l'a parfaitement dessiné (pl. 13, fig. 2), sous le nom

---

1. Lichtenstein, Mémoires de l'académie de Berlin pour 1820 et 1821, p. 279.
2. M. de Lacépède (t. IV, p. 279 et 286) en a fait son *bodian jaguar*.
3. *Gen. Zool.*, t. IV, 2.ᵉ part., p. 570, pl. 83.

de *matejuelo colorado,* qu'il porte à la Havane[1]; et c'est ce dessin qui a fait établir par M. Schneider son *amphi- prion matejuelo,* que l'on doit par conséquent rayer du Système. Parra le dit rouge sur un fond d'argent, sans parler des raies, et les exemplaires enluminés n'en marquent aucunes.

Nous en trouvons, enfin, une figure parmi celles que Parkinson avait faites au Brésil pour le chevalier Banks, qui le représente aussi d'un rouge uniforme.

Il paraît néanmoins que dans certaines circonstances, peut-être dans la saison de l'amour, les lignes argentées ou dorées se marquent mieux sur le fond rouge; et il est certain que dans les individus conservés dans la liqueur ou desséchés elles forment des bandes assez larges et plus claires, entre d'autres bandes demeurées plus foncées. C'est ainsi que j'ai vu dans une très-belle collection de peintures faites au Mexique pour le Roi d'Espagne, une figure de ce poisson où les raies sont si marquées qu'on le nomme *holocentrus octolineatus.*

Il y en a aussi une figure dans les Vélins du Muséum, faite par Aubriet d'après Plumier, et intitulée : *Erythrinus polygrammus, vulgo Marignan apud Caraïbas,* Plum., où les raies rouges et jaunes ou blanches sont fort tranchées. C'est cette peinture que Gauthier Dagoty a gravée, en la gâtant encore, dans ses Observations sur l'histoire naturelle, etc., part. XII, pl. 7, ajoutant que le poisson venait de la côte de *Juida,* en quoi il nous trompe évi-

---

1. *Matejuelo,* ou *dominguello,* est une figure de soldat armé de pied en cap, qu'en Espagne, lors des combats de taureau, on a coutume d'élever au milieu de la place. Selon M. Poey, c'est Parra qui a substitué ce nom de *matejuelo* à celui de *carajuelo,* qui est le véritable.

demment, puisqu'il ne faisait que copier la figure d'un poisson de la Martinique.

La figure gravée dans Bloch (pl. 232) sous le nom d'*holocentrus sogho,* a dans le dessin tous les caractères de cette espèce, et, pour la couleur, elle est aussi rayée de rouge et de jaune. L'auteur l'attribue au prince Maurice, mais c'est une erreur. M. Lichtenstein[1] affirme que l'original n'existe point dans le recueil du prince, et il y a grande apparence que c'est plutôt le père Plumier qui l'a fourni, mais que Bloch l'a fait corriger d'après les individus qu'il avait dans son cabinet. Cette figure est, en effet, à quelques proportions près des épines operculaires, trop exacte et trop finie pour n'être qu'une copie du même dessin de Plumier dont Aubriet a emprunté sa grossière image.

On a vu que du temps du père Plumier ce poisson portait à la Martinique le nom de *marignan,* originaire de la langue des Caraïbes. Il l'y porte encore ou à peu près (M. Achard nous l'a envoyé sous celui de *marian*); mais ce nom y est devenu générique, et on l'y donne aussi à une autre espèce, dont nous parlerons plus loin. A Saint-Domingue on le connaît sous le nom de *cardinal* ou de *cadenas.*

Les colons anglais de la Jamaïque l'appellent le *gallois* (*the welshman*); ceux de Saint-Thomas, *the redman* (l'homme rouge); ceux de la Caroline, l'*écureuil;* à Porto-Rico on le nomme *el candil,* nom qui lui est commun avec le serran tacheté de rouge. Le nom de *sogo,* que lui donne Bloch, est, dit-il, celui qu'il porte sur la côte de Guinée, au rapport du docteur Isert; mais rien ne prouve que l'espèce

1. *Loc. cit.*, p. 279.

3.   19

de Guinée soit la même que celle d'Amérique; ce n'est pas du moins, ainsi que nous venons de le voir, de la figure de Dagoty qu'il faudrait le conclure: le docteur Isert avait aussi été dans les Antilles, et pouvait ne s'être pas bien souvenu de l'origine de tout ce qu'il avait rapporté.

Les auteurs ne s'accordent pas sur le goût de ce poisson. Selon Margrave, sa chair est grasse et de bon goût, surtout grillée. Catesby assure qu'il est estimé à la Caroline, et il en est de même, selon Brown, à la Jamaïque; mais Parra dit, qu'à Cuba on en fait peu de cas, à cause de la dureté de ses écailles. A Saint-Domingue, selon M. Ricord, on trouve sa chair sèche.

Le foie de cette espèce est d'un beau rouge de minium; son lobe moyen a de chaque côté une longue pointe trièdre. L'estomac est petit, pointu, et sa branche montante étroite et assez longue. Il y a plus de vingt appendices cœcales grêles, dont plusieurs assez longues. L'intestin a deux replis. Le rectum est fort renflé, et son entrée est garnie d'une valvule circulaire. La vessie natatoire est simple, très-grande, robuste, et occupe toute la longueur de l'abdomen : sa partie antérieure s'attache de chaque côté aux côtes par un ligament, et a en avant trois pointes, dont la mitoyenne se fixe à un anneau de la deuxième vertèbre, et dont les latérales vont s'attacher au crâne, sous le bord d'une ouverture qui termine en arrière la cavité où est la grande pierre de l'oreille, ouverture qui n'est fermée que d'une membrane; sa communication avec la vessie se réduit à cette attache.

Il y a onze vertèbres abdominales et seize caudales. La première et la seconde vertèbre n'ont que des appendices grêles de côtes. Les côtes proprement dites ne commencent qu'à la troisième : elles sont élargies à leur partie supérieure, et ont chacune un appendice grêle. Ceux des trois ou quatre dernières adhèrent cependant à la vertèbre, et non à la côte. Les côtes de la dernière paire sont dilatées, et forment deux plaques elliptiques, qui donnent une sorte de bassin au fond de l'abdomen. Les deux dernières vertèbres abdominales ont une barre entre les bases de leurs apophyses transverses. Le premier interépineux de l'anale, formé de la réunion de ceux des trois premiers rayons, est énorme, et a de chaque côté une longue fosse pour les muscles de ces rayons, et surtout pour ceux du troisième.

Les huméraux sont assez étroits inférieurement. L'échancrure cubitale est large, et la branche inférieure de cet os est grêle. Les os du bassin forment ensemble un angle, dont la concavité inférieure est profonde et peut loger des muscles épais : leur bord postérieur se dilate au-dessus des ventrales en une apophyse trilobée. Ce développement est relatif sans doute à la force de ces ventrales, qui ont deux rayons de plus que dans le commun des acanthoptérygiens.

L'HOLOCENTRE DES INDES ORIENTALES.

(*Holocentrum orientale,* nob.)

Après avoir décrit en détail l'espèce la plus commune sur les côtes de l'Amérique, nous devons lui comparer et décrire en quelque sorte en regard celle qui lui ressemble le plus, et que l'on a jusqu'à présent confondue avec elle. Nous pouvons le faire d'après des matériaux authentiques.

M. Geoffroy a rapporté ce deuxième holocentrum de la mer Rouge, Péron de l'Archipel des Indes, et nous l'avons reçu directement de Pondichéry par les soins de M. Leschenault. Il est tellement semblable, par les formes et les détails, à celui d'Amérique, qu'il faut beaucoup d'attention pour l'en distinguer, et cependant c'est une autre espèce.

Son corps, et surtout la partie nue de sa queue, sont moins alongés. Sa tête est plus courte et plus large, et son front plus bombé. Les rayons des palmures de son crâne sont plus nombreux ; on en

compte de neuf à onze dans chaque palme : le précédent n'en a
que sept. Le dessus de son orbite est hérissé ou âpre, et non pas
strié. Il a au sous-orbitaire, sous le bord antérieur de l'orbite, une
pointe dirigée en dehors, qui se montre moins à celui d'Amérique.
Les deux premières dents du bord inférieur du sous-orbitaire sont
moins fortes, et les suivantes le sont davantage. Aucun de ses
échantillons que j'ai sous les yeux ne montre l'inégalité entre les
fourches de la queue, qui est si sensible dans le précédent. Je ne
compte enfin que douze ou treize rayons mous à la dorsale, et
huit ou neuf seulement à l'anale.

D. 11/12 ou 13; A. 4/9, etc.

Il faut que les bandes alternatives de rouge et d'or ou d'argent
soient plus apparentes que dans l'espèce d'Amérique; car tous les
observateurs les ont mentionnées : elles sont déjà bien marquées
dans la figure de Seba (t. III, pl. 27, fig. 1), qui a servi de premier
type à l'établissement du genre.

L'*holocentrum orientale* a le foie épais et composé de deux lobes
triangulaires, dont le gauche est beaucoup plus volumineux que
le droit. L'estomac est un sac large, peu alongé et arrondi en arrière. La branche montante est de longueur médiocre, dirigée vers
le diaphragme, entre les deux lobes du foie. On compte huit appendices cœcales à gauche, et treize à droite de la branche, auprès
du pylore. L'intestin fait trois replis. La vessie natatoire est grande,
simple, et à parois fibreuses et argentées.

Son squelette ressemble en général à celui de l'espèce précédente,
excepté que ses vertèbres sont plus courtes à proportion; mais une
différence plus essentielle, c'est qu'il n'y a point à la base de son
crâne ces tubes ouverts dont nous avons parlé, et que les parois
de la cavité qui renferme les pierres de l'oreille y sont seulement
assez minces.

M. Leschenault, en nous l'envoyant, assure qu'il est rare
dans la baie de Pondichéry, où les naturels le nomment en
tamoule *maduréminé*. Son corps est marqué, ajoute-t-il,

de larges bandes longitudinales, alternativement rouges et argentées; le rouge est plus foncé vers le dos, plus rose vers le ventre; l'iris est blanc et rouge; les nageoires sont rouges. On le trouve bon à manger. Ce qu'il dit de sa rareté à Pondichéry, explique comment Russel n'en a point parlé dans ses Poissons de Vizagapatam.

Renard, qui en donne une figure grossière (t. I, pl. 29, fig. 159), y marque bien les raies. Cet auteur l'intitule du nom prétendu hollandais de *schouwer dick*, et l'original manuscrit de Vlaming, dont il a tiré cette figure en la gâtant, l'appelle *chouwer goes*, termes plutôt estropiés de l'anglais, et signifiant *canard* ou *oie belle à voir*.

Valentyn, qui copie aussi la figure de Vlaming (fig. 137), l'appelle, p. 390, en malais *ikan badoeri jang ongoe* ou *poisson de roche épineux pourpré*. Il le dit grand comme une petite perche, et de très-bon goût.

La *perche de la Nouvelle-Bretagne*, des manuscrits de Commerson, devenue la *persèque praslin* de M. de Lacépède (t. IV, p. 418), ne diffère en rien de notre holocentre des Indes, et la description que Commerson en a laissée, peut ajouter quelque chose au détail de ses couleurs.

Elle a de chaque côté sept lignes d'un rouge foncé, alternant avec autant de lignes d'un rouge clair. Toutes ses nageoires sont d'un jaune rougeâtre. Le bord supérieur de sa dorsale est pourpre, et il y a un trait rouge à sa base. Il y a aussi une marque pourpre à l'anale, entre le deuxième, le troisième et le quatrième rayon.

Commerson a pris ce poisson au port Praslin, entre les roches et les coraux, et il a trouvé sa chair bonne : il faut qu'il ait observé la violence de ses blessures, car il désigne son troisième rayon de l'anale par l'épithète d'*atrocissimus*.

Nous trouvons encore une figure coloriée, que nous ne

pouvons rapporter qu'à cette espèce, à la page 48 d'un imprimé japonais sur les poissons, qui est à la bibliothèque du Muséum d'histoire naturelle : c'est de cette figure que M. de Lacépède (t. IV, p. 333 et 372) a fait son *holocentre blanc-rouge*[1]. L'enluminure y marque des lignes alternativement blanches et d'un rose vif : les nombres des rayons et la disposition des épines operculaires y paraissent à peu près semblables; mais ce sont des détails sur lesquels on ne peut pas attendre une exactitude parfaite de la part d'un graveur du Japon.

L'holocentre tétracanthe de M. de Lacépède (t. IV, p. 334 et 373), d'après ce qui est dit de ses ventrales, des stries de son crâne et des épines de ses pièces operculaires, est évidemment un poisson du genre qui nous occupe; mais comme M. de Lacépède ne lui compte que dix rayons mous à la dorsale, et qu'aucun des holocentres que nous avons pu voir n'en a si peu, nous soupçonnons que sa description est faite d'après un individu mutilé de l'espèce actuelle.

Toutefois, comme les mers orientales produisent plusieurs espèces très-voisines de celle-ci, ainsi que de la précédente, il ne serait pas impossible que ce fût l'une d'elles qui eût été décrite par quelqu'un des auteurs que nous venons de citer; mais ces naturalistes n'ayant point donné de caractères suffisamment comparatifs, il est désormais impossible d'affirmer rien de positif à cet égard.

---

1. M. de Lacépède nomme ce livre un manuscrit chinois, et en cite la page 25; mais il y a en cela erreur et faute d'impression.

L'HOLOCENTRE TIÉRÉ.

(*Holocentrum tiere*, nob.)

MM. Lesson et Garnot, naturalistes de l'expédition Duperrey, viennent de rapporter d'Otaïti un holocentre encore plus semblable à celui d'Amérique que ne l'est celui des Indes.

Ses formes sont les mêmes que dans notre première espèce, et la comparaison la plus soigneuse ne nous y a laissé apercevoir que les distinctions suivantes : sa tête est un peu plus étroite, il a huit rayons à ses palmettes; ses sous-orbitaires postérieurs sont un peu plus larges : les deux épines de ses opercules sont égales entre elles. La partie molle de sa dorsale, ni sa caudale, ne se prolongent pas autant en pointe, et les deux lobes de sa caudale sont égaux. Ses épines dorsales sont au nombre de douze, et moins hautes à proportion, et les dentelures de ses écailles moins profondes.

D. 12/14 ; A. 4/9.

Les naturalistes qui l'ont vu vivant ou frais, le décrivent comme entièrement coloré d'un rouge éclatant de vermillon fondu avec du carmin, et auquel se mêlent des reflets irisés.

Il est commun dans les récifs de la barre de Matavaï. Sa chair est délicate. Les naturels le nomment *tiéré*, et en apportaient beaucoup à bord. C'est probablement la troisième des variétés indiquées par Forster dans le Bloch de Schneider, p. 200, sous le nom d'*éhée-ée*.[1]

---

1. Au moment où je livre cette feuille à l'impression, je reçois le bel ouvrage dont M. Bennet vient de commencer la publication; et j'y vois (pl. 4), sous le nom d'*holocentrus ruber*, un holocentrum (dans le sens où je prends ce nom) entièrement d'une belle couleur rouge comme notre tiéré, et qui lui ressemble aussi par les caractères, si ce n'est qu'il paraît plus court et plus gros; mais l'auteur ne lui donne que neuf rayons mous à la dorsale et dix à l'anale, ce qui serait

L'Holocentre lion.

(*Holocentrum leo*, nob.)

Les mêmes naturalistes ont apporté de *Borabora*, l'une des îles de la Société, et de *Waigiou*, île située près de la pointe nord-est de la Nouvelle-Guinée, une belle espèce, qui paraît devenir la plus forte du genre; elle est surtout plus haute et plus épaisse que l'orientale elle-même.

Son caractère le plus apparent est dans son chanfrein, un peu concave, tandis que toutes les autres l'ont convexe. Du reste, sa tête est comprimée, ses palmettes ont huit brins, le dessus de son orbite est hérissé; il y a à son premier sous-orbitaire une grosse dent sur la racine du maxillaire, et une autre également grosse, sous le tiers antérieur de l'orbite, avec trois ou quatre petites entre deux. Les sous-orbitaires suivans sont étroits et très-finement dentelés. Le bord montant du préopercule a des dentelures un peu grosses et courtes. L'épine de son angle est énorme, plus forte qu'à aucune autre espèce, et marquée de deux sillons longitudinaux. Il n'y a que quatre à cinq petites dentelures sous le bord de sa base. Au contraire, l'opercule ne se termine que par deux épines médiocres et presque égales. Ses bords sont finement dentelés, et il est strié sur presque toute sa largeur; mais le sous-opercule est lisse ou légèrement veiné, et n'a de dentelures qu'en petit nombre dans le bas. L'écaille surscapulaire est dentelée, mais non les deux autres os de l'épaule; les épines dorsales et anales sont fortes : la membrane de la dorsale, après la dernière épine, s'abaisse au point qu'on pourrait dire qu'il y a deux nageoires; sa partie molle est

---

d'autant plus singulier, que dans toutes les autres espèces c'est l'anale qui en a le moins. Les rayons mous des ventrales et les rayons branchiostèges ne sont comptés que pour cinq, et ici je ne doute point qu'il n'y ait erreur, car aucun holocentrum n'en a moins de sept des premiers et de huit des autres. Ce poisson a quelquefois deux pieds de long, et est fort estimé à Ceylan comme aliment.

assez pointue, et a un ou deux rayons de plus que dans la plupart
des autres; les lobes de la queue sont obtus et à peu près égaux.

D. 11/15 ou 16; A. 4/10 ou 11; C. 19; P. 15; V. 1/7.

Ce beau poisson est entièrement d'un rouge incarnat avec éclat
métallique : les lignes de reflets sont peu apparentes. Sa forme générale rappelle beaucoup celle de la variole. Nous en avons un individu de plus d'un pied. Son squelette, sauf les différences de proportion, qui s'aperçoivent dès l'extérieur, ressemble à ceux de nos
deux premières espèces : sa cavité de l'oreille n'est point en forme
de tube, mais elle a un grand espace membraneux.

J'en trouve une figure assez reconnaissable dans le
Recueil de poissons des Moluques de Corneille Vlaming,
sous le nom de *chouwerlakje;* elle est copiée dans Renard
(pl. 27, fig. 148), mais si mal qu'on la prendrait plutôt
pour l'epibulus ou filou (*sparus insidiator,* L.).

La même espèce vient de nous être apportée des Séchelles par M. Dussumier en beaux échantillons, dont l'un
a près de quinze pouces. On la connaît dans ces îles sous
le nom de *lion.*

L'HOLOCENTRE D'ARABIE.

(*Holocentrum spiniferum,* nob.; *Sciæna spinifera,* Forsk.)

M. Ehrenberg a rapporté de Cosseir, sur la mer Rouge,
un holocentre qui ressemble à ce *lion* plus qu'à aucun
autre.

Son chanfrein, ses palmettes, sont semblables; mais il a un ou
deux rayons mous de moins à la dorsale; le bord montant du
préopercule est vertical, tandis que dans le lion il se porte obliquement en avant en descendant; ses dentelures sont plus nom-

3.

breuses et plus fines, ainsi que celles de l'opercule; l'épine préoperculaire est un peu moins forte; mais celles de l'opercule le sont davantage. Les lobes de sa queue sont pointus.

Tout son corps est d'un rouge de vermillon, plus vif sur le dos, plus pâle sur le ventre; tacheté de vermillon plus foncé dans l'angle de chaque écaille; mais sans y former des lignes continues, comme dans l'oriental. La première dorsale est d'un vermillon très-foncé, et ses épines sont un peu jaunâtres, tandis que la dorsale molle est, ainsi que l'anale et les pectorales, jaunâtre, avec des rayons rouges : les ventrales sont rose vif. La caudale est presque toute rouge, et seulement bordée de jaunâtre.

D. 11/13; A. 4/9, etc.

Cet holocentrum a le foie petit : ses lobes sont tétraèdres, et le gauche descend fort en arrière dans l'abdomen. L'estomac est petit, cylindrique, arrondi en arrière. Les appendices cœcales sont au nombre de dix à gauche, et de vingt-trois à vingt-cinq à droite. Plusieurs de celles-ci s'ouvrent en ligne, l'une derrière l'autre, dans le duodénum. L'intestin fait trois replis. La vessie aérienne est alongée, étroite, comme cylindrique. Ses parois sont épaisses et d'une belle couleur argentée.

Cette espèce paraît la plus commune dans la mer Rouge, et nous ne doutons point que ce ne soit le *sciæna spinifera* de Forskal. En effet, ce que cet observateur rapporte des caractères de ce poisson, répond exactement à ceux du genre des holocentrums; mais comme il ne parle pas des raies, et qu'il décrit la couleur comme un rouge tirant sur l'argenté, il doit avoir eu celui-ci sous les yeux plutôt que l'oriental, qui d'ailleurs est bien plus rare dans cette mer. Sous le rapport générique, sa description est fort claire et fort détaillée; mais n'ayant pas été reconnue par Bloch, elle ne l'a été par personne, et elle figure encore dans les systèmes d'ichtyologie, tantôt comme celle d'une sciène[1], tantôt comme celle d'une perche.[2]

Forskal fait une remarque sur la graisse qui s'amasse dans l'abdomen de ce poisson, que nous avons trouvée juste pour la plupart des espèces du genre; il ajoute que les piqûres de ses épines causent une douleur poignante, comparable à celle de l'aiguillon du scorpion, mais qui cesse après quelques heures.

Cette espèce habite parmi les récifs de coraux. Elle se mange : les Arabes de *Djidda* l'appellent *asmud* ou *gahaja*.[3]

L'HOLOCENTRE A GROSSES ÉPINES.

(*Holocentrum hastatum*, nob.)

Le Cabinet du Roi possède un *holocentrum* d'origine inconnue, très-semblable à celui d'Amérique,

mais dont les écailles sont moins profondément striées; qui a la troisième épine anale plus longue à proportion, et dont surtout l'opercule se termine par une seule épine et plus forte que celle d'aucun des autres. Les palmettes de son crâne ont chacune neuf brins, et le dessus de son orbite est hérissé; son sous-opercule est fortement strié et dentelé; ses nombres de rayons ne s'accordent pas non plus entièrement avec ceux des autres espèces.

D. 11/14; A. 4/9; C. 19; P. 15; V. 1/7.

On voit un reste de tache noire entre les deux premiers rayons de sa dorsale, et son corps paraît avoir eu des raies bien marquées.

C'est de cette espèce que Duhamel donne une figure[4]

---

1. *Sciæna spinifera*, Gmelin et Shaw. — 2. *Persèque porte-épine*, Lacépède, t. IV, p. 418. — 3. Forskal, p. 49.

4. Sous le nom de *poisson qui affine à la crabe des achottards* (qui est un serran).

(Pêches, part. II, sect. 5, pl. 5, fig. 2); mais comme il dit avoir oublié d'où lui en venait le dessin, son article ne peut rien nous apprendre. Il faut surtout se garder d'en conclure, comme l'ont fait Bloch et ses copistes, que c'est un poisson de la Méditerranée. Il n'existe dans cette mer aucun de nos holocentrums.

Nous venons, au contraire, de recevoir des îles du cap Vert, par MM. Quoy et Gaymard, deux individus qui nous paraissent entièrement rentrer dans l'espèce présente, quoiqu'ils n'aient point de tache noire à leur dorsale.

Leur corps est épais; leurs écailles ont des dentelures marquées et aiguës, mais point de stries; il y a neuf brins à leurs palmettes; l'épine de leur opercule est très-forte : dans l'un des deux elle n'est suivie que de dentelures; dans l'autre, les deux ou trois premières de ces dentelures pourraient passer pour des épines, mais bien plus petites que la principale. L'épine du préopercule est encore plus forte à proportion, principalement dans le premier; mais la troisième de l'anale est surtout énorme en longueur et en grosseur. Le premier a D. 11/14; A. 4/9, et le second n'en diffère que par une épine de plus à la dorsale.

Le fond de leur couleur est un rouge glacé sur de l'argent, avec dix ou onze bandes d'un rouge-brun foncé ou pourpre, un peu tirant au doré. Le rouge de la tête a aussi des reflets dorés, surtout à l'opercule et au sous-opercule.

Dans le premier individu, la membrane de la dorsale épineuse est jaune, et il y a une tache blanche dans chaque intervalle, vers le tiers de la hauteur. La pectorale est orangée, les autres nageoires de couleur de minium ou de vermillon.

Le second individu, qui est en général plus foncé, a la membrane de sa dorsale rouge, et ses taches jaunes; ses autres nageoires sont rouges, les épines sont rosées.

Les parties molles de leurs nageoires verticales sont plus arrondies que pointues, et il en est de même des lobes de leur caudale, qui, d'ailleurs, sont égaux. Le premier de ces individus est long de neuf pouces, l'autre de huit.

Il y a grande apparence que c'est cette espèce qu'Isert aura recueillie sur la côte de Guinée, et qu'il y a entendu nommer *sogho* par les Nègres : ce serait donc à elle que ce nom pourrait être appliqué, si Bloch ne l'avait déjà donné à celle d'Amérique; mais pour éviter à l'avenir toute confusion, nous avons cru devoir le supprimer tout-à-fait.

Cet holocentre a le foie d'une belle couleur orangée; ses deux lobes sont triangulaires et pointus, et le gauche est du double plus gros que le droit. La vésicule du fiel est longue et grêle; son diamètre est plus petit que celui des cœcums : elle est placée le long de l'intestin. L'estomac est un petit sac pointu, dont la branche montante est peu considérable. Il y a quinze à seize cœcums au pylore : la vessie natatoire est très-grande, arrondie en avant; elle ne donne pas de corne ni de lobe qui aille à la tête. Sa tunique fibreuse est très-épaisse, la seconde est très-mince. Sur la partie inférieure de la convexité de la vessie on voit deux gros corps rouges pliés en croissant : les reins sont petits et de couleur rougeâtre.

Le péritoine est d'une belle couleur argentée; ses replis sur la vessie aérienne et sur les reins, sont très-épais.

*L'*Holocentre a tête large.

(*Holocentrum laticeps*, nob.)

C'est une espèce que nous avons aussi trouvée au Cabinet du Roi, sans note sur son origine.

Elle ressemble beaucoup à l'oriental; mais sa tête est un peu plus courte, et surtout sensiblement plus large à proportion; l'épine de son préopercule plus courte et plus faible, dentelée à son bord inférieur. Son opercule se termine par deux pointes à peu près égales, et il y en a un peu plus haut une troisième encore assez marquée. Les palmettes de son crâne ont jusqu'à onze brins. Cet holocentre paraît avoir offert les mêmes distributions de couleurs que l'oriental.

D. 11/13; A. 4/9; C. 17; P. 15; V. 1/7.

L'individu est long de huit pouces.

*L'*Holocentre de l'Ascension.

(*Holocentrum Ascensionis,* nob.; *Perca Ascensionis,* Linn.)[1]

Le poisson indiqué dans Linnæus d'après Osbeck (Voyage à la Chine, p. 388), sous le nom de *perca Ascensionis,* qui a huit rayons aux branchies et huit aux ventrales, et la caudale fourchue, est nécessairement un de nos *holocentrums.* D'après Osbeck, les nombres de ses rayons seraient

D. 11/16; A. 3/11; C. 26; P. 16; V. 1/7;

mais on peut croire aisément qu'il aura compté double le dernier rayon de la dorsale et de l'anale; qu'il aura mis en ligne de compte les épines de la base de la caudale, et qu'il n'aura pas aperçu la quatrième épine anale, cachée dans le sillon de la troisième.

Son poisson était rougeâtre dessus, blanchâtre dessous; il ne décrit les épines des opercules et des préopercules que comme de grandes dents. Au reste, nous ne plaçons ici cet article que pour n'omettre aucune indication.

---

1. Le *lutjan de l'Ascension,* Lacép., t. IV, p. 197; *l'amphacanthus Ascensionis,* Bl., édit. Schn., p. 210.

*L'*Holocentre diadème.

(Holocentrum diadema, nob.; *Holocentrus diadema,* Lacép.)

Cette jolie espèce a été découverte par Commerson, et décrite sur ses dessins par M. de Lacépède (t. IV, p. 372, et t. III, pl. 32, fig. 3). Parkinson en a aussi laissé un dessin fait à Otaïti et intitulé *sciæna vittata.* C'est le poisson qui est représenté et décrit comme nouveau sous le nom de *perca pulchella,* d'après un individu de Sumatra, par M. Bennet, dans le *Journal zoologique* anglais (t. III, p. 377, et pl. 9, fig. 3). M. Mathieu, officier distingué d'artillerie, l'a apporté de l'Isle-de-France au Cabinet du Roi. On l'a reçu de Timor par feu Péron, et les naturalistes de l'expédition de M. Duperrey l'ont pris à l'île de Borabora, l'une de celles de la Société. Ainsi l'espèce habite toute l'étendue de la mer des Indes, et se porte fort avant dans l'océan Pacifique.

Ses formes sont les mêmes que dans l'oriental, mais elle n'atteint guère plus de cinq à six pouces de longueur. La première dent de son sous-orbitaire est seule un peu plus forte que les autres. Ses épines préoperculaires et operculaires sont médiocres, et à l'opercule c'est la supérieure qui est la plus forte. Il y a neuf brins à ses palmettes; huit lignes fort prononcées, longitudinales, argentées et même lisérées de brun, règnent de chaque côté de son corps sur un fond général, qui dans la liqueur paraît d'un beau doré; et c'est ainsi que Commerson l'a enluminé : mais un dessin fait par M. Lesson sur un individu frais, nous apprend que quelquefois ce fond est rose, comme dans l'oriental. Ses nageoires sont jaunâtres, excepté la première dorsale, qui a sur toute sa longueur deux larges bandes noires, une près de la base, l'autre au tiers supérieur de sa hauteur; ou plutôt cette nageoire est noire, avec une ligne blanche

au bord et une au milieu; celle du milieu est quelquefois interrompue ou irrégulière. La première dorsale finit derrière la onzième
épine, et immédiatement après s'élève le premier rayon mou de la
seconde.

D. 11/14; A. 4/9; C. 17; P. 14; V. 1/7.

MM. Lesson et Garnot l'ont entendu appeler *eï-eï* à
Borabora : ce nom revient à celui d'*éhée-ée*, écrit par
Forster, apparemment avec l'orthographe anglaise, et qu'il
donne à une espèce toute rouge, qui est probablement
notre tiéré.

L'HOLOCENTRE A GOUTTES DE LAIT.

(*Holocentrum lacteo-guttatum*, nob.)

Cette autre jolie espèce a été rapportée par feu Péron
de la mer des Indes.

Elle ressemble au diadème, mais les deux épines de son opercule
sont égales; sa tête est plus large, les tiges de ses palmettes y font
moins de saillie; on leur compte huit brins; sa couleur paraît argentée, tirant sur le jaune-paille, ou toute argentée et irisée, sans
apparence de bandes ; mais elle est en partie semée de très-petits
points bruns, et il y a une double suite de taches opaques, qui
paraissent d'un blanc de lait sur la membrane de sa dorsale épineuse, laquelle finit vraiment au pied de la partie molle.

D. 11/12; A. 4/9; C. 17; P. 15; V. 1/7.

L'HOLOCENTRE POINTILLÉ.

(*Holocentrum punctatissimum*, nob.)

Une jolie espèce, ou peut-être seulement une variété de
la précédente, a encore été apportée par MM. Lesson et
Garnot de l'île Strong, l'une des Carolines.

L'individu est long de quatre pouces, et paraît argenté et semé ou comme sablé sur tout le corps de petits points pourpres, semblables à des piqûres de mouches. Derrière chacune de ses épines dorsales, vers le haut, la membrane a une tache brune; sa tête est courte et obtuse, ses mâchoires égales. La première dent de son sous-orbitaire est à peine plus grande que les autres : son opercule a deux pointes médiocres et égales; celle de son préopercule n'est pas très-forte; mais sa troisième épine anale l'est beaucoup : ses palmettes ont neuf brins.

D. 11/13; A. 4/9; C. 19; P. 15; V. 1/7.

L'Holocentre bordé.

(*Holocentrum marginatum*, nob.)

C'est encore une petite espèce de la mer des Indes, qui se trouvait dans l'ancienne collection du Stadhouder.

Elle ressemble en petit au laticeps, mais son opercule a, à l'angle, trois ou quatre épines, et un peu au-dessus et au-dessous, deux ou trois plus petites, qui empiètent toutes sur sa surface par autant d'arêtes saillantes. Dans son état actuel on voit sur ses flancs quatre bandes brunes, lisérées de plus brun, entre autant de bandes dorées. Il y a une ligne brune au bord antérieur de l'anale, au supérieur et à l'inférieur de la caudale, et au bord de la partie épineuse de la dorsale. Celle-ci s'unit très-sensiblement à la partie molle.

D. 11/12; A. 4/9; C. 17; P. 15; V. 1/7.

L'Holocentre sammer.

(*Holocentrum sammara*, nob.; *Sciœna sammara*, Forsk.; *Labrus angulosus*, Lacép.)

Ce poisson, donné tantôt comme une sciène, tantôt comme un labre, est un véritable holocentrum et le plus beau de tous.

3.

Les nombres de ses rayons, et les sculptures du dessus de son crâne sont les mêmes qu'à l'oriental; mais son corps et sa tête sont plus alongés; les dentelures des os de sa tête sont plus menues : il n'en a point sur l'orbite. L'épine de son préopercule et les deux de son opercule sont plus faibles et plus plates. Les dentelures des pièces operculaires sont moins profondes et leur surface moins striée; aussi est-elle encore plus éclatante que dans les précédens; elle ressemble à un vrai miroir bien étamé. Il en est de même des écailles; leur bord, moins profondément dentelé qu'aux précédens, a tout l'éclat de l'acier ou de l'argent le mieux bruni. Leur milieu est de couleur d'or, semé d'une douzaine de petits points noirs, dont chacun a au centre un point encore plus petit, de la couleur du fond, en sorte que ces points noirs sont en réalité de petits cercles, et leurs amas forment des taches dont les séries, de loin, paraissent autant de bandes longitudinales brunes qu'il y a de rangées d'écailles, savoir, onze ou douze. La ligne latérale ne se marque guère que par des taches plus brunes aux écailles de la quatrième rangée.

Une large tache noire occupe l'intervalle des trois premières épines dorsales, et la membrane a derrière chaque épine, dans le haut, une tache triangulaire, et dans le bas une tache ovale, d'un blanc opaque; elle finit derrière la dixième épine, et la onzième recommence vraiment une seconde nageoire, comme dans les es-pèces dont les deux dorsales se touchent sans s'unir. Les ventrales ni les parties molles des verticales ne se prolongent comme dans le longipenne, et les fourches de la queue sont à peu près égales: la troisième épine anale est très-forte.

Ce poisson a été rapporté de la mer des Indes par feu Péron : il nous a été bien aisé de le reconnaître dans un dessin laissé par Commerson sans autre note que le mot *aspro,* et sur lequel M. de Lacépède a établi son *labre anguleux* (t. III, pl. 22, fig. 1).

C'est aussi le *sciæna sammara* de Forskal (p. 48), rangé

sous le même nom parmi les sciènes par M. de Lacépède
(t. IV, p. 314), et placé avec les perches par Schneider
(Syst. de Bl., p. 89). La description en est même excellente; l'auteur y mentionne jusqu'aux petits cercles noirs,
dont les amas forment les taches. Nous apprenons par cette
description que dans l'état frais ce poisson a le dos teint
d'un rouge cuivré, que le bord antérieur de l'anale derrière
la grosse épine, et les bords supérieur et inférieur de la
caudale, sont rouges; les ventrales blanches, les pectorales
fauves.

Ce nom de *sammara* est dérivé de son nom arabe *abou-
msammer,* qui signifie *chantre;* d'autres l'appellent *hœmri*
ou *farer.* On le prend à l'hameçon à une profondeur fixe
d'environ trente-six brasses; il vit parmi les récifs de corail, et les blessures qu'il fait avec ses épines, ne sont pas
moins cruelles que celles de l'*orientale* ou du *spiniferum.*[1]

*L'*Holocentre chrétien.

(*Holocentrum christianum,* Ehrenb.)

M. Ehrenberg a rapporté de Cosseir un *holocentrum*
très-voisin du *sammara,*

et qui a les mêmes formes, la même tache noire, ou plutôt pourpre,
sur le devant de la dorsale; mais qui en diffère un peu par les couleurs. Il a bien à la dorsale la rangée de taches blanches de la base,
mais non celles du bord. Son dos est rose vif, et il y a une raie
blanche au-dessus de la ligne latérale. Le long des flancs et du
ventre sont des lignes rose pâle. Sa caudale est bordée de blanc.

L'individu est long de sept pouces.

---

1. Forskal, p. 48 et 49.

M. Ehrenberg a nommé ce poisson *holocentrum chris-tianum*, par la raison que les Arabes donnent le nom de *chrétiens* à tout le genre des *holocentrums*. Il n'est pas facile de deviner le motif d'une dénomination si bizarre.

L'HOLOCENTRE A MANDIBULE SAILLANTE, *nommé MARIAN à la Martinique.*

(*Holocentrum marianum,* nob.)

Cette espèce ressemble beaucoup au *sammer* par les deux pointes plates qui terminent son opercule;

mais sa mâchoire inférieure est encore plus saillante. Les stries de son opercule et de son sous-opercule sont plus fortes, ainsi que les dentelures de son opercule. Sa dorsale est moins échancrée, et les épines du dessous et du dessus de sa queue sont plus longues : les deux dernières surtout sont fortes; la troisième épine anale l'est extraordinairement, autant au moins que dans le *hastatum.* Il n'a ni tache noire à la dorsale ni points noirs sur les écailles, et ne montre même point de raies longitudinales, mais paraît avoir été d'une belle couleur d'argent plus ou moins nuancée d'or et de rouge.

D. 11/12; A. 4/9; C. 17; P. 14; V. 1/7.

Nous avons reçu cette espèce de M. Plée. Il paraît que ce nom de *marian* a la même origine que celui de *mari-gnan,* donné par Plumier à notre première espèce, et qu'il dit appartenir à la langue des Caraïbes. Selon M. Plée, il se conserve dans le jargon des Nègres, et signifie *fort et maigre* en même temps : on l'a appliqué à ce poisson à cause de la grosseur de ses arêtes, comparée à son peu de chair; circonstance qui fait qu'on l'estime très-peu.

CHAPITRE XXVII.

Des Béryx et des Trachichtes.

Beryx, ou *berys,* est un nom grec de poisson que Gesner
a tiré de Varinus, et sans que l'on trouve aucune indication
qui puisse conduire à en déterminer l'espèce. Je m'en em-
pare pour désigner des poissons inconnus jusqu'à ce jour,
et qui doivent former dans la famille des perches un genre
particulier.

Ces poissons frappent la vue par un corps assez haut,
par un œil énorme, par une belle couleur rouge, par des
rayons épineux au-dessus et au-dessous de la base de leur
caudale, par des crêtes dentelées qui parcourent diverses
parties de leur tête; tous signes qui les rapprochent et des
holocentrums et des myripristis. Ils n'y tiennent pas de
moins près par le nombre des rayons de leurs ventrales,
qui même est plus considérable dans notre première espèce. Cependant ils en diffèrent essentiellement par leur
dorsale unique, et qui n'a d'épines que grêles et garnissant
son bord antérieur, mais ne formant point une sorte de
première nageoire séparée de l'autre par une échancrure.

Le BÉRYX A DIX RAYONS VENTRAUX.

(*Beryx decadactylus,* nob.)

Notre première espèce a sa plus grande hauteur (à la naissance
de la dorsale) deux fois et demie dans sa longueur, et son épaisseur
deux fois et demie dans sa hauteur. La longueur de sa tête est deux
fois et demie dans sa longueur totale, et elle est de plus d'un quart

plus haute que longue. La ligne du dos forme, en avant de la dorsale, un arc convexe jusqu'au front, qui devient plat, et ensuite le profil se recourbe pour former le museau, qui est court et obtus.

Le diamètre de l'œil est moitié de la longueur de la tête, et de ce qui reste, la portion qui est en arrière de l'œil est le double de celle qui est en avant. L'œil ne s'élève pas tout-à-fait jusqu'au front, et laisse au-dessous de lui une partie presque égale à sa propre hauteur.

La bouche n'est fendue que jusque sous le quart antérieur de l'œil ; mais le maxillaire s'étend jusque sous son milieu.

L'intermaxillaire est mince, et la mâchoire supérieure est échancrée dans son milieu. L'inférieure la dépasse un peu, et a au milieu une proéminence obtuse, qui entre dans l'échancrure de la supérieure. Il y a des dents en velours ras, sur des bandes assez étroites, aux mâchoires et aux palatins, et sur un espace ovale au-devant du vomer ; la langue est obtuse, charnue, assez libre, et paraît lisse.

Le maxillaire s'élargit beaucoup en arrière, où il a un enfoncement triangulaire, et toute la partie supérieure de sa seconde moitié est recouverte d'une pièce surnuméraire et âpre, plus étroite en arrière.

Les orifices des narines sont deux trous ovales en avant de l'œil ; le postérieur est plus grand et un peu plus élevé, l'inférieur plus petit et plus bas. Un peu au-dessous est, de chaque côté, une épine forte, dirigée en dehors, et qui appartient au sous-orbitaire.

Le sous-orbitaire est long et étroit, et contourne tout le dessous de l'œil ; son bord inférieur est finement dentelé ; une crête dentelée part de son épine antérieure et suit le bord de l'orbite. Trois autres petits os, également dentelés, continuent ce bord en arrière, en remontant jusqu'à une crête surcilière, dentelée aussi, qui elle-même suit le bord supérieur de l'orbite, et va se terminer au-dessus de la narine. Une crête semblable part de la tempe, marche au-dessus de la crête surcilière, et vient se réunir à sa correspondante sur le milieu du front, où elles forment une courbe parabolique. La nuque, la joue et l'opercule sont écailleux ; mais le front, le museau, les mâchoires, le tour de l'œil, et le limbe du préopercule sont nus. Ce limbe a une petite crête irrégulière et dentelée à son bord antérieur ; et le postérieur, qui est celui du préopercule lui-même, est aussi dentelé. La partie montante de ce bord est rectiligne; la partie inférieure, de moitié plus courte, est en arc convexe. Près de l'angle, qui est obtus, le limbe a en travers deux petites crêtes dentelées.

L'interopercule est étroit, nu; son bord inférieur est parallèle à celui du préopercule, et finement dentelé. On voit trois petites crêtes dentelées longitudinalement sur chaque branche de la mâchoire inférieure. L'opercule est deux fois et demie aussi haut que large, coupé en arc légèrement convexe. On sent au travers des écailles une petite crête dirigée vers l'endroit où il y a d'ordinaire un angle; elle n'est pas dentelée. L'écaille surscapulaire ne l'est pas non plus, il y a seulement une petite crête simple sur son milieu, et en général il n'y a à l'épaule aucune armure particulière.

Les ouïes sont fendues jusque sous le bord antérieur de l'œil. Les branches de la mâchoire inférieure, très-rapprochées dans l'état de repos, en cachent les membranes, qui ont chacune sept ou peut-être huit rayons, dont les deux premiers fort larges; le dernier grêle et court.

La pectorale est attachée au tiers inférieur, demi-ovale, du quart à peu près de la longueur totale; elle a seize rayons, dont le premier simple et de moitié moindre.

Les ventrales s'insèrent vis-à-vis l'attache des pectorales. Le dessous du corps est plat entre elles, ce qui les écarte un peu l'une de l'autre; elles égalent les pectorales en longueur, et ont chacune dix rayons mous, ce qui est, à ma connaissance, un exemple unique parmi les acanthoptérygiens; leur épine est aussi longue que la nageoire, assez forte, comprimée et striée.

La dorsale naît sur le milieu des pectorales; elle a quatre épines, dont les deux premières sont fort courtes. La troisième est trois fois plus haute que la deuxième: la quatrième a près du tiers de la hauteur du poisson. Ces épines sont fortement striées en longueur. Les rayons mous sont au nombre de seize ou dix-sept[1]. L'espace

---

1. Je ne les ai pu compter exactement, parce qu'il y en a quelques-uns d'enlevés dans notre échantillon.

que cette nageoire occupe sur le milieu du dos, est du quart de la longueur totale.

L'anale est d'un cinquième plus longue; elle naît à peu près vis-à-vis le milieu de la dorsale, et a trois épines striées, comme celles de la dorsale: la première très-courte; la troisième de plus du quart de la hauteur du poisson. On y compte vingt-huit rayons mous.

Ces nageoires n'ont aucunes écailles.

L'espace sans nageoire derrière la dorsale, plus que double de celui qui est derrière l'anale, ne fait que le onzième de la longueur totale. La caudale est coupée en croissant, et fort garnie d'écailles entre ses rayons vers sa base et ses bords, dont chacun a à sa base quatre rayons épineux décroissans; les plus externes fort petits; le plus interne de moitié seulement plus court que le premier articulé: il y en a dix-sept de ceux-ci, comme à l'ordinaire. Sur le milieu de la nageoire règne une double rangée d'écailles, qui fait suite à la ligne latérale.

Les écailles du corps sont toutes lisses, finement crénelées au bord, coupées à leur base en demi-cercle un peu anguleux, et tronquées à leur partie visible, dont une légère strie longitudinale occupe le milieu. Il y en a soixante-quatre ou soixante-cinq sur une ligne de l'ouïe à la queue, et trente-quatre ou trente-cinq sur une ligne verticale prise au milieu du corps.

La ligne latérale se montre à peine, si ce n'est vers l'arrière, où elle se marque par une élevure qui parcourt toute la longueur de l'écaille.

Cette description est faite d'après un individu sec, venu du Cabinet de Lisbonne, et entièrement peint en rouge, ce qui nous fait penser que le frais est de cette couleur. L'iris est peint en gris d'argent. Cet individu est long de seize pouces.

Il n'existe à notre disposition aucune note sur son origine; nous ne connaissons ni ses habitudes ni les parages qu'il habite, et nous ne pouvons les espérer que de quelque navigateur assez heureux pour le rencontrer. Son anatomie sera aussi un objet intéressant de recherche.

Nous le désignerons en attendant sous le nom de *beryx decadactyle.*

Le Béryx rayé.

(*Beryx lineatus,* nob.)

MM. Quoy et Gaymard, dans leur second voyage, ont découvert, au port du Roi George, à la Nouvelle-Hollande, un poisson qui s'associe naturellement au précédent, et tient aussi de très-près aux myripristis.

Sa forme est plus oblongue; sa hauteur ne fait que le tiers de sa longueur, sa tête n'en fait qu'un peu plus du quart, et elle est aussi haute que longue. L'œil est très-grand; le museau obtus, un peu échancré, et les mâchoires et les dents disposées comme dans le précédent. Les crêtes du milieu de son crâne, rapprochées sur le museau, s'écartent, et, arrivées au-dessus de l'œil, donnent une branche et se bifurquent : dans leur bifurcation est une cavité profonde. L'os du nez est court, large, anguleux et finement dentelé au bord inférieur. Les sous-orbitaires sont un peu inégaux en avant, mais n'y portent point d'épines. Ils ont une crête dentelée sous l'œil, et une autre parallèle, sous laquelle se loge le maxillaire. L'angle arrondi et le bord inférieur du préopercule sont dentelés; son limbe est large et séparé de la joue par une crête saillante : il cache presque l'interopercule, qui a aussi une fine dentelure. L'opercule, près de trois fois plus haut que large, a son bord strié, finement dentelé, et deux petites pointes vers le milieu de sa hauteur. Son disque est écailleux, ainsi que la joue; mais le reste de la tête n'a point d'écailles. Le surscapulaire est oblong, obtus et dentelé, ainsi que le haut du scapulaire.

Les ouïes sont très-fendues, à huit rayons, tous lisses et assez grêles, excepté les deux premiers, qui sont un peu élargis.

La pectorale s'attache au tiers inférieur, est un peu pointue, du cinquième de la longueur totale, et a quatorze rayons. Le premier est court et simple, les quatre suivans sont les plus longs; les der-

3.   22

niers sont fort petits; les ventrales s'attachent sous le milieu de la
base des pectorales, qu'elles n'égalent pas en longueur : elles ont
une épine striée, forte, et sept rayons mous; une écaille pointue,
de moitié de leur longueur, munit leur base.

La dorsale occupe sur le milieu du dos un espace égal au quart
de la longueur du poisson; elle a six épines, qui vont en croissant
de la première, qui est très-courte, jusqu'à la sixième, et qui sont
suivies de quatorze rayons mous.

L'anale commence sous le sixième rayon dorsal; elle a quatre
épines striées, plus fortes que celles du dos, et qui augmentent de
même de la première à la quatrième. Quatorze rayons mous les
suivent, et le dernier est un peu plus en arrière que le dernier du
dos. L'espace entre celui-ci et la caudale est du sixième de la longueur totale. La caudale est profondément fourchue, à lobes pointus, dont l'inférieur est un peu plus long et presque du tiers de la
longueur du poisson; elle a les dix-sept rayons ordinaires, cinq
épines au-dessus, et autant au-dessous de sa base.

On compte quarante-cinq écailles de l'ouïe à la caudale, et il y
en a dix-huit rangées sur la hauteur, toutes rectangulaires, plus
hautes que larges, et dont le bord visible est en arc convexe : leur
partie visible paraît à l'œil nu striée et dentelée; mais la loupe
montre que les stries consistent en pointes couchées : leur partie
couverte est lisse. La ligne latérale se remarque peu, et suit presque
parallèlement au dos le premier tiers de la hauteur.

Tout ce poisson paraît d'un beau rouge brillant de cuivre. Des
lignes de reflets alternativement plus rouges ou tirant plus à l'argenté, suivent la direction des écailles. Toutes les nageoires sont
rouge de vermillon. L'iris paraît avoir été doré.

La longueur de notre individu est de près de huit pouces.

Ce béryx a l'estomac en forme de sac cylindrique charnu, terminé
en cul-de-sac obtus, et de moitié de la longueur de l'abdomen. La
branche qui va au pylore sort près du cardia, et est aussi très-
charnue. Les appendices pyloriques sont longues, grêles et nombreuses. Il y en a au moins vingt; mais tellement fixées dans une
membrane chargée de graisse, qu'il n'est pas facile de les compter.

L'intestin fait quatre replis; il est mince et en partie rempli de matières noires. Le foie m'a paru n'avoir qu'un lobe, mais il n'était pas très-bien conservé. La vessie natatoire est de la longueur de l'abdomen et d'un assez grand diamètre, oblique en avant, un peu pointue en arrière; ses parois sont minces et argentées.

<hr>

DES TRACHICHTES (*Trachichtys*, Shaw).

Nous plaçons ici, à la suite des béryx, un poisson que nous n'avons pas vu, mais qui montre avec eux les plus grands rapports, qui semble même n'offrir de différence un peu importante que dans la double carène, fortement dentée, de son abdomen et dans la pointe qui arme le bas de son préopercule

Ce nom de *trachichtys,* poisson rude (de τϱαχὺς et d'ἰχϑὺς), a été composé par Shaw[1], qui a établi ce genre. La seule espèce qu'il en connût, et qu'il nomme *trachichtys australis,* avait été recueillie par White sur les côtes de la Nouvelle-Hollande; et Schneider, qui a cru pouvoir la ranger parmi les amphiprions de Bloch, l'a appelée *amphiprion carinatus.*

Malheureusement la description de Shaw n'est pas aussi complète qu'on pourrait le désirer, et aucun autre naturaliste n'ayant revu ce poisson, il n'a pas été possible de la compléter.

A en juger par la figure, il doit tenir de très-près à notre seconde espèce de béryx; mais il a tout-à-fait la forme de tête et de corps de la première : ses nageoires verticales sont presque disposées de

<hr>

1. Shaw, *Natur. Miscell.*, n.° 578, et *General Zool.*, t. IV, 2.ᵉ part., p. 63o.

même, seulement sa dorsale et son anale sont un peu plus courtes;
et on n'attribue que sept rayons à ses ventrales.

Sa hauteur est deux fois et un cinquième dans sa longueur; la
courbe de son dos et celle de son ventre forment depuis le museau
jusqu'à la portion rétrécie de la queue deux courbes uniformes et
presque semblables. Le museau est très-court, l'œil énorme (de la
moitié de la longueur de la tête); la bouche fendue, en descendant
en arrière, jusque sous le tiers antérieur de l'œil. Shaw dit qu'il n'a
pas de dents, ce qui signifie probablement qu'elles sont en velours
ras. On voit des lignes finement crénelées sur les diverses parties
de la tête; il y en a notamment aux bords du limbe du préopercule
et à celui de l'opercule : mais je n'oserais, d'après une figure un
peu vague, assigner le nombre et la direction de celles qui héris-
sent les sous-orbitaires et les autres pièces. Ce qui paraît plus nettement, c'est une pointe au bas du préopercule, une autre plus
petite vers le haut de l'opercule, qui n'est pas fort grand, et un
os surscapulaire, terminé en une pointe plus forte que celle du
préopercule.

Shaw dit qu'il y a *environ* huit rayons aux ouïes, dont les quatre
inférieurs sont gros et âpres au bord.

La dorsale est triangulaire; elle occupe sur le milieu du dos le
sixième de la longueur totale, et sa pointe, formée par ses premiers
rayons mous, s'élève d'un tiers de plus; ils sont au nombre de dix,
et précédés par quatre épines âpres et serrées, qui vont en croissant
de la première à la quatrième. L'anale est un peu plus longue et un
peu moins haute; c'est aussi de la partie antérieure qu'elle l'est le
plus : elle a neuf rayons mous, précédés de trois épines pareilles à
celles du dos. La longueur de la pectorale est du cinquième du
total; les ventrales les égalent, et ont une épine âpre et grosse, plus
longue que leurs rayons mous. Shaw ne leur compte que sept
rayons; mais sa figure semble en montrer davantage, et je ne m'é-
tonnerais pas qu'il y en eût autant que dans notre premier béryx.

La caudale est fourchue; les rayons courts qui garnissent ses
bords supérieur et inférieur, sont gros et âpres, comme les épines
des autres nageoires.

Tout ce poisson est couvert d'écailles fortement adhérentes, ciliées ou dentelées au bord, et plus ou moins hérissées ou âpres à leur surface. Le dessous de l'abdomen est caréné, et sa carène est garnie de huit écailles comprimées, terminées en pointes qui y forment une espèce de scie, à dents grosses et dentelées : celles des côtés de la queue forment aussi une espèce de carène, à peu près comme dans le monocentris ; et c'est à peine si l'on distingue le reste de la ligne latérale.

D'après un dessin exécuté dans son pays natal, ce trachichte paraît tout entier d'un brun rouge, avec quelques teintes plus claires et du jaunâtre aux bords des nageoires, et surtout à leurs parties épineuses.

L'individu observé et représenté par M. Shaw était long de cinq pouces.

L'espèce doit en être rare, puisqu'aucun de nos voyageurs n'a pu se la procurer.

DES PERCOÏDES A VENTRALES JUGULAIRES.

CHAPITRE XXVIII.

Des Vives (Trachinus, Linn.).

Malgré la position avancée de leurs ventrales, les vives ont avec les perches des rapports très-sensibles, et l'on pourrait presque dire que ce sont des perches dont la partie de la queue s'est alongée et renforcée aux dépens de la partie abdominale.

Ainsi leur première dorsale est courte et n'a que peu de rayons, tandis que la seconde et l'anale sont fort alongées; mais du reste tout se laisse ramener à des termes semblables. Leurs mâchoires, le devant de leur vomer, leurs palatins, et même leurs ptérygoïdiens, ont des bandes de dents en velours; leur opercule est épineux, leur sur-scapulaire dentelé.

Elles conduisent aussi aux scorpènes et aux trigles par la simplicité et la force des rayons inférieurs de leurs pectorales; mais nous devons les placer ici, parce que leur joue est nue et non pas cuirassée.

Ce sont des poissons alongés, auxquels leurs yeux, rapprochés du bout d'un museau court, et leur gueule oblique, donnent une physionomie particulière, en même temps que les fortes épines de leurs opercules et la finesse des pointes de celles de leur première nageoire les font beaucoup redouter des pêcheurs.

Τραχεινὸς, comme τραχὺς, signifie âpre ; mais ce n'est point de cette étymologie qu'Artedi a tiré le nom de *trachinus* pour la vive, poisson qui, en effet, est moins âpre que beaucoup d'acanthoptérygiens. Il a simplement latinisé celui de *trascina*[1], *trachina*[2] ou *tragina*[3], qu'elle porte en Italie, et que l'on croit dérivé de *dracæna* (δράκαινα), qui est son nom en grec moderne[4]. Sur les côtes de Provence on appelle la vive *araigne*[5] ou *aragno*[6] (araignée de mer), et en Espagne *aragna* et *aragniol.*

Ces dénominations ont fait penser à Rondelet que ce peut être également le *draco* et l'*araneus* des anciens naturalistes.

Rien ne paraît combattre absolument cette conjecture; au contraire, plusieurs des propriétés attribuées par les anciens à leur dragon et à leur araignée de mer, conviennent à la vive.

Pline nomme l'*araneus* parmi les poissons de mer[7], et l'accuse de faire beaucoup de mal avec les aiguillons de son dos[8]. Ælien[9], Oppien[10] en disent autant du *dragon*. Pline parle même spécialement des épines de ses opercules.[11]

L'habitude qu'a la vive de s'enfoncer dans le sable, est aussi celle du dragon, selon Pline[12], etc.

Le nom français de *vive*, que ces poissons portent sur

---

1. A Rome, selon Salvien, fol. 71. — 2. Aussi à Rome, selon Paul Jove, *De pisc. rom.*, c. 19. — 3. A Naples et en Sicile, selon Rondelet, p. 301 ; à Gênes, selon Bélon, p. 215. — 4. Rondelet, *ib.* — 5. A Marseille, selon Bélon, p. 215. — 6. A Nice, selon Risso. — 7. Pline, l. XXXII, c. 11. — 8. *Id.*, l. IX, c. 48. — 9. Æl., l. II, c. 50. — 10. Opp., l. II, v. 458. — 11. Pline, l. XXXII, c. 11. *Draco aculeos in branchiis habet et ad caudam spectantes sic ut scorpio lædit dum manu tollitur.* — 12. *Id.*, l. IX, c. 27.

nos côtes de l'Océan, et celui de *weever*, qu'on leur donne en Angleterre, viennent, dit-on, de ce qu'ils ont la vie dure et subsistent long-temps hors de l'eau.

Bélon prétend qu'on nommait de son temps la vive *poignastre*, à cause de sa forme semblable à celle d'un *poignard*; mais je crois aujourd'hui cette dénomination oubliée.

Sur les côtes de la mer du Nord, en Hollande, en Holstein, en Danemarck, on appelle la vive commune *pietermann*, *petermann*, ou au diminutif, *petermœnnchen*, et en suédois elle se nomme *fiœrsing* ou *fœrsing*; mais on se sert aussi en allemand du nom de *schwertfisch*, qui revient à notre *poignastre*.

La Méditerranée produit quatre espèces de vives, fort aisées à distinguer, et dont les auteurs du seizième siècle ont déjà distingué deux, mais que plusieurs modernes ont confondues, faute de les avoir observées par eux-mêmes, ou d'avoir osé s'en rapporter à leurs devanciers. De ces quatre espèces, deux seulement, à notre connaissance, habitent nos côtes de l'Océan; ce sont la vive commune, qui remonte jusque très-avant dans le Nord; et la petite vive, qui est encore fort peu connue, et n'a été nommée que par Ray, lequel même ne l'a pas décrite. Au contraire, il ne nous semble pas qu'il y ait des poissons de ce genre ni dans la zone torride, ni dans les mers australes, du moins n'avons-nous reçu aucune vive d'Amérique, du Cap, ni des Indes. Ce sont les percis et les pinguipes qui en tiennent la place dans ces parages éloignés.

Le poisson que l'on nomme *vive* dans nos colonies françaises des Antilles, est d'une tout autre famille, de celle des labres; c'est celui dont Bloch a fait son prétendu *coryphæna Plumieri,* et qui est pour nous un genre nouveau, que nous appellerons *malacanthe.*

A la vérité, on a rangé encore récemment dans le genre des vives [1] un poisson décrit sommairement par Osbeck, et que ce naturaliste superficiel avait nommé *trachinus Ascensionis,* parce qu'il l'avait observé à l'île de l'Ascension, et par conséquent près de l'équateur : mais ce ne peut être une vive; le seul caractère d'une dorsale unique et de ses onze rayons épineux aurait dû en avertir. D'après la description qu'Osbeck en a laissée dans la relation de son voyage à la Chine, on doit croire que c'est un serran : ses nombres de rayons indiqueraient celui que nous avons nommé *chat* (t. II, p. 280) [2]; mais la description de ses taches paraît différente.

---

1. *Trachine ponctuée,* Bonnaterre, Encyclopédie méthodique, explication des planches, p. 46. *Trachine d'Osbeck,* Lacépède, t. II, p. 363; Shaw, t. IV, 1.re part., p. 130.

2. Voici cet article d'Osbeck (Voyage aux Indes et à la Chine, traduit de l'allemand par Georgii, p. 388) :

Trachinus Ascensionis.

D. 28 (11/17); P. 18; V. 5; A. 11 (3/8); C. 16; B. 6.

Une seule dorsale, égale de la tête à la queue, dont onze rayons épineux. Pectorales et ventrales ovales. Queue cunéiforme, avec des rayons courts. Corps un peu comprimé, blanc; des taches brunes se fondant presque les unes dans les autres. Tête un peu comprimée. Opercule de trois pièces, dont la moyenne se termine par deux pointes, l'une plus grande que l'autre. Yeux près du haut de la tête, grands. Narines rondes, et encore deux ouvertures au devant de la tête. Dents nombreuses, en plusieurs rangées, longues, très-pointues; trois plus longues en haut, deux en bas. Les mâchoires égales. Excellent à manger.

La Vive commune.

(*Trachinus draco,* Linn.)[1]

La vive commune, ou *draco minor* de Salvien (*trachinus draco,* L.), est un poisson assez alongé et comprimé.

Sa longueur totale comprend sa hauteur six fois et deux tiers, et un peu plus de quatre fois la longueur de sa tête, prise jusqu'au bout de la pointe operculaire; l'épaisseur fait à peu près moitié de la hauteur. La ligne du ventre est un peu plus convexe; celle du dos est presque droite. La mâchoire inférieure va un peu en montant, et la fente de la bouche est oblique et descend d'avant en arrière. L'œil est placé à la ligne du profil, et répond sur la moitié postérieure de la ligne de la bouche, en sorte que le museau est très-court, et un peu plus large que long. L'intervalle des yeux est moitié moindre que leur diamètre, et un peu concave. Le crâne est plan, légèrement scabre, à peu près aussi large que long, sans écailles; son âpreté augmente dans les vieux individus.

Il y a des dents en velours à chaque mâchoire, sur un petit chevron en avant du vomer, sur une bande au palatin et sur une autre, plus large, au ptérygoïdien. La langue n'en a point; elle est charnue, courte, et a sa pointe libre. Les pharyngiens ont des dents en velours, ainsi que les tubercules des arcs branchiaux, qui sont courts; ceux de l'arc extérieur exceptés, qui forment de longues râtelures.

Les branches de la mâchoire inférieure, les interopercules et les sous-opercules, lisses et sans écailles, se rapprochent en dessous, quand les branchies sont fermées, de leurs analogues de l'autre côté, de manière à rendre le dessous de la tête caréné, et à cacher la membrane branchiale; mais on la découvre en les écartant, et l'on voit même alors que la fente des branchies est très-ample et

---

1. *Trachinus draco,* Linn.; *Draco minor,* Salv., fol. 71, *pisc.* XII.

s'ouvre jusque vis-à-vis la commissure des mâchoires. Leur membrane n'a que six rayons arqués, comprimés, assez forts. Il y a deux très-petites épines au bord supérieur et antérieur de l'orbite. Le cercle des sous-orbitaires est étroit, et fort loin de couvrir la joue : le premier donne, en avant de l'œil, une petite pointe qui croise sur le pédicule du maxillaire; mais le reste de ce dernier os demeure à découvert : il est nu et lisse, ainsi que les mâchoires, s'élargit en arrière et y est tronqué carrément. C'est entre cette petite pointe du sous-orbitaire et l'œil que sont les très-petites ouvertures de la narine; la seconde surtout, qui n'a point de bourrelet, se voit à peine à la loupe. La joue, la tempe et l'opercule ont de petites écailles ; mais il n'y en a pas sur le limbe du préopercule, qui est rectangulaire et un peu curviligne. Dans le frais on n'y voit aucune inégalité, mais dans le squelette, et surtout dans les jeunes sujets, son angle a trois ou quatre petites pointes plates. Les bords de l'opercule s'amincissent en une membrane qui se termine obtusément; mais sur laquelle la partie osseuse, qui est petite et trilobée, prolonge son lobe mitoyen en une forte épine pointue, qui égale presque la moitié de la longueur de la tête, et va aussi loin que l'opercule membraneux. Le surscapulaire est petit, un peu âpre, très-finement dentelé. Le scapulaire fait en arrière un angle dont le bord supérieur continue celui du surscapulaire, et a aussi de fines dentelures; mais l'huméral n'en a aucunes. La première dorsale commence au-dessus du surscapulaire; elle n'a que six épines grêles, mais fermes et très-pointues : la seconde et la troisième, les plus longues, n'ont que le tiers de la hauteur du corps : la cinquième est très-courte, et la sixième si petite que la plupart des auteurs ne l'ont pas aperçue; elles peuvent toutes se cacher dans une petite fossette du dos. La membrane très-frêle qui les unit, finit juste au pied du premier rayon de la seconde dorsale : celui-ci est articulé et branchu, comme ceux qui le suivent. Il y en a trente, qui, tous, ont un peu plus du quart de la hauteur du corps. L'anus est sous la dernière épine de la première dorsale : l'anale, qui commence aussitôt, n'a qu'une petite épine, suivie de trente-un rayons branchus, un peu moins longs que ceux du dos, mais plus épais et réunis par une membrane plus

échancrée entre eux : le dernier est placé plus en arrière que le
dernier de la seconde dorsale, et l'intervalle entre lui et la caudale
est de moitié plus court que celui qui y répond du côté du dos,
et qui n'est que le douzième de la longueur totale. La caudale en
est le septième, son bord postérieur est à peine arqué. La pectorale
est assez large : sa longueur est aussi le septième de celle du corps :
sa moitié supérieure, soutenue d'un rayon simple et de huit branchus, est tronquée carrément; l'inférieure est soutenue par six rayons
plus gros, diminuant par degrés de longueur, et qui n'ont que vers
les pointes un vestige de division. Les ventrales sortent plus avant
que les pectorales, entre la base de celles-ci et les sous-opercules.
Fort rapprochées l'une de l'autre, leur pointe va à peine aussi loin en
arrière que le dernier et le plus petit des rayons pectoraux; elles sont
assez charnues, et soutenues d'une petite épine et de cinq rayons
mous.

B. 6; D. 6 — 30; A. 1 — 31; C. 13 ou 15; P. 15; V. 1/5.

Les écailles sont disposées très-régulièrement sur des lignes qui
se portent obliquement en bas et en arrière, et dont on compte
quatre-vingts de l'ouïe à la caudale. Une de ces bandes obliques,
prise entre les deux dorsales, comprend près de cinquante écailles;
chaque écaille est rhomboïde, à angles arrondis, mince, lisse, et
paraît, seulement à la loupe, pointillée en lignes concentriques. La
ligne latérale est formée d'une suite d'écailles ovales, traversées
chacune, dans leur longueur, d'un tube simple, et marche en ligne
droite au quart supérieur de la hauteur du corps. Arrivée près
de la caudale, elle se courbe un peu vers le bas, et se perd entre
les racines du septième et du huitième rayon de cette nageoire.

Les couleurs de la vive sont assez belles; le fond en est un gris
roussâtre, plus brun vers le dos, plus pâle vers le ventre; des
taches nuageuses noirâtres y sont semées et y forment une marbrure
dirigée, en général, dans le sens des lignes d'écailles. Quelquefois
elles se réduisent à des raies étroites, et quelquefois aussi elles
s'unissent de manière à teindre tout le dos en brun. La tête en dessus est tantôt brune, tantôt gris roussâtre, piquetée de points bruns.
En général, les vieilles vives ont plus de brun. Des traits irréguliers,

d'un bleu d'azur, varient le dessous de l'œil, la tempe, le haut de
l'opercule et de l'épaule, et des taches de la même couleur sont
semées dans le brun du dos: les côtés et le ventre ont au contraire
des teintes et des taches jonquille, disposées aussi dans le sens
des lignes d'écailles, c'est-à-dire, descendant obliquement en arrière.
Une grande tache noire occupe sur la première dorsale l'intervalle
de la première à la quatrième épine; le reste est blanc. La seconde
dorsale est blanche; une large bande jonquille en parcourt toute
la longueur, et il y a une tache bleue derrière le sommet de chaque
rayon. L'anale est blanchâtre, avec une bande jonquille sur sa longueur, au milieu de sa hauteur, comme à la dorsale : ses rayons
sont gris roussâtre. La caudale est blanchâtre, à rayons bruns, à
bord noirâtre, et toute semée de taches jonquille.

La cavité abdominale de la vive a peu d'étendue en longueur, et
l'anus est fort en avant. Aussi ses intestins sont roulés en spirale
sur eux-mêmes.

Le foie est très-gros, et le lobe gauche, qui le compose presque
en entier, occupe tout l'hypocondre gauche. Le lobe droit est petit,
et donne attache à la vésicule du fiel, qui est oblongue, peu large,
et remplie d'une bile d'un jaune-brun très-foncé.

L'estomac n'a pas une capacité très-grande; il est alongé, arrondi en arrière; ses parois sont épaisses et fortement ridées à
l'intérieur. Le pylore est entouré de six appendices cœcales longues
et assez grosses. Celle qui est la première à droite est beaucoup
plus longue que les autres. L'intestin est assez gros vers le duodénum; il se rétrécit beaucoup ensuite.

La rate est grosse, et cachée dans les replis ou plutôt dans les
enroulemens de l'intestin.

Il n'y a pas de vessie aérienne. Les reins sont gros, et aboutissent
dans une vessie urinaire assez longue, mais très-peu large.

Le cerveau de la vive diffère peu de celui de la perche.

Le squelette de ce poisson a quarante vertèbres, dont dix seulement appartiennent à l'abdomen et trente à la queue; mais la
nageoire anale se porte sous l'abdomen, et ses sept premiers rayons
y sont suspendus à des interépineux qui n'appartiennent propre-

ment à aucune vertèbre, et se rapprochent par leur sommet. Dans le reste du squelette, il y a généralement un interépineux et un rayon pour chaque apophyse épineuse; les côtes sont grêles et fourchues, mais n'entourent pas tout l'abdomen.

Il est bon de remarquer que les belles teintes bleues et jaunes de la vive disparaissent assez promptement après la mort, et c'est ce qui explique comment elles ont échappé à plusieurs auteurs, et nommément au peintre employé par Ascanius.

Ce poisson atteint communément la longueur d'un pied, et il n'est pas rare d'en voir de quinze pouces.

L'espèce de la vive commune est répandue dans nos deux mers : Salvien, Rondelet, Risso, l'ont décrite dans la Méditerranée; M. de Martens l'a vue à Venise [1]; M. de Laroche nous l'a apportée d'Iviça [2], M. Savigny de Naples; nous l'avons recueillie à Marseille et à Gênes : elle est abondante dans la Manche, et on la trouve fréquemment sur les marchés de Paris. On la compte parmi les poissons de l'Angleterre [3], de l'Allemagne, du Danemarck, de la Suède; mais elle paraît plus rare dans ces trois contrées. Schœnefeld [4] dit qu'en Holstein on ne la reçoit que de l'île d'Helgoland. Ascanius [5] assure qu'à Copenhague elle ne se vend que quelquefois en été, sous le nom de *loppe* ou *puce,* et ne se sert que sur les plus grandes tables : c'est des côtes de Jutlande qu'on l'y apporte. Cet auteur ne croit point qu'elle dépasse le Categat. Linnæus et Retzius [6] n'en placent en Suède que dans la mer Occidentale, c'est-

---

1. Voyage, t. II, p. 429. — 2. *Annal. Mus.*, t. XIII, p. 331. — 3. Pennánt, *Brit. zool.*, t. III, p. 134. — 4. *Ichtyol. Holsat.*, p. 16. — 5. *Ic. rer. natur.*, p. 43. — 6. Dans les trois éditions du *Fauna suecica.*

à-dire aussi dans le Categat. Fischer, dans son Histoire naturelle de la Livonie, ne la cite point parmi les poissons de ce pays; et c'est à peine si l'on peut en croire Georgii, lorsque dans son Histoire naturelle de Russie [1] il avance qu'il y en a, quoique rarement, dans la mer Baltique. Du moins Bloch et Linnæus, qu'il cite à l'appui de son opinion, ne disent-ils rien de ce qu'il leur fait dire. A plus forte raison n'en est-il pas question dans la Faune du Groënland.

Le *trachinus lineatus* donné par Bloch dans son *Systema* (pl. 10), est précisément notre vive commune, et en a les nombres et tous les autres caractères: il ne s'y est trompé que parce qu'il avait dans son grand ouvrage (pl. 61), ainsi que nous le dirons plus bas, donné une figure grossie de la petite vive pour la vive commune.

C'est aussi cette vive commune que Pennant représente et décrit dans la seconde édition de sa Zoologie britannique sous le nom de *grande vive* (pl. 29, n.° 72): sa figure ne peut laisser aucun doute, et il est également certain que c'est notre petite vive qu'il représente, et fort exactement (pl. 28, n.° 71), sous le nom de *vive commune.*

On n'aperçoit pas non plus en quoi le *saccarailla* blanc des Basques, cité par Duhamel [2], différerait de la vive commune, à moins que ce ne soit la vive araignée : mais comment se décider sur des indications aussi incomplètes que celles de cet écrivain, quand de bonnes figures ne les accompagnent pas.

C'est au mois de Juin que la vive s'approche en plus grand nombre des rivages pour déposer ses œufs. On en prend alors beaucoup dans des filets et dans des nasses.

---

1. T. III, 7.ᵉ cah., p. 1911. — 2. Pêches, 2.ᵉ part., sect. 6, p. 235.

Elle vit de petits poissons, de petits crustacés : Ascanius a trouvé dans son estomac des filamens de zostera.

Nous ne répéterons pas tout ce que l'on a dit du pernicieux effet des épines de la vive : n'ayant aucun canal, ne communiquant avec aucune glande, elles ne peuvent verser dans les plaies un venin proprement dit; mais comme elles sont fortes et très-aiguës, elles font sans doute des piqûres profondes, qui, comme toutes les blessures de ce genre, peuvent avoir des suites graves, si l'on n'a soin de les élargir et d'en faire sortir le sang : c'est là probablement le remède le plus sûr comme le plus simple, et bien préférable à toutes ces applications vantées par les anciens.

Il paraît que la vive se sert de ses armes avec beaucoup d'adresse, ce qui la rend d'autant plus dangereuse qu'elle vit encore long-temps après avoir été tirée de l'eau. Son instinct la porte à s'enfouir dans le sable, et elle cause souvent des accidens à ceux qui marchent sur les bords de la mer, ou qui y fouillent sans précaution.

Dans beaucoup d'endroits les marchands de poissons et les pêcheurs la redoutent même après sa mort, et ne l'exposent en vente qu'après avoir coupé sa première dorsale.

La GRANDE VIVE A TACHES NOIRES *de la Méditerranée,* *ou* VIVE ARAIGNÉE.

(*Trachinus araneus,* Riss.)[1]

La grande vive de Salvien, dont nous faisons notre seconde espèce, est moins alongée que l'autre.

---

1. *Draco major,* Salv., fol. 71, *pisc.* X, copié par Willughby, pl. S. 10, fig. 1 et 2 ; *Araneus tertius,* Aldrov., *Pisc.,* p. 259 ; *Aranei species altera,* Will., p. 289 ; *Tr. araignée,* Risso, p. 109.

Sa hauteur n'est que cinq fois et un tiers dans sa longueur; sa tête est aussi plus haute, car sa hauteur fait les trois quarts de sa longueur, et dans la vive commune elle n'en fait que les deux tiers; son museau est plus court, plus vertical; son œil plus petit, moins rapproché de celui de l'autre côté. Cette espèce a constamment sept épines à sa première dorsale. On en compte à la seconde vingt-huit, et à l'anale deux épines et vingt-neuf rayons mous.

D. 7 — 28; A. 2 — 29, etc.

Le fond de sa couleur est aussi un gris roussâtre, plus pâle vers le ventre, où il est teint de jaune, mais semé partout, à la tête, au dos et aux flancs, de petites taches ou points serrés d'un brun noirâtre. Ces points pâlissent et deviennent plus rares à mesure qu'ils se rapprochent du ventre. Sous la ligne latérale, à compter de l'endroit qui répond à la pointe de la pectorale, et jusque près de la caudale, règne une suite de grandes taches noires, au nombre de six ou sept, formées de points plus rapprochés que les autres. La première dorsale est noire, avec quelque marbrure blanche à sa partie postérieure. La seconde a des suites de points bruns tantôt sur les rayons seulement, tantôt aussi sur leurs intervalles. A sa base il y a du blanc mat, et, à ce qu'il paraît, quelquefois des taches jaunes; la caudale a aussi des taches brunes bordées de jaune, ou mêlées de taches jaunes: son tiers postérieur est noir; l'anale a une bande longitudinale brune ou jaune. Les pectorales et les ventrales sont du même gris que le fond.

La figure de Salvien (aux nombres des rayons près) rend assez bien ce poisson; seulement les taches brunes, grandes et petites, n'y sont pas assez prononcées.

Les nombres que Brünnich (p. 19) attribue à sa deuxième variété du *trachinus draco* (D. 27, A. 29), semblent indiquer cette espèce-ci; mais ce qu'il dit des couleurs (p. 20) se rapporte à la suivante.

C'est l'espèce actuelle que M. Risso a décrite, bien qu'il

3. 24

n'ait pas parfaitement compté ses rayons (il lui donne
D. 6—26; A. 27, et 30 dans sa deuxième édition); qu'il lui
attribue des taches en anneaux qui appartiennent à la suivante, et qu'il ait cru la retrouver dans le *trachinus lineatus*
de Bloch, qui n'est que la vive commune. Nous jugeons
de sa synonymie par un dessin qu'il nous a communiqué.

Il nous apprend qu'elle a quelquefois dix-huit pouces
de longueur, et pèse alors quatre livres; que sa chair a plus
de goût et une saveur plus exquise que celle de la vive
commune; qu'elle se tient davantage dans la profondeur,
et passe pour moins malfaisante.

M. Savigny a rapporté cette vive de Naples, M. Biberon
de Palerme, et M. Delalande de Marseille.

La Vive a tête rayonnée.

(*Trachinus radiatus,* nob.)

Notre troisième espèce de vive n'a pas encore été nettement distinguée par les auteurs : nous soupçonnons seulement que Brunnich et M. Risso ont mêlé sa description à
celle de la précédente; mais c'est elle que Laroche a décrite
à Iviça sous le nom de *trachinus lineatus,* qu'il empruntait
mal à propos de Bloch.[1]

Il nous paraît que c'est aussi l'*araneus alter* d'Aldrovande;
mais sa figure est très-mauvaise.[2]

Nous l'avons eue de Nice et de Naples par M. Savigny,
et de Messine par M. Biberon.

Elle est fort aisée à caractériser, car elle n'a jamais que vingt-quatre

---

1. Annales du Muséum, t. XIII, p. 331 et 332. — 2. Aldrov., *Pisc.*, p. 258.

ou vingt-cinq rayons à sa seconde dorsale, et vingt-six à l'anale : sa première dorsale en a six, comme dans la vive commune ; elle est encore plus courte à proportion que les autres : sa hauteur n'est pas cinq fois dans sa longueur. Les deux pointes de son sous-orbitaire, qui croisent sur la racine du maxillaire, sont plus saillantes que dans nos deux premières ; mais son crâne et l'anneau des sous-orbitaires qui entourent l'orbite, se font surtout remarquer par des lignes de points âpres, disposées en rayons autour de certains centres, comme on en voit dans beaucoup de trigles : sa tête, d'ailleurs, ressemble, pour la forme, à celle de l'espèce commune, et elle a les yeux aussi grands et aussi rapprochés : ses écailles, ses nageoires, sont les mêmes que dans les autres espèces ; mais il y a sous la pectorale un petit repli de la peau qui se porte en arrière, en forme de pointe courte, plate et flexible, dont les précédentes n'ont qu'un vestige beaucoup moins sensible.

D. 6 — 25 ; A. 1 — 26 ; C. 13 ; P. 16 ; V. 1/5.

Sa couleur est un gris-brun roussâtre ; sur la tête sont des points bruns moins serrés que dans le *trachinus araneus*. Les individus d'âge moyen ont le dos et le haut du flanc joliment dessinés par de grands anneaux bruns ou noirs, irréguliers, entre lesquels sont des taches pleines plus petites : ces anneaux sont à peu près disposés en trois séries. On en compte huit ou neuf le long de la ligne latérale, où ils sont le plus grands, une quinzaine le long du dos, et cinq ou six le long du flanc ; mais il y a, à cet égard, comme pour le nombre des points, beaucoup de variétés, et dans les vieux individus le tout se confond et devient nuageux.

La première dorsale est, comme dans les autres, noire, avec du blanc à son arrière ; la seconde est blanche, avec du jaune à sa base, et trois séries longitudinales de taches brunes ou noires : la caudale a aussi des taches brunes et le bord noirâtre. Les autres nageoires sont grises ou roussâtres.

Les viscères de la vive radiée ressemblent à ceux de la vive commune ; les cœcums sont en même nombre, mais plus petits, et tous égaux entre eux. La rate est aussi beaucoup plus petite.

M. Rafinesque parle dans ses *Caratteri* [1] d'une vive appelée en Sicile *vaina*, qu'il décrit absolument comme notre *trachinus radiatus*, si ce n'est qu'il lui refuse des épines aux opercules [2]. Cette circonstance, si elle était vraie, l'éloignerait de ce genre ; mais nous craignons que l'auteur n'ait vu qu'un individu auquel on avait enlevé ces épines, comme les pêcheurs le font souvent pour n'en être pas blessés.

Nous avons dit que l'on a mal à propos rapporté à ce genre le *trachinus Ascensionis* d'Osbeck, qui est un serran ; mais il nous semble que c'est par une erreur inverse que l'on en a écarté son *trachinus trigloides*. La description très-incomplète qu'il en donne, nous paraîtrait même se rapporter à notre vive à tête rayonnée, mais en supposant que c'est l'imprimeur qui a mis à la seconde dorsale quatorze rayons au lieu de vingt-quatre. [3]

---

1. *Caratteri di alcuni nuovi generi e nuove specie di animali e piante della Sicilia*, p. 24.

2. *Opercoli inermi. Mascelle d' uguale lunghezza. Testa aspera. Due spine sopra ogni occhio. Prima ala dorsale nera anteriormente, e con sei raggi ; al di sopra variata e macchiata, al di sotto striata diagonalmente. Questo pesce si chiama volg.* Vaina o tracene d' alto. *La sua bocca e diagonale con pochissimi denti ; il colore della testa, del dorso, dè fianchi e la seconda ala dorsale e tutto mescolato e marmorato di macchie irregolari, alcune volte ocellate e di diverse tinte di fosco rossiccio ; il ventre e bianchiccio e solcata diagonalmente, e le ale pettorali grandi e fulve.*

3. Voici cette description telle que l'auteur l'a insérée en 1770 dans le tome IV des *Nova acta* de l'académie des curieux de la nature, p. 102, n.° 15 :

Membr. branch. oss., 6. Piuna dorsi prior minima nigra ossic., 4, quorum 1 minim [1]. Poster., 14. Pectorales.... Ventrales.... Ani.... Caudæ cuneiformis, 12. Appendices ad pinnas pectorales constanter uno aculeo utrinque [2]. Corpus albo cinereum. Venter albus. Caput verrucosum ut cutis squali majoris [3]. Oculi parvi in superiori capitis parte vicini.

1. Dans les jeunes individus on a peine à voir plus de quatre rayons, tant les deux derniers sont petits

2. On peut soupçonner qu'il a pris pour un appendice ce repli de la peau que nous avons décrit dans notre troisième espèce.

3. Ces expressions se rapportent assez aux lignes âpres de la tête de notre poisson.

La PETITE VIVE, *ou* OTTER-PIKE *des Anglais.*

(*Trachinus vipera*, nob.)

Willughby[1] et Ray[2] annoncent qu'il y a dans le nord de
l'Angleterre une vive plus petite que l'autre, qu'ils n'avaient
pas observée par eux-mêmes et que les pêcheurs nomment
otter-pike; c'est peut-être *adder-pike* (brochet-couleuvre),
ce qui se rapporte au danger de sa piqûre.

Pennant[3] dit que ce poisson ne lui est pas connu; mais
il se trompe, car c'est cette espèce qu'il représente avec
beaucoup d'exactitude sur sa planche 28, et qu'il nomme
vive commune; et c'est la vive commune qu'il représente
pl. 29 sous le nom de grande vive.

C'est aussi la prétendue variété de la vive commune,
indiquée par Gronovius[4] comme abondante sur les marchés
de Hollande; et le *bodero* ou *boiderqc* de Duhamel[5], qu'il
dit bien connu sur nos côtes de la Manche : on l'appelle
effectivement ainsi à Dieppe et dans les ports voisins.

Cette petite vive se trouve sur nos côtes, et y est très-
redoutée des pêcheurs, parce que sa petitesse même, soit
qu'elle se tienne dans le sable, ou qu'elle soit mêlée à d'autres
poissons dans un filet, fait que l'on se précautionne moins
contre elle.

Elle a deux caractères très-frappans, dont l'un la distingue
de la vive commune, et l'autre de toutes les grandes espèces
dont nous venons de parler, savoir : une seconde dorsale à
vingt-quatre rayons, et une joue presque sans écailles.

---

1. Ichtyol., t. I, p. 289. — 2. *Synops. pisc.*, p. 92. — 3. Zool. brit., 2.ᵉ édit.,
n.° 72. — 4. Mus. icht., t. I, p. 42. — 5. Pêches, 2.ᵉ part., sect. 6, pl. 1, fig. 2,
p. 135.

La ligne inférieure du corps est généralement plus convexe que dans la vive commune, ce qui la fait paraître ventrue et comprimée : sa hauteur aux ventrales n'est que quatre fois dans sa longueur, et son épaisseur trois fois dans sa hauteur. La fente de sa bouche approche plus de la verticale : ses dents inférieures du rang extérieur sont plus fortes et moins nombreuses : son crâne est plus lisse, l'écaille dentelée formée par son surscapulaire et une partie de l'omoplate est d'une autre forme, arrondie, bilobée et plus profondément dentelée. La première dorsale est mieux séparée de la seconde, sa cinquième épine étant encore plus petite à proportion, et la sixième commençant en quelque sorte la seconde dorsale, de manière qu'un observateur peu attentif pourrait ne compter à la première dorsale que quatre rayons. Les lignes obliques, formées par les écailles, sont moins marquées dans cette espèce que dans les autres.

B. 6; D. 6 — 24; A. 25, etc.

Nos individus, envoyés des côtes de Picardie par MM. Pichon et Baillon, ou recueillis par nous-mêmes sur celles de Normandie, n'ont que cinq pouces de longueur; leur dos est d'un gris roussâtre; leurs flancs et leur ventre d'un blanc argenté : la membrane qui réunit leurs quatre premières épines dorsales est noire. On voit des points ou de petites taches brunâtres le long de leur dos, et il y en a deux ou trois séries sur les rayons mous de leur seconde dorsale. Le bord postérieur de leur caudale est noirâtre. D'autres individus, venus de Granville et d'Algésiras, ont une ou deux lignes longitudinales jaunes sur chaque flanc.

Cette petite vive est pleine d'œufs et de laitance à une taille où les vives ordinaires parviennent avant d'être en état de se reproduire; ce qui achève de prouver que c'est une espèce particulière.

Les quatre vives que nous venons de décrire, sont jusqu'à présent les seules que nous ayons observées; la première de toutes, ou la *vive commune*, est constatée, quant à son espèce et quant à l'étendue des mers qu'elle habite, par les témoignages les plus positifs, à compter de Rondelet, de Salvien et de Willughby, jusqu'à Artedi et à Ascanius : nous-mêmes l'avons personnellement recueillie à Gênes, à Marseille, à Caen et à Paris ; il n'est personne qui dans la saison ne puisse chaque jour en avoir sur nos marchés. Qui pourrait croire qu'en de telles circonstances les auteurs les plus accrédités ne l'aient pas connue! Cependant cela est très-vrai.

Déjà nous avons fait remarquer que Pennant a pris la petite vive pour la vive commune, et décrit celle-ci sous le nom de grande vive.

Ce n'est qu'en admettant une semblable erreur qu'on peut expliquer la figure que Bloch donne dans son grand ouvrage[1], pl. 61, pour la vive commune, et encore faut-il supposer qu'il a changé les couleurs et étendu les dimensions de cette petite vive d'après ce qu'il avait lu de la commune. Mais comment alors ne changeait-il pas aussi les nombres des rayons? comment surtout les écrivains qui lui ont succédé[2], et qui pouvaient à chaque instant contempler ce poisson, qui d'ailleurs auraient dû être avertis de ses vrais caractères par les descriptions d'Artedi, de Gronovius, de Brünnich, d'Ascanius, etc., ont-ils copié aveuglément Bloch, et cité cependant Brünnich, Artedi et les autres, comme s'ils eussent décrit le même poisson que l'ichtyologiste de Berlin[3]? comment enfin n'ont-ils pu dé-

---

1. Cette figure n'a que cinq rayons à la première dorsale, vingt-quatre à la seconde : sa joue est nue; on ne voit pas de stries obliques sur ses flancs, etc. : tous caractères pris de la petite vive.

2. Bonnaterre, Lacépède, Shaw, Risso.

3. Bonnaterre, par exemple, cite Brünnich sur ses deux variétés, qui sont notre vive commune et notre vive araignée, et cependant il copie les nombres de rayons de Bloch.

crire par eux-mêmes notre vive commune, dont ils mangeaient si souvent, ni rien remarquer à son sujet?

Bloch, du moins, l'ayant retrouvée, l'a décrite sous le nom de *vive rayée,* mais sans remarquer que c'était la même que la *grande vive* de Pennant et que la *vive commune* de Linnæus, d'Artedi et de tous les autres.

Il faut vraiment avoir lu autant de fois que nous et avec la même attention tous ces nouveaux ouvrages, pour se faire une idée de la confusion et des erreurs qui s'y sont accumulées.

CHAPITRE XXIX.

Des Percis, des Pinguipes et des Percophis.

DES PERCIS.

Ce genre, établi par Bloch sur une seule espèce dont il n'avait qu'une figure [1], a les plus grands rapports avec les vives. On pourrait dire que les percis sont des vives à tête déprimée : c'est là, en effet, le principal trait qui les différencie; elles ont de plus le corps rond, alongé, le museau obtus, les joues renflées, la mâchoire inférieure plus avancée que l'autre, plusieurs dents en crochets parmi celles de leurs mâchoires; leur vomer en a en avant, mais il en manque à leurs palatins; leur dorsale épineuse, petite et de peu de rayons, s'unit plus complétement que dans les vives à la longue et molle qui la suit. L'aiguillon de leur opercule est plus petit que dans les vives; leur membrane branchiostège s'unit sous la gorge à sa semblable, et a de chaque côté six rayons, comme dans les vives; leurs pectorales sont tronquées de même, mais n'ont pas de rayons simples; leurs ventrales sont aussi épaisses et un peu jugulaires, quoique beaucoup moins avancées que dans les vives.

A l'intérieur, ces poissons paraissent avoir généralement l'estomac court, obtus, l'intestin à deux replis, quatre cœ-

---

1. *Ipse piscem non tractavi*, Bloch, Syst. post., p. 26.

3. 25

cums seulement au pylore, une vessie urinaire très-fourchue, et manquer de vessie aérienne.

Le PERCIS NÉBULEUX.

(*Percis nebulosa,* nob.)

Nous avons reçu plusieurs espèces de percis de la mer
des Indes, mais nous décrirons d'abord celle qui nous
paraît ressembler le plus à la figure publiée par Bloch,
sans qu'elle lui soit toutefois entièrement pareille.

Sa hauteur est cinq fois et demie dans sa longueur, et son épaisseur ne le cède que d'un cinquième à sa hauteur. La longueur de
sa tête est un peu plus de quatre fois dans sa longueur totale; la
tête est déprimée, le profil peu arqué, la courbe de la mâchoire
supérieure parabolique; l'inférieure, un peu plus aiguë, la dépasse :
la bouche est un peu protractile; quand elle se ferme, une lèvre
charnue cache le maxillaire. Il y a à chaque mâchoire un rang de
dents pointues en crochets, et en arrière dans le milieu une bande
en velours.

Les quatre dents antérieures et quelques latérales en haut, les six
antérieures en bas, sont plus longues et plus fortes que les autres,
et forment de véritables canines, surtout la plus extérieure de chaque
côté, qui dépasse encore les mitoyennes. Le devant du vomer en a
de petites coniques. Il ne s'en voit ni aux palatins, ni à la langue.
Celle-ci est ovale, assez libre, lisse et peu charnue. Le sous-orbitaire
ne se distingue point au travers de la peau. Les yeux se dirigent obliquement vers le haut; ils sont à peu près au milieu de la longueur
de la tête, et leur intervalle est plus grand que leur diamètre : le
front, le museau, les mâchoires, la membrane branchiostège, n'ont
pas d'écailles; mais la joue, la tempe, l'opercule, la poitrine, en
sont couvertes. Il y a cinq petits pores de chaque côté sous la mâchoire inférieure; des pores plus serrés suivent le bord du préopercule, dont la membrane paraît entière, mais où l'on sent quelques

crénelures sous la peau. L'opercule osseux se termine par une petite épine, et un peu plus bas il y en a une autre, divisée en quelques crénelures. L'os surscapulaire ne se montre pas, et on n'aperçoit l'huméral que par un léger repli de la peau au-dessus de la pectorale. La première dorsale ressemble à celle des vives, même par sa noirceur : la seconde la surpasse en hauteur; son dernier rayon est simple et plus grêle que les autres. Il en est de même à l'anale, qui, de plus, n'a pas d'épine en avant, ou du moins dont le premier rayon, quoique simple, est entièrement flexible. La caudale a ses angles alongés en pointes aiguës. Les ventrales, quoique sortant un peu plus avant que les pectorales, portent leur pointe presque autant en arrière. C'est leur quatrième rayon mou qui est le plus long, et qui forme leur pointe. Il n'y a aucune écaille particulière près des nageoires paires. L'anus est d'un sixième du total plus avant que le milieu.

D. 5/22; A. 1/19; C. 14; P. 15; V. 1/5.

Les écailles sont petites, il y en a plus de quatre-vingts sur une ligne entre l'ouïe et la caudale, et vingt-cinq environ sur une ligne verticale; elles sont rudes au toucher, comme dans les perches, plus longues que larges, striées finement en rayons et ciliées à leur bord externe, striées longitudinalement à leurs bords latéraux, tronquées et divisées en six ou huit crénelures à leur racine. Il y en a sur la base de la caudale, mais non sur les autres nageoires. La ligne latérale, d'abord au tiers supérieur, descend promptement au milieu de la hauteur.

Nous ne pouvons entièrement juger des couleurs de ce poisson ; mais nous y voyons deux rangs, chacun de cinq ou six grandes taches brunes et nébuleuses : celles du rang au-dessus de la ligne latérale sont plus grandes, de forme à peu près carrée, avec des interruptions dans leur milieu; elles s'élèvent jusqu'à la dorsale : celles du dessous de la ligne latérale sont plus petites et plus rondes.

La première dorsale est d'un noir profond, avec un trait vertical blanc en avant de sa troisième épine, et une tache blanche depuis la cinquième jusqu'à la fin. La seconde est blanche avec quatre points ou petites taches brunes dans chaque intervalle de rayons, ou brune avec des points blancs placés de la même manière. On voit aussi des lignes blanches en travers de la caudale. Les autres nageoires n'ont point de taches.

L'estomac de ce percis est court et obtus; il n'y a à son pylore que quatre cœcums, dont un fort court. L'intestin, assez large, fait deux replis et s'élargit à l'approche de l'anus. Le foie est fort petit, la vessie urinaire est profondément bifurquée. Il n'y a point de vessie aérienne. La cavité abdominale est en général peu étendue.

Son squelette n'a que trente vertèbres , dont dix abdominales. La dernière de celles-ci a ses apophyses transverses jointes par une traverse qui forme un anneau : les côtes sont grêles et fourchues.

Nos individus sont longs de six et de huit pouces. Il nous en est venu de l'île de Bourbon par M. Leschenault, et de la baie des Chiens-Marins, à la Nouvelle-Hollande, par MM. Quoy et Gaymard.

Nous avons trouvé dans la collection de Broussonnet un percis, long de sept pouces, presque en tout semblable au précédent, et que nous en regardons comme une variété.

Sa première dorsale est toute noire; la deuxième est grisâtre, avec des taches transparentes. La caudale a des raies brunes sur un fond transparent, et l'anale des raies obliques transparentes , sur un fond brunâtre. Le corps paraît d'un gris-brun jaunâtre, avec des traits nuageux d'un gris-noirâtre presque effacé.

L'origine de ce poisson n'est pas indiquée.

Le Percis tacheté.

(*Percis maculata*, Bl., Schn., pl. 38.)

Si la figure publiée par Bloch est fidèle, son *percis maculata* est assez différent de notre *nebulosa,*

Tout son corps paraît d'un gris jaunâtre ; une suite de six grandes taches rondes d'un brun noir occupe le dessus , et une suite pareille le dessous de sa ligne latérale. Des petites taches de même couleur sont semées sur sa tête et ses opercules, et il y a au-devant de chaque œil quatre lignes longitudinales, et sur la dorsale et l'anale cinq ou six bandes presque verticales, brunes. Ses pectorales et ses ventrales sont coloriées en orangé : sa caudale est arrondie, et a des rangées transversales de points bruns.

D. 5/23 ; A. 1/17, etc.

L'individu de Bloch venait de Tranquebar.

Le Percis ponctué.

(*Percis punctata*, nob.)

Une autre espèce, que nous appellerons *percis punctata,* a la tête plus large, le museau plus court, les yeux beaucoup plus grands, les dentelures des préopercules plus sensibles, les écailles plus grandes (il y en a soixante seulement en longueur), la partie épineuse de la dorsale moins relevée du milieu, ses épines moins inégales. Les taches de dessous la ligne latérale lui manquent, et celles d'au-dessus ont leur partie inférieure plus noire : la supérieure, qui touche à la dorsale, est presque effacée ; sur la nuque sont deux ou trois rangées transversales de taches plus petites : la rangée de derrière les yeux, qui est la plus prononcée, a six de ces taches. La dorsale épineuse n'est pas noire, mais pâle comme le fond de la molle : sur celle-ci il y a trois points bruns dans chaque inter-valle des rayons. La caudale n'a pas ses angles si pointus que dans l'espèce précédente ; elle est irrégulièrement rayée en travers de six ou sept lignes brunes : les autres nageoires et le ventre n'ont point de taches. La membrane branchiale es tpeu fendue, et l'on a peine à y distinguer le sixième rayon.

D. 5/21 ; A. 19 ; C. 15 ; P. 15 ; V. 1/5.

L'individu est long de sept pouces : nous l'avons trouvé au Cabinet du Roi, et n'en connaissons pas l'origine.

Le Percis pointillé.

(*Percis punctulata,* nob.)

Une troisième espèce, que nous appellerons *percis punctulata,*

a le museau un peu moins obtus que les précédentes : pour le détail des formes elle ressemble davantage à la première.

Ses nombres sont :

B. 6; D. 5/21; A. 19; C. 15; P. 15; V. 1/5.

Sa couleur est d'un gris roussâtre sur le dos, plus pâle sous le ventre : sur son museau sont des taches rondes et irrégulières, blanchâtres, cerclées de brun : son dos a sur son milieu six ou sept bandes transverses d'un brun pâle, et sur le tout, trois rangées de points ou de petites taches noires de chaque côté de la dorsale : sur la nuque il y en a sept; elles diminuent de nombre sur le crâne et y grossissent un peu : la joue et l'opercule ont des points et des lignes brunes : de chaque côté du ventre et de la queue, par conséquent au-dessous de la ligne latérale, sont dix ou douze grandes taches brunes. La partie épineuse de la dorsale est noire, et son bord supérieur blanc : sa partie molle a trois taches noires ou brunes dans chaque intervalle des rayons; les supérieures sont en partie grises, cerclées de noir ou de brun. La caudale, coupée carrément, a trois petits points dans chacun de ces intervalles et dans la moitié voisine du bord. Cinq taches noires règnent vers la base de l'anale, et il y a plus près de son bord un point noir dans chaque intervalle. L'individu n'a que cinq pouces.

Il a été rapporté de l'Isle-de-France par MM. Lesson et Garnot.

Le Percis cylindrique.

(*Percis cylindrica,* nob.)[1]

Notre cinquième espèce est incontestablement le *sciœna cylindrica* de Bloch (pl. 299, fig. 1), et nous lui conservons cette épithète, bien qu'elle ne soit guère plus cylindrique que les autres espèces, ses congénères.

Son museau est encore un peu plus pointu qu'aux précédentes, ses canines encore mieux prononcées; la pointe inférieure de son opercule est plus aiguë et non crénelée; ses ventrales sont presque tout-à-fait sous ses pectorales. La séparation de sa dorsale épineuse est aussi prononcée que dans la première espèce, et peut-être davantage : ses nombres sont à peu près les mêmes.

B. 6; D. 5/21; A. 18; C. 15; P. 15; V. 1/5.

Le brun est distribué sur le pâle de son corps de manière à y former trois bandes longitudinales, et neuf ou dix transversales, qui se croisent, mais dont les bords sont nuageux et irréguliers. Sa première dorsale est noire, avec une tache blanche dans chaque intervalle de ses rayons. La seconde a des points bruns sur une partie de ses rayons. Il y a aussi de ces points dans les intervalles des rayons de la caudale, et l'on voit sur l'anale des lignes obliques brunes, qui alternent avec d'autres lignes d'un blanc opaque.

Notre individu n'a que quatre pouces et quelques lignes; il vient des Moluques : celui de Bloch en avait six.

Seba a donné une mauvaise figure de cette espèce (t. III, pl. 27, fig. 16), dont Bloch a imaginé de faire (*Syst. posth.,* p. 335, n.° 14) son *bodianus Sebœ.*

---

1. *Sciœna cylindrica,* Bl., pl. 299, fig. 1; *Sciène cylindrique,* Lacép., t. IV, p. 314; *Bodianus Sebœ,* Bl., Schn., p. 335.

Le Percis treillissé.

(*Percis cancellata,* nob.)

La plus belle espèce de percis que nous ayons encore vue, est celle que nous appellerons *cancellata.* M. de Lacépède en a donné à la planche 13 de son deuxième volume, fig. 3, une figure fort exacte, à l'oubli près d'une épine à la dorsale, et l'a décrite (t. III, p. 428 et 473) sous le nom de *labre tétracanthe.* Nous avons constaté cette identité sur l'original même dont il s'est servi. Son *bodian tétracanthe* (t. IV, p. 285 et 302) est encore très-probablement la même espèce; mais comme ce bodian tétracanthe n'est caractérisé que par le nombre de ses rayons, il ne serait pas impossible non plus que ce fût l'un des percis précédens : toujours est-ce bien sûrement un percis et non un bodian.

L'individu que nous décrivons a près de neuf pouces.

Sa forme est à peu près celle de notre première espèce : le lobe membraneux de l'os claviculaire est plus marqué ; la dorsale épineuse plus basse et plus liée à la molle ; les petites dents de sa mâchoire supérieure sont serrées et égales comme à une fine scie, excepté les douze antérieures, qui sont plus fortes et crochues ; en bas il y en a six de ces fortes en avant et trois de chaque côté, séparées des antérieures par de petites, serrées comme celles d'en haut. La joue est bien convexe; mais on n'aperçoit point à la vue que le préopercule soit crénelé.

Dans la liqueur ce poisson paraît d'un gris roussâtre. Des bandes verticales plus foncées, lisérées de blanc, partent alternativement en dessus et en dessous d'une bande longitudinale, et vont, les unes vers la dorsale, près de laquelle elles se bifurquent; les autres vers le ventre, où elles rejoignent, en se rétrécissant, celles de l'autre côté. Des points bruns sont épars dans les intervalles ; on voit en outre de chaque côté de la nuque, à peu près à l'endroit du surscapulaire, une tache ronde, blanchâtre, semée de points bruns, entourée d'un cercle brun et d'un cercle blanc. Sur le front sont quelques traits bruns et quelques points blancs; il y a aussi quelques traits blancs au bas de la joue, sur laquelle on aperçoit des vestiges d'une large bande verticale brun pâle. Il paraît y en avoir aussi eu une semblable sur l'opercule. La dorsale est blanchâtre; sa partie épineuse est très-basse, et paraît avoir été noirâtre avec une bande blanche au milieu. Trois gros points brun-noirs occupent chaque intervalle des rayons de sa partie molle; l'anale n'a que cinq ou six de ces points, et sur une seule ligne, à sa partie postérieure. La caudale a aussi des points bruns dans les intervalles de ses rayons, et de plus, il y a près de sa base à son bord supérieur une tache ronde, brune, cerclée de jaunâtre, qui, ainsi que les deux de la nuque, forme un véritable ocelle; ses angles sont un peu aiguisés en pointes. Dans cette espèce la pointe des ventrales ne dépasse pas les pectorales.

B. 6; D. 5/22; A. 1/17; C. 15; P. 17; V. 1/5.

Il faut remarquer que nous avons décrit les couleurs d'après un individu conservé depuis long-temps dans la liqueur, en sorte que les nuances peuvent en avoir changé; mais la distribution en est toujours exacte.

Le Percis ocellé.

(*Percis ocellata,* nob.)

Le *caboes-laowf* de Renard (t. I, pl. 6, n.° 42) est un percis voisin de nos trois premières espèces par ses taches, et de la cinquième, par l'ocelle qu'il a au bord supérieur de la caudale. Son genre se juge aisément par sa forme générale et par la petitesse de sa dorsale épineuse. La figure fait ce poisson brun, avec trois rangs de taches noires le long de chaque côté du corps, et des ocelles

3.   26

blancs, bordés de noir dans les intervalles des rayons de la dorsale et de l'anale ; la caudale n'a qu'un seul de ces ocelles, placé comme dans notre *percis cancellata.* Voilà tout ce que nous pouvons en dire ; et l'on sait que l'on ne peut, pour les détails des formes non plus que pour le nombre des rayons, se fier à ces images grossières, faites par des Indiens sous les yeux d'hommes qui n'étaient pas naturalistes.

Nous ne rappelons donc cette figure que pour engager les voyageurs à en retrouver, s'il se peut, l'original, qui donnera probablement une espèce de plus à ce genre.

Le PERCIS A SIX OCELLES.

(*Percis hexophtalma,* Ehrenb.)

M. Ehrenberg a rapporté de Massuah, sur la mer Rouge, deux espèces particulières de percis.

La première, qu'il nomme *hexophtalma*, est verte et a le dessus du corps vermiculé de noir. Le crâne est ponctué de noir. Des lignes noires étroites traversent verticalement sa joue et ses opercules. Au-dessous de la ligne latérale sont des taches brunes et nuageuses, et plus bas encore, mais au-dessus de l'anale, sont de chaque côté trois taches noires, entourées chacune d'un cercle jaune. La première dorsale a une grande tache noire sur sa base, du deuxième au quatrième rayon. La dorsale a deux ou trois points bruns dans les intervalles de ses rayons, et deux lignes longitudinales jaunes. Un point brun entre deux raies jaunes occupe chacun de ces intervalles à l'anale. La caudale est pointillée de brun, et a une très-grande tache noire, bordée d'une ligne rougeâtre, tache qui occupe le milieu de sa hauteur et s'étend jusqu'au tiers de sa longueur.

D. 5/19 ; A. 17 ; C. 17 ; P. 17 ; V. 4 ?

L'individu est long de huit pouces.

M. Ruppel vient de représenter ce poisson dans le dixième cahier de son Atlas (pl. 5, fig. 2), mais sous le nom de *percis cylindrica,* que nous ne pouvons lui conserver, puisque nous avons été obligés de le donner à une des espèces précédentes.

Le PERCIS MULTOCELLÉ.

(*Percis polyophtalma,* Ehrenb.)

L'autre espèce de Massuah, nommée par M. Ehrenberg *percis polyophtalma,*

ne diffère de la précédente que parce que l'intervalle de ses yeux est plus étroit, qu'il y a sur sa joue des points et non des lignes, et que sept taches ocellées s'étendent depuis la pectorale jusqu'auprès de la caudale le long du bord inférieur du tronc : la tache de la caudale est la même, et la taille aussi.

D. 5/19 ; A. 1/17, etc.

Le PERCIS COLIAS.

(*Percis colias,* nob.) [1]

Qui croirait que dans l'ouvrage même où le genre des percis a été établi pour la première fois, une de leurs plus grandes espèces ait été placée dans un autre genre et dans une famille entièrement différente ? C'est cependant ce qui est arrivé; car le *gadus colias,* décrit par Forster à la Nouvelle-Zélande, qui est devenu l'*enchelyopus colias* du *Systema* de Bloch (édit. de Schn., p. 54, n.° 12), est un

---

1. *Gadus colias,* Forster (manuscrits); *Enchelyopus colias,* Schn., *Syst.* de Bl., p. 54.

vrai *percis*. Nous nous en sommes assurés non-seulement par sa description telle qu'elle est insérée dans l'ouvrage cité, mais encore par sa figure, conservée à la bibliothèque de Banks.

L'individu vu par Forster était long de vingt pouces.

Le dessus de son corps était d'un bleu noirâtre, glacé de vert. Il avait les flancs d'un bleu tirant sur le brun ; l'abdomen d'un blanc bleuâtre ; les nageoires d'un bleu noirâtre ; des taches noires à l'opercule et à l'arrière de la dorsale, des écailles striées aux bords ; les opercules écailleux ; le front et la nuque plans ; les lèvres épaisses ; les dents antérieures plus grandes, coniques, crochues ; les postérieures petites, serrées ; la langue lisse ; une épine plate à l'opercule : ses ventrales étaient aiguisées en pointe, et sa caudale tronquée et écailleuse.

D. 5/25 ; A. 1/17 ; C. 18 ; P. 20 ; V. 1/5.

Forster ajoute B. 7 ; mais je doute fort de ce nombre.

On l'avait pris sur un fond de roche, près la Nouvelle-Zélande.

Le PERCIS NOIR ET BLANC.

(*Percis nicthemera*, nob.)

MM. Lesson et Garnot, naturalistes de l'expédition de M. Duperrey, viennent de rapporter de la Nouvelle-Zélande un poisson qui nous semblerait être le même que celui de Forster, si le nombre des rayons de sa dorsale n'était très-différent.

C'est du *percis punctata* qu'il se rapproche le plus par la forme large et obtuse de sa tête. Ses yeux sont plus petits à proportion, et leur intervalle de moitié plus grand que leur diamètre. Ses dents sont comme aux autres, mais la proportion des grandes est moins considérable ; il n'y en a que trois à son vomer. C'est à peine si l'on sent au doigt quelque inégalité au préopercule. La pointe inférieure de l'opercule est peu saillante. La partie épineuse de sa dorsale est très-basse, et le cinquième rayon, qui est le plus long, ne fait encore guère que le tiers du premier mou. Le front, le museau, le sous-orbitaire, la moitié inférieure de la joue, les mâchoires, la membrane branchiostège, n'ont pas d'écailles. Du reste, ce poisson ressemble en tout aux autres percis; il a de même les pectorales tronquées, les ventrales un peu jugulaires, charnues et pointues; la caudale un peu écailleuse, proéminente de ses angles; les écailles plus longues que larges, ciliées, à dix ou douze crénelures en arrière; une membrane des ouïes peu échancrée, etc.

B. 6; D. 5/20; A. 17; C. 17; P. 19; V. 1/5.

La moitié supérieure de son corps est d'un brun foncé, l'infé-rieure blanchâtre; ces deux couleurs bien tranchées. Sur le blan-châtre des flancs, il y a un petit point brun à la rencontre de chaque écaille. Cinq taches brunes, l'une au-dessus de l'autre, occupent chacun des intervalles des rayons mous de la dorsale : sa partie épineuse est toute brune. La caudale est brunâtre à son lobe supé-rieur, blanchâtre à l'inférieur. Les pectorales sont grises, les ven-trales et l'anale blanches et sans taches.

Notre individu est long de quatre pouces.

Ce percis nicthemère a le foie volumineux, profondément divisé en deux lobes, dont le gauche est plus gros que le droit de près d'un tiers. La vésicule du fiel est longue et étroite.

L'œsophage est très-large, peu long, à parois très-épaisses : l'es-tomac en est la continuation, sans qu'il y ait le moindre étrangle-ment qui marque le cardia : il est plissé en dedans par de grosses rides irrégulières.

Le pylore s'ouvre à la partie inférieure de l'estomac : il a quatre cœcums, dont deux en avant, et deux en arrière, plus gros et plus courts.

Le duodénum est fort gros. L'intestin se courbe un peu vers le haut, et se porte jusqu'auprès de l'anus, où il se plie pour remonter vers le diaphragme. Dans cette portion ses parois sont épaisses.

Parvenu presque au tiers de la longueur de l'abdomen, cet intestin remonte vers l'épine, en faisant un coude à angle droit, et il se courbe encore sous le même angle, pour se rendre à l'anus.

Les vésicules séminales sont fort petites.

Les reins sont longs, très-peu gros, et ils versent l'urine dans une vessie à deux cornes assez longues, blanche, et dont les parois sont très-minces.

Le Percis a demi-bandes.

(*Percis semifasciata*, nob.)

Le Cabinet du Roi possède encore une belle espèce de ce genre, qui lui est venue du Cabinet de Lisbonne et dont l'origine n'est pas marquée.

Sa longueur est de vingt-deux pouces. Dans l'état sec le dos paraît brun et le ventre jaunâtre. De petites taches plus foncées sont semées sur tout le brun du dos, et d'espace en espace elles se rapprochent pour former, sous la dorsale molle, cinq bandes verticales, qui descendent jusques un peu au-dessous de la ligne latérale. Il y en a une sixième, moins marquée, sur la queue. Une grande tache brune se voit dans chaque intervalle des rayons mous de la dorsale au tiers de leur hauteur : les autres nageoires sont sans taches. La joue et l'opercule ont de petites écailles.

Du reste cette espèce a tous les caractères du genre. Ses rayons dorsaux surpassent encore en nombre ceux de l'espèce de Forster.

B. 6 ; D. 5/26 ; A. 24 ; C. 17 ; P. 18 ; V. 1/5.

DES PINGUIPES,

Et du Pinguipes du Brésil.

(*Pinguipes brasilianus*, nob.)

Tous les percis ont plus ou moins la tournure extérieure d'un labre, et notre *percis cancellata* l'a assez pour avoir fait illusion à un grand naturaliste.

Nous avons reçu d'Amérique un poisson qui ne peut être placé qu'auprès des percis, et dont la ressemblance avec les labres est encore plus frappante que la leur, au point que nous-mêmes l'aurions rapporté peut-être à ce genre, si les dents de son vomer ne nous en eussent détournés dès le premier abord.

Sa forme lourde, ses lèvres charnues qui avancent et couvrent ses dents, sa dorsale à peu près d'une venue, ses dents fortes, coniques et un peu crochues, rappellent en effet les labres de tout point; mais ce poisson n'a pas leurs doubles lèvres, c'est-à-dire que son sous-orbitaire n'a point de production membraneuse pendante sur la vraie lèvre. Outre ses dents vomériennes, il en a aux palatins; circonstance par laquelle il se distingue principalement des percis proprement dits, en même temps que des labres, et qui nous a déterminés à en faire un sous-genre à part.

Son corps est presque cylindrique en avant, un peu comprimé vers la queue, et y diminue peu de hauteur : sa hauteur aux pectorales est cinq fois et un tiers dans sa longueur totale; sa tête occupe le quart de cette longueur; elle est assez épaisse de droite à gauche; son profil descend obliquement : l'œil est plus près de la nuque que du bout du museau, et l'intervalle des yeux est plus grand que leur diamètre ; la bouche n'est pas fendue jusque sous l'œil; la mâchoire supérieure a tout autour une rangée de dents fortes, pointues, un peu crochues, serrées, presque égales, et derrière elles une forte bande en velours. A l'inférieure il y en a cinq ou six de chaque côté, dont la première et la dernière plus grandes, ensuite de coniques courtes et mousses. Derrière les crochues seulement est une large bande en velours. Le chevron du vomer en a cinq ou six grosses, coniques, et quelques autres plus petites. Les palatins en ont de petites coniques, d'abord en groupes, et ensuite sur une rangée. Les pharyngiennes sont en velours, sauf les postérieures, qui sont plus grosses et coniques. La membrane des ouïes, garnie de six forts rayons, s'unit à sa semblable sous la gorge, comme dans les percis, et est peu échancrée. Il n'y a d'écailles ni au museau, ni au sous-orbitaire, ni aux mâchoires, ni à la membrane des ouïes, ni à l'interopercule; mais le limbe du préopercule en a de petites, ainsi que la joue et l'opercule. Elles sont sensiblement plus grandes sous le corps qu'au dos, toutes brièvement ciliées au bord visible, un peu plus longues que larges, coupées carrément à la racine, et à douze ou quinze rayons à leur éventail, en sorte qu'on voit à peine leurs crénelures. On en compte plus de quatre-vingts sur une ligne, de l'ouïe à la caudale, et une trentaine sur une ligne verticale. La ligne latérale, à peu près droite, se marque peu et par des taches simples. Les ventrales sont un peu jugulaires, pointues, et très-charnues, surtout vers le bord externe; elles ne dépassent pas les pectorales : celles-ci sont médiocres, arrondies, sans troncatures et sans rayons simples. La dorsale commence un peu plus en arrière que la pectorale ; sa partie épineuse, d'abord un peu plus basse que la molle, s'élève par degrés, de manière à s'y unir sans aucune échancrure ni ressaut : cette nageoire finit en angle en arrière, mais ne s'aiguise pas en pointe, ni l'anale non plus. La caudale est coupée carrément, et chacun de ses angles fait un peu la pointe; elle a de petites écailles entre les bases de ses rayons, mais les autres nageoires n'en ont pas.

B. 6; D. 7/27; A. 1/26; C. 17; P. 17; V. 1/5.

Ce poisson est d'un brun roussâtre sur le dos, du moins il paraît tel dans la liqueur et à l'état sec. Le ventre est plus pâle, et il descend quelques productions du brun sur le pâle. Le bord de sa dorsale et de son anale paraît un peu noirâtre, et il y a du blanchâtre à leur base; mais cette description des couleurs est peut-être fort éloignée de l'état frais.

Nous en avons des individus de plus d'un pied.
C'est feu M. Delalande qui a rapporté cette espèce re-

marquable du Brésil. On ne voit pas qu'elle ait été décrite par les voyageurs précédens ; mais peut-être se trouve-t-elle confondue parmi leurs labres. M. Valenciennes en a vu aussi un bel individu dans le Musée de Berlin.

DES PERCOPHIS,

Et du Percophis du Brésil.

(*Percophis brasilianus*, nob.)

C'est ici l'une des plus belles découvertes des natura-listes de l'expédition de M. Freycinet (MM. Quoy et Gaymard). Ils ont trouvé ce poisson à Rio-Janéiro, où il doit être rare, car Margrave n'en parle point, et ni M. Delalande ni M. Auguste Saint-Hilaire ne l'ont rapporté de leurs voyages au Brésil. Cependant il y en a aussi un individu au Musée de Berlin, envoyé par M. d'Olfers.

La réunion singulière qu'il offre des caractères des perches avec la forme des serpens, nous a déterminés à lui donner ce nom composé de *percophis,* que MM. Quoy et Gaymard lui ont conservé : c'est le *percophis fabre* du Voyage de M. Freycinet (zool., p. 351, pl. 53, fig. 1 et 2).

Parmi les poissons, c'est aux sphyrènes qu'il paraît au premier coup d'œil ressembler le plus par son corps alongé, sa tête pointue, sa mâchoire inférieure proéminente et ses dents crochues; mais la position jugulaire de ses ventrales, et la longueur de sa dorsale et de son anale, ne permet-tent pas de conserver long-temps cette idée. C'est évidem-ment un genre différent de tous ceux qui avaient été éta-

3.

blis avant nous, et même de tous ceux dont nous avons rempli le présent ouvrage.

Le *percophis* a le corps alongé et cylindrique; sa hauteur, égale à sa largeur, est près de douze fois dans sa longueur totale; sa tête est déprimée, alongée, et fait un peu moins du quart de sa longueur. L'œil est au tiers antérieur de la tête; la bouche est fendue jusque sous l'œil : les deux mâchoires sont un peu pointues en avant; l'inférieure dépasse l'autre. La supérieure a en avant, de chaque côté, cinq fortes dents crochues et très-pointues, et de plus des dents en velours, dont celles du rang extérieur un peu plus distinctes, serrées, grêles et très-pointues. Le vomer a, en avant, un large triangle, et chaque palatin une large bande de dents en velours, et à leur bord externe un rang de dents fines, pointues et serrées comme à l'intermaxillaire. La mâchoire inférieure a un rang de dents pointues, dont huit ou dix en avant, et surtout quatre ou cinq de chaque côté, sont plus grandes. En dehors de celles-ci en est un rang de très-petites, très-fines et très-serrées. La langue est lisse, mince, libre, tronquée en avant. Le maxillaire ne se cache point sous le sous-orbitaire, il se porte en arrière, en s'élargissant, jusque sur l'angle des mâchoires, et il y est tronqué obliquement. Le sous-orbitaire ne se marque ni par des dents ni par des épines, et s'unit au reste du museau sous les mêmes écailles. Le préopercule est arrondi; son os n'a pas de dents, mais son bord est un peu élargi par une petite membrane mince et dentelée. L'opercule osseux se termine en pointe plate; les ouïes sont très-fendues, et les opercules peuvent s'écarter beaucoup pour en agrandir encore l'ouverture; leur membrane, très-échancrée, a sept rayons, dont le septième est fort petit. Les os de l'épaule n'ont point d'armure particulière. La pectorale fait un peu moins du septième de la longueur; elle est obtuse. La ventrale est un peu plus courte, et implantée de manière que la base de la pectorale répond au milieu de sa longueur; sa forme est pointue. La première dorsale commence sur le milieu de la pectorale et finit un peu en arrière de sa pointe; ses premiers rayons, qui sont les plus élevés,

égalent le corps en hauteur. Tous sont très-minces, et leur pointe
ne peut piquer. La distance entre les deux dorsales égale la longueur de la première; la seconde se continue jusque très-près de
la caudale; l'anale est bien plus longue encore; elle commence sous
la fin de la première dorsale, et va aussi loin en arrière que la seconde, et même un peu plus. Entre ces deux nageoires et la caudale
est un espace égal au dix-huitième de la longueur totale. La caudale paraît avoir été carrée; mais elle est usée dans notre individu :
elle est garnie à sa base de petites écailles.

B. 7; D. 7 — 31; A. 42; C. 15; P. 18; V. 1/5.

Il y a environ cent trente écailles entre l'ouïe et la caudale, et
environ trente sur une ligne verticale, toutes plus longues que larges, ciliées et pointillées à la partie visible, striées sur les côtés,
coupées carrément à leur racine : leur éventail a quinze rayons,
et les crénelures de leur bord radical sont à peine visibles. Toute
la tête en est couverte, excepté les mâchoires et la membrane des
branchies.

Ce poisson est en dessus d'un gris-brun foncé, en dessous d'un
gris argenté. Notre individu est long de treize pouces. Il n'avait
malheureusement pas conservé tous ses viscères. Nous ferons remarquer seulement que sa cavité abdominale se prolonge en arrière
de l'anus, sur la nageoire anale, d'une longueur à peu près égale à
la moitié de la distance de l'œsophage à l'anus. A en juger par les
restes du foie que nous avons trouvés, ce viscère doit être petit et
profondément divisé en deux lobes égaux et étroits. L'œsophage se
continue avec l'estomac, qui forme un sac alongé, arrondi en
arrière, occupant plus de la moitié de la longueur de l'abdomen :
ses parois sont minces et plissées en dedans. On pouvait encore
juger que ce poisson manque de vessie natatoire.

CHAPITRE XXX.

Des Uranoscopes.

On a nommé ainsi dès l'antiquité un acanthoptérygien de la Méditerranée à deux dorsales rapprochées, à ventrales situées sous la gorge, à grosse tête carrée, sur le bout de laquelle la bouche est fendue verticalement, tandis que les yeux sont placés sur le milieu de sa face supérieure, et ne peuvent ainsi regarder que le ciel; c'est de là que vient ce nom d'*uranoscope* (d'ἐρανὸς et de σκοπέω), qui doit s'étendre aujourd'hui à un genre dans lequel nous connaissons déjà huit et peut-être dix espèces.

La grosse tête dure et chagrinée des uranoscopes et la largeur de leurs sous-orbitaires nous avaient pendant quelque temps portés à penser que ce genre a le caractère des joues cuirassées, tel que nous le verrons dans les scorpènes, les cottes et les trigles; et cette idée ne laissait pas que de nous embarrasser, parce que d'un autre côté nous lui trouvions avec les vives des rapports tels que nous l'en aurions éloigné avec peine. Un examen attentif de l'uranoscope d'Europe a fini par nous faire reconnaître que le sous-orbitaire ne s'y articule point, comme dans les joues cuirassées, avec le bord montant du préopercule, mais seulement avec une plaque osseuse, qui est au-dessus et qui fait partie de l'os tympanique.

Les espèces d'uranoscopes étrangères ont bientôt porté cette remarque jusqu'à la démonstration; car dans plusieurs d'entre elles le sous-orbitaire est demeuré sans équivoque fort éloigné du préopercule.

Nous considérons donc les uranoscopes, ainsi que les vives, comme des poissons plus rapprochés des perches que les joues cuirassées proprement dites; et comme ils tiennent aux vives par la position jugulaire de leurs ventrales, par leurs larges pectorales, par leur anus situé très en avant, par la petitesse de leur première dorsale, par les bandes obliques que forment les écailles sur leurs flancs, nous les plaçons très-près des vives; Artedi les en avait encore plus rapprochés, puisqu'il avait placé les vives et les uranoscopes dans le même genre.

Les uranoscopes sont au reste très-faciles à distinguer des vives par leur grosse tête cubique, aussi large que longue, aplatie en dessus, et parce que c'est leur épaule, c'est-à-dire leur grand os huméral, et non leur opercule, qui porte une épine plus ou moins forte, susceptible de leur servir d'arme offensive et défensive. Ils ont six rayons aux branchies, des dents aux mâchoires, au vomer et aux palatins, des pectorales amples; la première dorsale petite et faible, quelquefois même elle n'est pas séparée de la seconde; celle-ci et l'anale sont assez longues; l'épine de leurs ventrales se cache dans la base de leur premier rayon mou; un caractère remarquable, c'est que leur ligne latérale remonte vers le dos, et suit de très-près la base de leur deuxième dorsale. Ils en ont un autre à l'extérieur dans la longueur de leur dorsale; mais le plus singulier c'est le lambeau long et étroit qu'ils portent dans l'intérieur de la bouche au-devant de la langue, et qu'ils paraissent pouvoir faire sortir à volonté. Comme ce sont en général des poissons solitaires, qui se tiennent dans la vase et dans le sable, ils paraissent user de cette lanière cutanée pour attirer les petits poissons.

*L'*URANOSCOPE VULGAIRE.

(Uranoscopus scaber, Linn. *et al.)* [1]

L'uranoscope de nos mers a, comme tous les autres,
le crâne et tout le profil dans le même plan, et formant la face
supérieure du cube de sa tête. Ses joues et ses opercules descendent
verticalement, et forment les faces latérales; sa mâchoire inférieure,
remontant dans une direction également verticale, au-devant de la
supérieure, donne la face antérieure de ce cube, et la face inférieure
est occupée par la poitrine. La bouche est fendue verticalement
derrière et à peu près parallèlement à la face antérieure du cube.
Les yeux s'ouvrent sur sa face supérieure, et regardent directement
vers le ciel, leur pupille même se dirigeant vers le haut, et non
vers le côté, comme dans les raies et d'autres poissons qui les ont
aussi à cette face. La poitrine remplit à la face inférieure le vide que
laissait l'avancement et le redressement de la mâchoire, et c'est sous
cette face que s'attachent les ventrales, en sorte qu'il n'y a aucun
poisson à ventrales plus complétement jugulaires. A partir de la
nuque, le corps, qui est d'abord rond, diminue de grosseur et se
comprime un peu, en sorte qu'au total sa forme est celle d'un cône:
son diamètre aux pectorales est compris cinq fois dans sa longueur
totale; la longueur de sa tête, depuis le devant de la mâchoire
inférieure, si on ne la prend que jusqu'à la nuque, y est quatre fois
et trois quarts; si on la prend jusqu'au bout de l'opercule, trois fois
. et deux tiers.

Le crâne est une plaque horizontale, à surface entièrement chagrinée, quadrangulaire, de figure un peu plus large que longue,
un peu élargie en arrière, légèrement excavée de chaque côté par
un enfoncement longitudinal. Au bord antérieur de cette plaque,
et dans le même plan, sont les orbites, séparés l'un de l'autre par

---

1. Bloch, pl. 163; Lacépède, t. II, pl. 11, fig. 1, etc.

un espace égal en largeur à leur diamètre : espace dont le milieu est profondément échancré en demi-cercle, pour le mouvement des pédicules des intermaxillaires, en sorte que chaque orbite, du côté de cette échancrure, n'est cerné que par une apophyse étroite de l'os du front, chagrinée comme le reste du crâne ; mais que l'échancrure même est couverte simplement d'une membrane molle et lisse. L'orbite a sa moitié externe cernée par les sous-orbitaires ou plutôt par le sous-orbitaire ; car ils sont soudés en une seule pièce large, chagrinée comme le crâne, couvrant les deux tiers supérieurs de la joue, arrondie par son bord inférieur, produisant en avant un petit lobe qui croise sur la racine du maxillaire, et se portant en arrière vers le haut du préopercule, mais s'articulant avec une petite plaque chagrinée qui appartient à l'os de la caisse. La racine du maxillaire donne aussi un petit lobe en dedans de celui du sous-orbitaire, et en avant de l'orbite. Un très-petit tube charnu, placé à son côté interne, est l'orifice antérieur de la narine ; le postérieur est presque imperceptible à son arrière. Entre celui-là et l'œil est encore un petit enfoncement anguleux, mais qui ne pénètre pas. La narine elle-même est extrêmement petite, et c'est à peine si sa pituitaire a des lignes saillantes. Chaque lèvre a une rangée serrée de très-petits tentacules charnus, courts et déliés. La mâchoire supérieure, formée, comme à l'ordinaire, par les intermaxillaires, avance ou recule plus ou moins, selon que les pédicules ou apophyses montantes de ces os pénètrent entre les orbites. Dans l'état de repos elle est verticale, et sa courbe est celle d'un demi-cercle. Les os maxillaires, plus longs que les intermaxillaires, sont loin de pouvoir se retirer sous le sous-orbitaire, et vont, en s'élargissant beaucoup, à leur extrémité postérieure ou plutôt inférieure : ils ont des sillons sur leur longueur. La mâchoire inférieure ferme l'arcade de la supérieure, en s'élevant à la verticale comme ferait un pont-levis ; ses branches ont une bande le long de leur bord interne, et une portion carrée près de leur articulation, l'une et l'autre chagrinée, mais dont l'âpreté paraît peu au travers de la peau. Les dents de la mâchoire supérieure sont à peu près en cardes sur trois rangs. Les mitoyennes du rang postérieur sont les plus grandes. La mâchoire inférieure en a de chaque côté six sur un seul rang, fortes, pointues, écartées les unes des autres, et quelques petites en velours dans le milieu. Le vomer, qui est fort large en avant, en a, près de chacun de ses angles, une petite bande en velours ou en carde, et on en voit trois ou quatre plus fortes à leur suite le long du commencement du bord extérieur de chaque palatin. La langue, qui est large et épaisse, n'en a aucune, et il n'y en a pas non plus aux arcs des branchies, mais les pharyngiens en ont en cardes.

Une conformation très-remarquable, et particulière à l'uranoscope, a été bien décrite par Rondelet, et est très-vraie, quoique Willughby l'ait mise en doute : c'est qu'au bord interne de la mâchoire inférieure, sous le devant de la langue, il y a une membrane transverse (à peu près comme.la plupart des poissons ont en dessus la membrane qui leur forme un voile sur le devant du palais), et le milieu de cette membrane produit une lanière mince, étroite et longue quelquefois d'un pouce, que l'animal peut à volonté faire sortir de sa bouche ou y retirer, la cachant alors entre la langue et la mâchoire. [1]

On doit encore remarquer dans le platfonds de la bouche, derrière la racine des maxillaires et en avant du vomer, deux petites fosses transverses assez profondes, que quelques-uns ont regardées comme des narines internes [2], mais qui ne communiquent point avec les narines, et servent seulement à faciliter le mouvement de protraction des intermaxillaires.

La portion de joue que ne recouvre pas le sous-orbitaire, est garnie d'une peau nue; elle est entourée par un préopercule à peu près coupé en demi-cercle, très-large, très-chagriné, dont le limbe montant est traversé par quatre légers enfoncemens, et dont le

---

1. Brünnich, p. 19, croit avoir observé le premier cette lanière; mais Rondelet l'avait décrite en détail long-temps avant lui : elle est aussi assez bien rendue dans la figure de Lacépède.

2. C'est ainsi que Forster les nomme dans la description de son *uranoscopus maculatus*. (Bl., Schn., p. 48.)

bord inférieur a quatre grosses dents, qui, dans le poisson frais, sont en partie cachées dans une peau épaisse et molle. L'opercule est aussi très-chagriné, et vers ses bords, les trous, qui rendent sa surface âpre, se changent en sillons rayonnans : sa figure est celle d'un quart d'ellipse ; son bord postérieur est arrondi, et son angle inférieur émoussé ; mais le subopercule, qui est petit et s'attache sous cet angle, s'aiguise en une pointe dirigée verticalement vers le bas, et qui se sent au travers de la peau, à la suite des quatre dents du préopercule. La petite plaque chagrinée de la branche de la mâchoire inférieure donne elle-même une sixième petite dent en avant de celles du préopercule. Les bords de la valve operculaire sont élargis par une production de la peau, qui les augmente d'une large bande.

Les ouïes sont très-ouvertes, et leur membrane est échancrée jusqu'entre les articulations de la mâchoire inférieure, c'est-à-dire jusqu'au bas de ce que nous avons appelé la face antérieure du cube de la tête ; elle y est doublée, à l'extérieur, par un repli de la peau. L'isthme ou pédicule pectoral produit, à cet endroit, trois pointes dirigées en avant : une moyenne, qui est la symphyse des os huméraux, et deux latérales, qui appartiennent aux os du bassin et partent du bord externe de leur base. Ces deux dernières sont fort aiguës et peuvent blesser au travers de la peau qui les cache. L'entre-deux des branches de la mâchoire inférieure, au-devant et au-dessus de cette triple proéminence, est soutenu par les branches de l'os hyoïde, qui sont très-larges, et forment sous la peau, à l'avant de la gorge, une cloison presque verticale. La membrane branchiostège a, de chaque côté, six rayons arqués, plats et forts. [1]

Le bord postérieur du crâne est divisé en deux lobes arrondis : les surscapulaires attachés à ses angles sont fort petits, mais ils

---

1. La plupart des auteurs, copiant Linnæus (12.ᵉ édit., t. I, p. 434), ne donnent à l'uranoscope que cinq rayons branchiaux. C'est une erreur : toutes les espèces du genre en ont six, ainsi que le disent très-bien Gmelin (13.ᵉ édit., p. 1156) et Brünnich (p. 18).

3.

s'unissent à la portion supérieure des scapulaires, et forment avec elle des plaques chagrinées, qui prolongent ainsi en arrière les angles du crâne, et ont chacune une petite pointe à leur bord interne, et une autre petite à leur extrémité. Le reste de l'os scapulaire descend pour se joindre au grand os de l'épaule, à l'huméral. C'est ce grand os qui produit de son sommet une longue épine aiguë, placée au-dessus de la pectorale, dirigée obliquement en arrière et en haut, et qui est pour l'animal une arme redoutable.

Un peu au-dessous commence la pectorale, qui est coupée obliquement comme dans les cottes et les scorpènes; elle a un peu moins du quart de la longueur totale : ses rayons sont au nombre de dix-sept, tous articulés et branchus; les derniers grossissent un peu en se raccourcissant.

Les ventrales sont attachées bien en avant des pectorales, et presque sous l'articulation de la mâchoire inférieure, derrière la triple pointe dont nous avons parlé. Elles ont cinq rayons branchus, dont l'interne ou le postérieur est le plus long, et à l'externe ou antérieur, qui est le plus court, s'attache une épine presque imperceptible; leur bord interne n'adhère pas au corps : leur longueur est moindre du sixième de celle de tout le poisson.

La première dorsale commence à quelque distance de la nuque, à peu près vis-à-vis le milieu des pectorales, mais ne va pas aussi loin qu'elles : sa coupe est triangulaire; elle a à peine le quart de la hauteur du corps sous elle, et n'est que d'un quart plus longue que haute. On n'y voit que trois rayons très-minces et très-frêles; mais il y en a un quatrième encore moindre, caché en arrière de sa base et sur celle de la seconde dorsale, qui commence presque où la première finit. Cette seconde a quatorze rayons articulés et branchus, excepté le premier. C'est du quatrième au sixième qu'elle a le plus de hauteur. Elle s'y élève aux deux tiers de la hauteur du corps sous elle. L'anale lui répond à peu près : elle a treize rayons, plus gros, plus égaux que ceux de la dorsale; les derniers sont les plus longs. L'espace nu, derrière ces deux nageoires, a, en longueur, le dixième du total : sa hauteur est d'un cinquième moindre que sa longueur, et son épaisseur ne fait pas moitié de

sa hauteur. La caudale fait un peu moins du cinquième de la longueur totale ; elle est coupée carrément, et a dix rayons entiers,
outre trois ou quatre petits à ses bords supérieur et inférieur.

B. 6 ; D. 3 — 1/14 ; A. 13 ; C. 10 ; P. 17 ; V. 1/5.

Toute la tête de l'uranoscope est nue ; ses parties chagrinées ont
une peau mince et adhérente, qui en laisse voir l'âpreté, si ce
n'est le long du bas des pièces operculaires, où cette peau s'épaissit,
et devient molle et spongieuse. Les mâchoires, la poitrine, le
tour des pectorales, et tout le ventre, jusqu'au commencement de
l'anale, sont également sans écailles ; mais il y en a de petites sur
le dos, les flancs et la queue. Celles des flancs sont disposées
sur des lignes parallèles qui descendent obliquement en arrière et
sont séparées par de légers replis de la peau, comme dans les
vives. La ligne latérale part de l'épine du surscapulaire, et elle se
rapproche du milieu du dos vers le commencement de la seconde
nageoire, de manière à intercepter un large espace ovale vers la
pointe postérieure duquel est la première dorsale. Cet espace n'a
non plus aucunes écailles. Toutes les nageoires en sont également
dépourvues.

La ligne latérale, après avoir atteint, comme nous venons
de le dire, le commencement de la seconde dorsale[1], demeure
tout près de sa base, n'étant séparée que par cette nageoire de
la ligne latérale de l'autre côté, et elle continue ainsi jusqu'à la
base supérieure de la caudale, où elle se courbe tout d'un coup
vers le bas, pour prendre le milieu de cette nageoire, entre son
sixième et son septième rayon, et se perdre sur ce septième. Sur
toute sa longueur elle se marque par de très-petits tubercules serrés
les uns contre les autres.

Ce poisson a tout le dessus de la tête et du corps d'un gris-brun

---

1. Bloch avait bien décrit la ligne latérale ; mais Gmelin, en le traduisant, a
mis *a nucha ad pectorales deflectens*, au lieu de *ad dorsales*. C'est cette version que
M. de Lacépède a suivie, lorsqu'il dit (t. II, p. 349) : *La ligne latérale s'approche
des nageoires pectorales, etc.* Il est certain, au contraire, qu'elle s'en éloigne.

foncé, comme saupoudré d'un peu de farine. Des suites irrégulières de taches blanchâtres, formant comme des chaînes longitudinales, se détachent sur ce brun. Le dessous est d'un gris-blanc
un peu argenté. La première dorsale est d'un noir profond, excepté
l'angle antérieur et le postérieur de sa base, qui sont blancs. La
seconde est grise, et a des points bruns sur ses rayons. La caudale
est brune; vers le bord elle est noirâtre et a un petit liséré blanchâtre. Les pectorales sont grises et ont quelquefois une tache
brune à leur base, d'autres fois elles sont brunâtres, bordées de
blanchâtre vers leur bord supérieur. Les ventrales et l'anale sont
blanchâtres. [1]

La longueur de ce poisson n'excède guère un pied.

Le foie de l'*uranoscope commun* est très-gros, situé en travers
sous l'œsophage, et se divisant en deux lobes, dont le gauche
descend presque aux deux tiers de l'abdomen : le lobe droit est
de moitié plus court.

La vésicule du fiel qui lui est attachée, est énorme, et a la forme
d'une fiole à long cou, suspendue à un canal cholédoque, aussi gros
que le duodénum, et qui est tout auprès des appendices cœcales.

L'œsophage est étroit et assez rétréci au cardia; il a beaucoup
de plis.

L'estomac est un grand sac ovale, arrondi en arrière. Ses parois
sont plus épaisses du côté de la région dorsale : il n'y a pas de plis
à l'intérieur. Le pylore s'ouvre auprès du cardia : il est entouré
de onze cœcums; l'intestin est étroit, peu long; il fait plutôt des
ondulations que des replis avant de se rendre à l'anus.

La rate est petite, globuleuse, située sur les appendices entre
l'intestin et l'estomac.

Les vésicules séminales sont petites et rejetées vers l'arrière
de l'abdomen.

---

1. M. de Lacépède (t. II, p. 350) dit que l'anale est d'un noir éclatant; erreur
singulière, qui vient de ce qu'il a traduit cette phrase de Gmelin (p. 1157) : *Radii
analis et dorsalium quarum prior nitente-nigra est, etc.*, comme si *quarum prior* se
rapportait à *analis*. Or cela veut dire *prior dorsalium*.

La vessie urinaire n'est pas très-grande; ses parois sont épaisses. Il n'y a pas de vessie natatoire.

A ce que la description de son extérieur nous apprend déjà sur son squelette, nous pouvons ajouter les remarques qui suivent :

Ce sont les os pairs antérieurs de l'hyoïde qui forment, par leur élargissement, la cloison verticale de la gorge. Le corps impair de l'hyoïde est très-petit. Les os du bassin passent entre les huméraux, et de leur angle antérieur atteignent la chaîne des arcs branchiaux. Ce sont les épines qu'ils donnent de leur base externe pour la triple pointe du pédicule pectoral qui les retiennent en arrière, le bord des os huméraux les arrêtant.

Il y a dix vertèbres abdominales, dont les sept dernières sont plates en dessous et même un peu concaves. Viennent ensuite treize vertèbres caudales.

Les côtes sont horizontales, arquées vers l'arrière, fourchues, et finissant en fils déliés. Les os de l'avant-bras sont très-larges; mais ceux du carpe sont au contraire extrêmement petits. [1]

Uranoscope est, comme nous l'avons dit, un nom déjà usité parmi les anciens Grecs. Le poisson auquel ils le donnaient s'appelait aussi AGNUS, *chaste*, et CALLIONYMUS, *beau-nom* (de καλλίων ou de καλλὸς, et d'ὄνωμα). Cette synonymie, qui tient peut-être de l'antiphrase, est prouvée par un passage d'Athénée [2] et par deux de Pline [3], et il est certain que l'espèce sur laquelle elle portait, est la même à laquelle les naturalistes appliquent aujourd'hui le nom d'*uranoscope*. Deux caractères très-positifs en don-

---

1. On trouve la figure du squelette de l'uranoscope dans M. Rosenthal, Tab. ichtyol., pl. 18, fig. 5.

2. Athénée, l. VIII, p. m. 356, ὑρανοσκόπος δὲ καὶ ὁ ἄγνος καλὑμενος ἢ καὶ καλλιώνυμος, βαρεῖς.

3. Pline, l. XXXII, c. 11 : *callionymus sive uranoscopus*, et l. XXXII, c. 7 : *idem piscis (callionymus) et uranoscopus vocatur*.

nent en quelque sorte la démonstration. D'une part, on voit par un passage de Galien que le nom d'uranoscope avait son fondement dans la position des yeux du poisson au-dessus de sa tête. « Ceux, dit-il, qui croient que l'homme « a été conformé de manière à se tenir debout, afin qu'il « pût regarder aisément le ciel, n'ont apparemment jamais « vu le poisson appelé *uranoscope,* qui regarde toujours « le ciel même malgré lui.[1] »

Cette étymologie est confirmée par un passage de Pline, dont le sens est clair, quoique l'expression en soit peu exacte.[2]

D'autre part, Aristote[3], parlant de la vésicule du fiel, dit que le callionyme l'a attachée au lobe droit du foie, et plus grande à proportion que celle d'aucun autre poisson; ce qui est parfaitement vrai de notre uranoscope, comme nous l'avons vu en traitant de son anatomie.

Cette abondance de fiel avait même donné lieu à des expressions proverbiales; on comparait des hommes en colère à des callionymes. *Je te ferai venir plus de fiel qu'à un callionyme,* s'écrie un des personnages de Ménandre[4]; et un autre dans Anaxippe dit: *Si tu me fatigues; si tu me fais bouillir la bile comme celle d'un callionyme....*[5]

Par une suite assez naturelle de leur manière de raisonner en matière médicale, les anciens médecins avaient attribué par excellence au fiel du callionyme les qualités qu'ils regardaient, comme appartenantes au fiel en géné-

---

1. Galien, *De usu part.*, lib. III, c. 3. — 2. L. XXXII, c. 7 : *uranoscopus vocatur ab oculo quem in capite habet.* — 3. *Hist. an.*, l. II, c. 15.

4. *Menander in Messenia, ap. Ælian., Hist. anim.*, l. XIII, c. 4. Pline fait aussi allusion à ce passage, l. XXXII, c. 7.

5. Anaxipp., *in epidicazomeno, ap. Ælian., Hist. an.*, l. XIII, c. 4.

ral, de consumer les chairs parasites[1], d'éclaircir la vue[2], de rendre l'ouïe moins dure[3], etc.

Rondelet et Bélon croient que l'*hémérocet* d'Oppien (ἡμεροκοίτης) est aussi notre uranoscope; mais cette assertion n'est pas aussi complétement démontrée : Oppien place, à la vérité, à l'hémérocet les yeux sur la tête, mais il ajoute aussitôt que sa bouche est énorme, ce qui pourrait mieux convenir à la baudroie ou à l'insidiateur.

Cet hémérocet se nommait autrement *chauve-souris* (νυκτερὶς) et passait la journée à dormir couché sur le sable, ne faisant de mouvement que la nuit, et il était si vorace que son ventre se crevait à force de s'emplir.[4]

Suidas dit qu'on l'appelait aussi *voleur* (κλέπτης.)

Rien de tout cela ne semble guère convenir à notre uranoscope, dont au reste les mœurs paraissent assez peu connues.

Aristote le range simplement parmi les poissons littoraux. M. de Martens se borne à dire que c'est un animal lourd, qui se tient dans les herbes marines pour guetter les autres poissons. Rondelet seul prétend avoir observé l'industrie qu'il a de se cacher dans la vase et de faire sortir le lambeau de sa membrane sublinguale pour attirer les poissons dont il veut faire sa proie : il est vrai que la conformation de cet organe paraît singulièrement appropriée à cet emploi.

Selon M. Risso[5], on prend ce poisson toute l'année à Nice, et il y fréquente les algues et les endroits vaseux.

---

1. Pline, l. XXXII, c. 7 : *Callionymi fel cicatrices sanat et carnes oculorum supervacuas consumit.* — 2. Galien, *De fac. simp. med.*, l. X, c. *de felle.* — 3. *Idem*, et Pline. — 4. Oppien, *Hal.*, l. II. — 5. Ichtyol. de Nice, t. I.

Il est littoral à Iviça, où M. de Laroche dit que l'on en pêche beaucoup. [1]

Ælien est en doute si le callionyme passait pour bon à manger, parce que les poëtes qui ont parlé de repas, tels qu'Épicharme, ne l'ont point nommé; cependant Hippocrate le recommande plusieurs fois comme très-bon pour la nourriture des malades.

Rondelet lui trouve une chair blanche, dure, d'une odeur désagréable, comme celle de la baudroie; Salvien dit la même chose, et ajoute que les pauvres seuls s'en nourrissent : mais Willughby nie y avoir remarqué cette mauvaise odeur; et Bélon assure même que sa chair ressemble à celle de la vive, qui est très-bonne, comme chacun sait.

Ces différentes sensations pourraient tenir au lieu où les individus avaient été pris. Selon M. Risso, ceux qui vivent parmi les rochers ont plus de goût que les autres, et ne sont point coriaces.

Nos Marseillais nomment l'uranoscope *rascasse blanche, responsadoux, tapecon* ou *rapecon;* mais ces derniers noms ne sont usités que parmi le bas peuple : les Languedociens l'appellent *rat,* et les habitans d'Iviça, *rata;* les Génois *prete* (prêtre); les Niçards, *muou;* les Vénitiens, *bec in cavo* ou *boca in capo* (bouche sur la tête); les Romains, *pesce-prete* et *messoro,* nom qui lui est commun avec le chabot; les Sardes, *cucu* ou *cuculo,* qui est proprement un nom de trigle.

En Europe l'espèce paraît propre à la Méditerranée.

Je ne la vois citée dans aucun auteur parmi les poissons

---

1. Ann. du Mus., t. XIII.

de nos côtes de l'Océan; encore moins parmi ceux du Nord, et je ne sais où Shaw a pu prendre qu'il habite les mers septentrionales; mais par une conformité dont nous avons déjà cité d'autres exemples, la mer des Indes, parmi ses nombreux uranoscopes, en a un qu'il nous a été impossible de distinguer de celui de nos côtes de Provence. Nous le devons à M. Leschenault.

Des Uranoscopes étrangers.

La mer des Indes, outre cette espèce d'uranoscope qui nous a paru identique avec la nôtre, en produit plusieurs assez différentes, et dont quelques-unes ont des caractères très-remarquables; mais il ne paraît pas qu'il y en ait dans la mer Atlantique. Nous n'en avons reçu ni du Sénégal, ni du Cap, ni des deux Amériques; seulement nous trouvons dans les dessins de Spix la figure de notre espèce commune d'Europe, sans savoir si c'est au Brésil qu'il l'a dessinée.

On peut diviser les uranoscopes étrangers en deux sections, selon qu'ils ont une première dorsale épineuse, séparée de la seconde molle, ou que les rayons épineux du dos et les mous sont réunis en une seule nageoire.

L'Uranoscope voisin.

(*Uranoscopus affinis*, nob.)

La première de ces espèces étrangères à deux dorsales, que nous appellerons *uranoscopus affinis*, est encore assez semblable à celle d'Europe, pour que l'on ait besoin d'y

3.   29

regarder de près pour l'en distinguer; cependant on remarque alors,

1.° Que le bord inférieur du préopercule a six dentelures; 2.° que
le crâne a en arrière, au lieu de deux lobes, plusieurs petites crénelures; 3.° que les deux dents du surscapulaire sont d'assez fortes
épines; 4.° que l'épine de l'épaule est bien plus forte et égale les
deux tiers de la pectorale : dans l'espèce d'Europe elle en est à peine
le tiers; 5.° que l'espace ovale de la nuque, entre les deux lignes
latérales, est garni de très-petites écailles; 6.° que la première dorsale est blanche, avec une tache noire, du deuxième au quatrième
rayon.

B. 6; D. 5 — 12; A. 13; C. 12; P. 19; V. 1/5.

Notre individu n'est long que de cinq pouces.

*L'*URANOSCOPE MARBRÉ.

(*Uranoscopus marmoratus*, nob.)

Une autre espèce, que nous appelons *uranoscope marbré,* est encore très-semblable à notre espèce commune.

Son préopercule a cinq dents : son crâne n'est que crénelé en
arrière, et les épines de son surscapulaire sont fortes, comme dans
le précédent; mais les épines de l'épaule n'excèdent pas la grandeur
de celles du nôtre. L'espace d'entre les lignes latérales est nu, et
tout le dos est marbré de taches rondes, pâles, serrées et un peu
mêlées, sur un fond brun.

Sa taille n'est aussi que de cinq pouces.

*L'*URANOSCOPE A GOUTTELETTES.

(*Uranoscopus guttatus*, nob.)

M. Leschenault nous a envoyé de Pondichéry un troisième uranoscope, que nous appelons *uranoscopus gutta-*

tus, parce qu'il est d'un brun violâtre, et a la tête et le dos semés de gouttes blanches, rondes, distinctes et assez écartées les unes des autres.

Son préopercule a six dents à son bord inférieur. Le bord postérieur de son crâne se divise en cinq petits lobes arrondis. Les deux épines de son surscapulaire sont assez fortes : celle de son épaule l'est aussi, mais n'est pas plus longue que dans l'espèce d'Europe. Les écailles des côtés sont en lignes obliques jusqu'au bout de la queue. L'intervalle des deux lignes latérales n'a d'écailles qu'à sa partie postérieure et rétrécie, des deux côtés de la première dorsale. Celle-ci est blanche à sa base, et a une grande partie noire du premier au troisième rayon, et une autre petite tache noirâtre sur le quatrième. Les autres nageoires sont grises ou noirâtres, avec un liséré blanchâtre. C'est aussi le blanchâtre qui domine sous la gorge et la poitrine. Dans le frais, le brun a une teinte vineuse, et le dessous une teinte rose.

B. 6; D. 4 — 12; A. 13; C. 11 ou 12; P. 19; V. 1/5.

Notre individu est long de huit pouces; mais l'espèce parvient à la longueur d'un pied : elle se tient dans le sable comme les autres, et a de même une vésicule du fiel de grandeur énorme. On la nomme en tamoule *nélé-kourouké*, ce qui est un nom générique.

Le foie de l'*uranoscopus guttatus* est moins volumineux que celui des précédens. Le lobe gauche est un ovale arrondi, et ne descend pas au-delà de l'estomac. Le lobe droit est réduit à un simple appendice pointu du lobe gauche. Il supporte la vésicule du fiel, qui est énormément grande; elle se reporte au-dessus de l'estomac, qu'elle surpasse en volume, de façon qu'à l'ouverture du corps on la prendrait facilement pour une vessie natatoire : ses parois sont très-minces et transparentes, et elle est remplie d'une bile limpide et incolore. Le canal cholédoque est très-gros; mais il n'a d'ailleurs rien de particulier : il débouche dans l'intestin auprès du pylore.

L'œsophage est assez long et plissé comme à l'ordinaire.

L'estomac est médiocre, à parois épaisses et musculeuses. Ces muscles sont composés de fibres longitudinales et parallèles. La surface interne est chargée de nombreuses rides irrégulières et assez grosses. Le pylore est auprès du cardia, et il y a huit appendices cœcales, disposées sur l'intestin longitudinalement et sur un seul rang. Cet intestin est étroit, et fait deux replis assez longs avant de se rendre à l'anus; mais il n'a aucunes ondulations. Un peu avant d'arriver à l'anus, il se dilate en un rectum à parois plus épaisses et plissé en dedans suivant la longueur.

La rate est petite, globuleuse, et placée entre l'intestin et l'estomac, non loin du pylore.

Les ovaires sont peu gros, rejetés à l'arrière de l'abdomen, comme dans les autres espèces. Les reins sont peu divisés, et ils donnent dans une petite vessie urinaire à parois épaisses et musculeuses : ils sont un peu fourchus.

L'estomac était rempli de débris de petits poissons.

L'Uranoscope a double filament.

(*Uranoscopus filibarbis*, nob.)

Il nous est encore arrivé récemment de la mer des Indes un uranoscope remarquable par un filament long et grêle qui lui pend sous la symphyse de la mâchoire inférieure, indépendamment de celui qui sort de sa bouche, comme dans les autres espèces.

Sa ressemblance avec l'espèce commune est d'ailleurs très-grande : la couleur de sa première dorsale est la même; mais il n'a que quatre dents au lieu de cinq, au bas de son préopercule, et les écailles de la moitié postérieure de son corps ne sont pas sur des lignes transverses obliques, comme celles de la partie antérieure.

B. 6; D. 4 — 14; A. 13; C. 11; P. 17; V. 1/5.

L'Uranoscope porte-Y-grec.

(*Uranoscopus Y græcum*, nob.)

Le Cabinet du Roi a reçu autrefois de celui de Lisbonne un uranoscope, qui malheureusement est mutilé de ses pectorales et dont on ignore l'origine, mais qui n'en mérite pas moins, par ses caractères étranges, toute l'attention des naturalistes.

Sa forme générale ne diffère des précédentes que par un peu plus de largeur de sa tête, mais c'est surtout l'ossature de cette tête qui est extraordinaire. La plaque de son crâne est presque quatre fois aussi large que longue, et au lieu d'envoyer de chaque côté en avant une apophyse surcilière pour chaque orbite, il part de son milieu une apophyse simple, qui se bifurque en avant comme un Y, de manière à laisser un très-grand espace sans cuirasse de chaque côté, entre elle, le crâne et l'œil. L'œil est au bord externe de cet espace, vis-à-vis la fin de la branche de l'Y, et entre cette branche et l'œil est percé l'orifice postérieur de la narine. L'autre orifice est au-devant de l'œil, et entouré d'une frange charnue. Il y a trois sous-orbitaires : un premier assez petit, qui donne deux lobes obtus en avant, et une apophyse étroite descendant vers le bas, mais qui n'a que moitié de la longueur du maxillaire; puis, deux autres plus larges, et qui ne recouvrent pas cependant la moitié de la joue : le dernier s'articule avec le bord de la plaque du crâne, et nullement avec le préopercule. Il y a même encore, entre lui et le sommet du préopercule, un petit grain osseux qui appartient à l'os tympanique. Le préopercule est moins large que dans les espèces précédentes, n'est chagriné qu'au bord antérieur de son limbe, et n'a point de dents à son bord inférieur. Le subopercule n'y forme pas non plus de pointe. Quatre ou cinq petits disques osseux chagrinés, placés derrière le crâne et au-dessus de l'ouverture de l'ouïe, paraissent représenter le surscapulaire; mais ils n'ont pas d'épine. L'épaule en manque également. Les lèvres de cette espèce ont des côtes transverses charnues, saillantes et dentelées, comme nous en verrons plus en détail dans une des espèces suivantes. Ses dents sont en velours aux deux mâchoires, mais sur une bande plus étroite à l'inférieure. Le vomer et les palatins en ont aussi en velours, qui forment une bande transversale sur le devant du palais. L'espace d'entre les lignes latérales a partout de petites écailles, mais à peine visibles. Celles des côtés sont sur des lignes obliques jusqu'au bout de la queue. La première dorsale est très-basse, et soutenue non plus par des rayons flexibles, mais par quatre épines robustes et courtes.

B. 6; D. 4 — 12; A. 13; C. 11; P. .. ; V. 1/5.

Cet individu est long de quinze pouces. Dans son état desséché il paraît d'un fauve uniforme.

Des Uranoscopes à dorsale unique.

L'URANOSCOPE SANS ARMES.

(*Uranoscopus inermis*, nob.)

Tous les uranoscopes dont nous venons de parler ont deux dorsales distinctes; mais il en existe aussi qui n'en ont qu'une, et où la partie épineuse s'unit sans échancrure à la partie molle.

Nous connaissons trois espèces de cette subdivision.

La première vient de la côte de Coromandel, d'où elle nous a été envoyée par MM. Sonnerat et Leschenault, et de la côte de Malabar, où elle a été recueillie par M. Bélanger. Elle s'y tient dans le sable, et les pêcheurs prétendent même qu'elle y pénètre jusqu'à vingt pieds de profondeur, ce que M. Leschenault croit cependant exagéré. On la nomme en tamoule, comme notre *uranoscopus guttatus*, *nélé-kourouké* ou *nella-coroukay*, suivant M. Bélanger.

Son crâne a la forme échancrée en avant, et les deux apophyses surcilières des uranoscopes ordinaires : la surface en est âpre, et les grains qui la rendent telle, y sont distribués sur des lignes en partie rayonnantes, en partie irrégulières, et formant comme des caractères d'une écriture inconnue. L'orifice postérieur de la narine est long, bordé d'une membrane frangée, et situé au bord interne de l'apophyse surcilière. L'antérieur est rond, bordé de même, et placé au-devant de l'orbite. Le premier sous-orbitaire est le plus grand ; son bord antérieur est divisé en trois lobes. Les deux autres, d'un tiers plus étroits, peuvent à peine couvrir un quart de la largeur de la joue, et le troisième s'articule avec le crâne, sans approcher du préopercule. Il n'y a pas même le petit grain du tympanique, que nous avons observé dans d'autres espèces. Le reste de la joue est revêtu d'une peau lisse. Le préopercule est large, finement granulé, rayonné dans sa partie inférieure, mais sans aucune dentelure : l'opercule est aussi rayonné à sa partie inférieure, finement granulé ou vermiculé sur le reste. Une large membrane prolonge le bord inférieur des trois os operculaires, et, s'unissant à sa semblable, forme sous la gorge une espèce de tablier membraneux au-devant de la membrane branchiostège, tablier dont il y a déjà des traces, mais beaucoup moins prononcées, dans les espèces précédentes. Le bord postérieur ou montant de l'opercule a sa membrane divisée en un certain nombre de petites dents frangées ; le surscapulaire n'a pas d'épine ; celle de l'épaule est courte, plate, et enveloppée d'une membrane qui se prolonge en pointe bien au-delà de l'os et jusque sur le milieu de la pectorale, et dont le bord inférieur est divisé en petits festons dentelés. Les lèvres sont sillonnées transversalement par de petites côtes charnues et finement dentelées, qui doivent, ainsi que les franges des bords des narines, donner un organe très-délicat du toucher. La mâchoire supérieure a une bande de dents en velours, et l'inférieure en a une rangée de fortes, pointues, un peu crochues et distantes les unes des autres. La proéminence du pédicule pectoral n'a que deux petites pointes. L'espace d'entre les lignes latérales est entièrement nu. Les écailles des côtés sont en lignes obliques, comme à l'ordinaire. Il y a sous le ventre deux lignes étroites, légèrement saillantes, qui partent de l'anus et se perdent vers les pectorales.

B. 6; D. 3/18; A. 18; C. 11; P. 18; V. 1/5.

Dans la liqueur et dans l'état sec le dessus de ce poisson paraît brun, avec de grandes taches ovales, qui forment deux suites de chaque côté, et même trois à la partie antérieure; celles d'une même suite s'unissent quelquefois en portions de bandes. Il y en a aussi deux autres suites sur la dorsale. La pectorale est blanchâtre, avec une large bande transverse, brune sur son milieu, et une tache vers sa base. La caudale est aussi blanchâtre, avec une bande large et irrégulière, brune, en travers. Les nageoires inférieures sont blanchâtres, ainsi que tout le dessous du corps. Mais dans le frais, selon M. Leschenault, le fond est d'un roux clair, et les taches d'un beau jaune orangé.

Cet uranoscope sans armes a le foie plus petit qu'aucune autre espèce : il forme en quelque sorte un demi-collier sous l'œsophage, et l'on a peine à comprendre comment une si petite glande sécrète assez de bile pour remplir la vésicule du fiel, qui est plus grande que toutes celles que nous avons trouvées dans les espèces de ce genre déjà décrites : elle occupe en effet toute la longueur de l'abdomen; sa capacité est presque double de celle de l'estomac; ses parois sont très-minces, et elle contient une bile verdâtre. Il y a d'ailleurs huit cœcums au pylore, et le reste des viscères ressemble tout-à-fait à ceux que nous avons trouvés dans l'espèce qui va suivre; mais la vessie urinaire semble différente : elle est plus grande, simple; elle n'est point fourchue, et ses parois minces ne sont pas musculeuses.

L'espèce atteint deux pieds de longueur. Elle n'est pas très-commune à Pondichéry, sans doute à cause de la difficulté de la découvrir dans les profondeurs où elle se cache. D'ailleurs on ne la mange point; ainsi on n'a pas de motif de la chercher.

Suivant M. Bélanger, ce poisson vit au bord de la mer dans la vase pendant toute l'année, et se nourrit de petits poissons et de petits crustacés.

Nous ne pouvons guère douter que ce ne soit le même poisson qui a été décrit sous le nom de *lebeck* dans le *Systema* de Bloch, p. 47 et 48. Mais cette description, faite sur un dessin, contient quelques inexactitudes, et il y en a d'autres qui résultent de l'inattention du rédacteur : ainsi, lorsqu'il dit que dans un poisson de quatorze pouces la tête était large d'un pied (*pedis latitudine*), c'est du contour de la tête et non de sa largeur qu'il a voulu parler. On en a la preuve lorsqu'il dit ensuite que la bouche est large de deux pouces. Les nombres des rayons y sont aussi assez mal comptés (B. 5; D 15; A. 17; C. 9; P. 16; V. 5); mais on y reconnaît les caractères bien particuliers d'une membrane frangée au-dessus des pectorales, des franges au bord supérieur de l'opercule, etc. Si ce n'est pas la même espèce, c'en est une très-voisine.

L'Uranoscope a gros barbillon.

(*Uranoscopus cirrhosus*, nob.)

Un grand uranoscope de la Nouvelle-Zélande, rapporté par MM. Lesson et Garnot, joint à sa dorsale unique quelques caractères assez particuliers.

Sa tête est un peu plus déprimée qu'aux autres; ses yeux plus petits à proportion ; l'échancrure qui est entre eux, presque aussi large que longue. Les inégalités du dessus de son crâne sont dis-

3.   3o

posées en stries serrées et rayonnantes, autour de plusieurs centres,
qui ressemblent à autant d'étoiles. On compte neuf de ces étoiles;
deux rangées transversales de quatre, et une impaire en arrière, où
elle occupe le lobe arrondi et unique que forme le bord postérieur
du crâne. Les surscapulaires forment chacun un autre lobe également
ment très-strié, et il y a aussi beaucoup de stries sur chaque apophyse surcilière. Enfin, les sous-orbitaires, qui ne couvrent pas
même le tiers de la joue, sont encore assez striés, mais moins profondément. L'antérieur donne en avant deux petites pointes, qui
croisent sur la racine du maxillaire. Les stries du préopercule, s'il
en a, disparaissent sous la peau, et on ne peut lui découvrir aucune
dent à son bord inférieur, non plus qu'aucune pointe au subopercule. Au-devant de chaque œil sont les orifices de la narine, rapprochés et petits, surtout le postérieur. La forme déprimée de la
tête fait que la mâchoire inférieure est moins verticale qu'aux autres; elle a un gros tentacule court, charnu, conique à son extrémité
antérieure sous la lèvre inférieure; mais en dedans elle n'a point de
lanière, quoique la membrane transverse y existe comme dans le
reste du genre. C'est à peine si l'on aperçoit sur les lèvres de légères
villosités. Les dents latérales de la mâchoire inférieure sont isolées
et sur une seule rangée, comme dans l'espèce commune, mais plus
petites à proportion; les autres sont en velours ou en cardes. En
dedans de la bouche, au-devant du vomer, sont les fosses ordinaires
à tout le genre. Le surscapulaire n'a pas d'épine; celle de l'épaule
est très-courte et presque cachée sous la peau. Le corps est garni
d'écailles excessivement petites, molles, oblongues, qui ne sont
nullement disposées sur des lignes obliques, mais serrées les unes
contre les autres, comme pourraient l'être de petits grains, tels qu'on
en voit sur beaucoup de peaux. La tête, la gorge, la poitrine et la
nuque en sont dépourvues. C'est à peine si l'on peut distinguer un
léger repli pour tout vestige de ligne latérale, et il serait aisé de
soutenir qu'elle n'existe pas, si elle n'apparaissait en arrière au moment où elle se recourbe pour descendre à la caudale. Du reste, le
corps et les nageoires sont disposés comme dans les autres espèces,
sauf la confusion de la première dorsale avec la seconde, si même

cette première existe; car il me semble qu'il n'y a pas de rayon qui ne soit un peu branchu. La pectorale est un peu coupée en pointe, le pédicule pectoral n'a qu'une proéminence simple et mousse.

B. 6; D. 19; A. 18; C. 11; P. 17; V. 1/5.

Tout le dessus de ce poisson est d'un gris foncé tirant sur le violet, semé de taches blanches lisérées de noirâtre, plus nombreuses, plus serrées, moins égales, moins constamment arrondies que dans l'*uranoscopus guttatus* : sur la tête elles sont plus petites; sur les pectorales, les flancs et la caudale, elles deviennent plus grandes et se mêlent les unes aux autres, de manière que, surtout aux flancs, c'est le blanc qui domine. Tout le dessous est blanc, ainsi que les ventrales et l'anale; la dorsale est blanche avec un trait noirâtre sur chaque rayon.

Notre individu est long d'un pied.

Cet uranoscope, de la Nouvelle-Zélande, n'a pas le foie aussi gros à proportion que celui de nos mers; mais la forme en est à peu près la même. La vésicule du fiel est encore plus grande; elle est blanche, remplie d'une bile limpide. Le canal cholédoque n'est pas très-long; mais il se dilate subitement après sa sortie de la vésicule, de manière à former comme une seconde vésicule, plus petite que la première, qui reçoit de nombreux vaisseaux cystiques, et s'ouvre dans le duodénum, derrière les appendices cœcales.

L'œsophage est assez étroit et plissé longitudinalement. L'estomac est grand, en sac arrondi, comme une bourse : ses parois inférieures sont minces et sans plis à l'intérieur. Par en haut, c'est-à-dire du côté de sa région dorsale, ses tuniques sont plus épaisses, et ont en dedans un aspect glanduleux et irrégulièrement plissé.

Le pylore est auprès du cardia : il y a quatorze appendices cœcales disposées longitudinalement en un seul rang sur le duodénum, dont les parois sont épaisses.

L'intestin est assez long; il se replie deux fois sur lui-même, et il fait en outre beaucoup d'ondulations plus ou moins grandes. Un peu avant de se rendre à l'anus, ses parois s'épaississent, et son diamètre augmente aussi un peu, d'où il résulte qu'il paraît beaucoup plus gros en cet endroit : sa veloutée est épaisse et chargée de plis fins et rapprochés.

La rate est grosse, ronde, d'un brun très-foncé; elle est cachée entre les replis de l'intestin.

Les laitances ne sont pas très-grosses, et elles sont rejetées vers l'arrière de l'abdomen.

Les reins sont médiocres, ils donnent dans une vessie d'un petit volume, un peu fourchue, et dont les parois sont épaisses. Cet uranoscope vit d'autres petits poissons.

L'Uranoscope de Forster.

(*Uranoscopus Forsteri*, nob.; *Uranoscopus maculatus*, Forst.;
Uranoscopus monopterygius, Bl., Schn.)

J'aurais été disposé à croire que le poisson précédent est le même que l'*uranoscopus maculatus* de Forster, ou *monopterygius* de Bloch (éd. de Schn., p. 49), qui vient des mêmes eaux, et a les mêmes couleurs, les mêmes petites écailles, etc., et le dessin fait par Forster, qui est dans la bibliothèque de Banks, favoriserait cette conjecture; mais l'auteur, dans la description que nous a conservée Schneider, et où il s'attache longuement à des caractères communs à tout le genre, tels que les fosses du devant du palais et d'autres semblables, néglige précisément celui qui aurait le mieux distingué notre espèce, le barbillon conique de la mâchoire inférieure, et il donne à son poisson un sternum, c'est-à-dire un pédicule pectoral, à trois tubercules, qui est bien dans les uranoscopes ordinaires, mais que le précédent n'a pas.

Les nombres indiqués par Forster ne diffèrent pas assez pour ajouter à ces motifs de doute.

B. 5 (6); D. 18; A...; C. 14; P. 20; V. 5 (1/5).

Dans tous les cas, le nom de *cirrhosus,* ou *à barbillon,* que je donne à l'espèce de l'article précédent, devra lui rester, même si elle se trouve identique avec celle-ci, puisque ni celui de *maculatus,* ni celui de *monopterygius,* ne la distingueraient assez.

*L'*URANOSCOPE LISSE.

(*Uranoscopus lœvis,* Bl., Schn.)

Enfin, nous avons reçu de la Nouvelle-Hollande par Péron un uranoscope à une seule dorsale, et dont la peau est lisse et sans écailles. Bloch l'a indiqué sous le nom d'*uranoscopus lœvis,* mais seulement d'après une figure qui lui avait été envoyée par M. Latham, et qu'il donne planche 8 de son Système, ce qui a rendu son article incomplet et même fautif.

Cette espèce a le crâne raboteux, mais sans rien de régulier. L'échancrure entre les yeux est presque aussi large que longue : il y a deux petits tentacules pour chaque narine. Le préopercule a trois dents vers le bas : il y en a une peu saillante au subopercule, et deux petites obtuses à l'angle de la mâchoire. L'épine de l'épaule (et non de l'opercule, comme dit Bloch) est très-forte, très-pointue, égale en longueur le tiers de la pectorale, et se relève obliquement vers le haut. La ligne latérale est très-marquée par une suite de lignes élevées, accompagnées de petites lignes transversales serrées, terminées chacune par un petit pore ; elle n'est pas brisée comme dans les autres espèces, mais s'approche par degré du milieu du dos, demeurant toujours à quelque distance de la dorsale. A la queue elle se recourbe cependant pour descendre sur le milieu de la caudale. La dorsale ne commence que sur le dernier cinquième des pectorales. L'anale se porte un peu plus avant qu'elle.

B. 6; D. 15; A. 15; C. 11; P. 17; V. 1/5.

Cet uranoscope est d'un gris-brun foncé en dessus, gris blanchâtre en dessous. Il y a une grande tache à la joue, d'un brun presque noir, et deux larges bandes de la même couleur, mal terminée, croisent le dessus du corps ; l'une entre les pectorales, l'autre à la seconde moitié de la dorsale, sur laquelle elle s'étend aussi. Les pectorales et la caudale sont de ce même brun-noir, et ont un liséré pâle. Les ventrales et l'anale sont blanchâtres.

Dans la figure publiée par Bloch, on ne voit pas les deux bandes noirâtres, mais il y en a plusieurs petites sur la partie antérieure du dos; tout le brun tire sur l'olivâtre, et les bordures des nageoires ont une teinte rosée.

Nos individus n'ont que six pouces de longueur.

Houttuyn, dans les courtes Notices des poissons du Japon, qu'il a insérées dans les Mémoires d'Harlem (t. XX, 2.ᵉ part.), en donne une, p. 314, qu'il prétend d'un uranoscope, et sur laquelle les nomenclateurs postérieurs ont établi leur *uranoscopus japonicus;* mais elle est trop incomplète pour qu'un naturaliste prudent puisse admettre cette espèce comme suffisamment déterminée.

En voici la traduction :

« Ce poisson a les yeux rapprochés, dirigés vers le ciel;
« la tête très-plate, épineuse de chaque côté, et garnie en
« avant de petits cils; les mâchoires sont armées de dents;
« le dos a de chaque côté une rangée d'écailles épineuses,
« lesquelles rendent aussi tout le corps rude : ce corps est
« arrondi, jaune dessus, blanc dessous. La seconde dorsale
« est dans un sillon ; les ventrales sont sous la gorge et
« courtes (D. 4—15; C. 8; P. 12; V. 5). L'auteur n'a pu
« examiner l'anale assez exactement. Son individu était
« long de six pouces. »

Peut-être n'était-ce qu'un platycéphale.

DES PERCOÏDES A NAGEOIRES VENTRALES PLACÉES EN ARRIÈRE DES PECTORALES.

Ici nous commençons à nous éloigner davantage des perches proprement dites; nous approchons en quelque sorte des dernières limites de leur famille. Les vives, les percis, les percophis même, ne sont guère que des perches dont la partie antérieure est raccourcie et la postérieure alongée; et les uranoscopes, malgré la singulière conformation de leur tête, tiennent de si près aux vives, que bien des auteurs les ont placés dans le même genre. Les sphyrènes, par lesquelles nous allons commencer la subdivision actuelle, tiendraient plutôt du percophis par leur forme alongée et les dents aiguës et tranchantes qui arment leurs mâchoires; mais la séparation de leurs dorsales, la position de leurs ventrales en arrière des pectorales, la manière dont les os du bassin sont suspendus dans les chairs, sans adhérer à ceux de l'épaule, établissent dans leur squelette et dans leur myologie des différences assez sensibles pour que, dans un tableau qui serait l'expression rigoureuse de leurs rapports, elles dussent être séparées des autres percoïdes par un assez grand intervalle. La même conclusion s'applique aux polynèmes, et peut-être avec plus de force, car la conformation de leur tête les rapproche des sciènes; mais il serait impossible, à cause de leurs dents palatines, de les ranger avec les sciènes : et, comme d'un autre côté, malgré les rayons libres de leurs pectorales, ils ne peuvent être placés auprès des trigles, dans la famille des joues cuirassées, si l'on ne voulait point les laisser parmi les percoïdes, on se verrait obligé d'en

faire le type d'une famille particulière, comme nous verrons qu'il faut absolument s'y résoudre pour les mulles et
pour plusieurs autres, trois genres qui, chacun séparément,
devront former les types d'autant de familles. C'est ce qui
arrive aux naturalistes dans toutes les classes des êtres
organisés, pour peu qu'ils cherchent à les disposer d'après
les rapports naturels de leur conformation; car la nature
n'a pas songé à remplir les cadres de nos méthodes : elle
n'a pas suivi dans ses ouvrages une ligne unique, ni une
dichotomie précise. Chaque être a sa destination dans le
vaste plan de la création : c'est pour cette destination qu'il
est organisé; et telle forme a dû être empreinte de caractères tout particuliers, qui l'isolent en quelque sorte, tandis
que d'autres se sont reproduites un grand nombre de fois
avec des modifications légères. Ce sont ces rapprochemens,
ces isolemens, ces distances infiniment variées que le naturaliste doit faire connaître; et il tromperait ses lecteurs
s'il leur laissait croire que les rapports réels des êtres qu'il
décrit, sont tels qu'ils peuvent paraître dans ces échafau-
dages systématiques que la nécessité a fait établir pour
conduire à la détermination de leur nomenclature.

CHAPITRE XXXI.

Des Sphyrènes.

Σφύρα, en grec, est un *marteau*, mais c'est aussi un
trait, un *dard*[1]; et c'est dans ce dernier sens que l'on en

---

1. Phavorinus, à ce mot. (Rondelet, p. 225.)

dérive σφύραινα, dénomination d'un poisson auquel les Athéniens donnaient le nom de κέςρα[1], qui est aussi le nom d'une espèce de trait ou de dard, et les Latins celui de *sudis*[2] ou de *sudes,* qui dans leur langue signifie un *pieu.* Toutes ces dénominations annonçaient un museau pointu. Il est dit d'ailleurs que la sphyrène ressemblait à l'orphie[3]; qu'elle était de forme alongée[4], assez grande[5], et qu'elle vivait en troupes.[6]

D'après ces indications, il était naturel qu'on appliquât ce nom à un poisson dont la forme alongée et pointue est tellement prononcée, que les Espagnols d'aujourd'hui l'appellent *espeto,* c'est-à-dire *broche,* d'où est venu son nom languedocien *spet.*

Ce qui laisse d'ailleurs peu de doute sur la signification de σφύραινα, c'est que ce nom se conserve encore à peu près parmi les Grecs modernes, et pour le même poisson, c'est-à-dire pour notre *spet.*[7]

Les Italiens nomment ce spet, *brochet de mer, luzzo* ou *lucio marino, luzzi,* etc., à cause de ses dents fortes et pointues, seul trait de ressemblance qui le rapproche du brochet de rivière; car tout le reste de leur organisation diffère absolument, et les dents elles-mêmes n'ont que des rapports superficiels; elles ne sont ni placées ni accompagnées de la même manière.

Cependant c'est d'après cette circonstance que Linnæus,

---

1. Athénée, l. VII, p. m. 323. — 2. *Sudis latine appellata, a Græcis sphyræna rostro similis nomini.* Pline, l. XXXII, c. 11. — 3. Athénée, *loc. cit.* — 4. Σφύραιναι δολυχαὶ. Oppian., *Hal.,* lib. I, v. 172. — 5. *Magnitudine inter amplissimos rarus, sed tamen non degener.* Pline, *loc. cit.* — 6. Arist., l. IX, c. 2.

7. Rondelet (p. 224) le dit des Grecs modernes en général; Bélon (p. 166) seulement des Lesbiens.

s'écartant en ce point de l'autorité d'Artedi, s'est déterminé à placer la sphyrène dans le genre des brochets; mais il n'a guère été suivi que de Shaw. Lacépède et Bloch se sont hâtés de la rétablir dans un genre à part.

En effet, c'est un acanthoptérygien; elle a deux nageoires sur le dos; ses intermaxillaires s'étendent sur tout le bord de sa mâchoire supérieure; de nombreuses appendices cœcales entourent son pylore; son épine n'a que peu de vertèbres; ses côtes sont petites, et sa chair est presque sans arêtes; toutes circonstances entièrement opposées à ce qu'on observe dans le brochet.

On doit dire même que ce genre est assez difficile à classer. Néanmoins c'est encore de la famille des perches qu'il se rapproche le plus.

Le Spet *ou* Sphyrène de la Méditerranée.

(*Sphyræna vulgaris*, nob.; *Esox sphyræna*, Linn.; *Sphyrène spet*, Lacép.)

Le spet est un poisson de forme alongée et presque cylindrique : sa hauteur est de neuf à dix fois dans sa longueur, et ses deux diamètres diffèrent peu l'un de l'autre. La longueur de sa tête est comprise trois fois et demie dans sa longueur totale. La hauteur de cette tête, près de la nuque, est aussi trois fois et demie dans sa propre longueur, et sa largeur au même endroit n'est que d'un cinquième moindre que sa hauteur.

Les mâchoires s'alongent en pointe conique, la ligne du profil supérieur et celle de la gorge sont droites depuis la nuque et la poitrine jusqu'au bout de la mâchoire inférieure, faisant ensemble un angle d'environ trente degrés. L'œil est rond, dirigé latéralement, voisin du profil supérieur, un peu plus près de l'ouïe que du bout du museau. Son diamètre est d'un peu plus du huitième de la longueur de la tête, et d'un peu plus de moitié de la hauteur à l'endroit où il est placé. Le dessus du museau a deux arêtes longitudinales très-obtuses, qui se prolongent en ligne droite sur le crâne, jusqu'à la nuque.

La mâchoire supérieure n'a aucune protractilité. L'inférieure la dépasse et la reçoit, de manière que, la bouche fermée, la ligne du profil ne soit pas interrompue. Cette pointe de la mâchoire inférieure est en grande partie charnue. Le bout de la supérieure est tronqué, pour s'adapter dans la courbe de l'inférieure. La fente de la bouche est parallèle à la ligne de la mâchoire inférieure, et se courbe un peu vers le bas. Cette fente ne pénètre que jusqu'aux deux tiers de la distance du bout du museau à l'œil; mais l'articulation de la mâchoire inférieure a lieu sous l'œil même. Un intermaxillaire étroit fait le bord supérieur de la bouche, accompagné, en dessus et en arrière, d'un maxillaire, qui s'élargit, se recourbe aussi un peu vers le bas, et est tronqué obliquement en arrière de la commissure. Ce maxillaire a un angle saillant à son bord supérieur vers son tiers postérieur.

Le premier sous-orbitaire, un peu en équerre obtuse, étend sa branche supérieure en avant, jusque près du bout de la mâchoire supérieure. L'autre branche descend obliquement devant l'orbite, et derrière la partie postérieure du maxillaire, qu'il ne recouvre point dans l'état de repos. Sans dentelures, sans épines, il ne se fait remarquer au travers de la peau que par une série de pores parallèles à son bord supérieur. Lorsqu'on relève la lèvre membraneuse de la mâchoire inférieure, on voit en dessous de petites lames cutanées, transverses et parallèles, qui unissent sa face interne à celle de la mâchoire, et un repli oblique plus épais, qui donne aussi des deux côtés de petites lames semblables. Les deux orifices de la narine sont voisins l'un de l'autre, près de l'angle du sous-orbitaire, à peu près au sixième postérieur de la distance de l'œil au bout du museau.

Les dents du spet sont très-remarquables par leur disposition. Les intermaxillaires n'en ont, le long de leur bord, qu'une seule rangée de très-petites, nombreuses et serrées; mais à leur extrémité antérieure, un peu en dedans, ils en ont chacun deux grandes, l'une derrière l'autre, comprimées, tranchantes, un peu arquées et très-pointues. Plus en arrière et à quelque distance de ces grandes dents intermaxillaires, mais sur la même ligne, chaque palatin en a trois ou quatre, également grandes, tranchantes et pointues, mais non arquées; que suivent, toujours le long du palatin, douze ou quinze autres dents très-petites et serrées, comme celles de l'intermaxillaire. A la mâchoire inférieure il y a deux de ces fortes dents tranchantes, pointues et arquées, qui répondent en avant des quatre de la mâchoire supérieure. Le poisson en perd souvent une, en sorte qu'il a l'air de n'en avoir qu'une seule sur le bout de la mâchoire inférieure. Le long de chaque branche de cette mâchoire se voit ensuite une série d'une vingtaine, d'abord très-petites, dont les postérieures deviennent plus grandes et tranchantes, mais sans égaler la moitié des grandes palatines, qui sont vis-à-vis d'elles. Quand la bouche se ferme, ces dents latérales de la mâchoire inférieure entrent dans l'intervalle des dents intermaxillaires et des palatines de la supérieure. Le vomer n'en a aucunes.

La langue de ce poisson est très-longue, obtuse au bout, très-libre, retenue seulement, vers sa base, par un frein membraneux : ses bords sont membraneux et minces : sa surface supérieure est âpre et légèrement canaliculée selon son axe.

Les pharyngiens, placés fort en arrière de l'ouverture de la bouche, n'ont que des dents en cardes ou en velours.

Les arceaux des branchies sont très-longs, et laissent entre eux de grands espaces : ils ne sont garnis intérieurement que d'une légère scabrosité, sans même de pectinations.

Le préopercule a son bord postérieur droit et horizontal, l'angle très-obtus, arrondi; le bord montant dirigé obliquement en arrière, et revenant en arc de cercle : il n'a ni épine ni dentelure. L'opercule et le subopercule forment ensemble un demi-cercle, qui, vers le tiers supérieur, produit un angle saillant. Les ouïes sont fendues jusque sous l'œil, et les deux branches de la mâchoire inférieure pouvant s'écarter beaucoup, leur ouverture est très-ample. Les deux membranes des ouïes croisent un peu l'une sur l'autre à leur extrémité antérieure. Elles ont chacune sept rayons bien osseux et bien prononcés.

Les pectorales sont un peu au-dessous du milieu, et assez petites. Leur longueur n'est guère plus du douzième de celle du corps. Elles ont treize rayons, dont le premier très-petit, le second articulé, mais simple, aussi long que les trois ou quatre suivans; le reste va en décroissant. Les ventrales sont vraiment abdominales, c'est-à-dire que leur bassin ne tient nullement aux os de l'épaule; elles sortent en arrière de la pointe des pectorales, à une distance égale à la longueur de ces dernières; leur propre longueur est à peu près celle des pectorales; elles sont très-rapprochées l'une de l'autre, et se composent, comme dans presque tous les acanthoptérygiens, d'une épine et de cinq rayons branchus : les six rayons sont à peu près égaux. Le bord de ces nageoires n'adhère point au ventre, et il n'y a ni sur ni entre elles d'écailles particulières.

La première dorsale répond aux ventrales, et serait sur le milieu du poisson, si l'on retranchait la caudale; elle est triangulaire, soutenue par cinq épines peu roides, dont la première et la seconde, qui sont les plus longues, n'ont que les deux tiers de la hauteur du corps à cet endroit; les autres diminuent, et la dernière est presque collée au dos. La nageoire est aussi longue que haute.

L'anus est placé après le troisième cinquième de la longueur totale. On y voit deux petits trous ronds, sans bourrelet ni autre renflement. L'anale et la deuxième dorsale se correspondent en grandeur et en forme; elles ont chacune une petite épine, un rayon simple, mais articulé, et huit rayons branchus qui vont en diminuant, mais dont le dernier se ralonge un peu. Leur hauteur est à peu près des deux tiers de celle du corps entre elles, et leur longueur est un peu plus grande. Entre les deux dorsales est un intervalle de près du sixième de la longueur totale, et entre la deuxième et la caudale un autre à peu près de même longueur. La caudale elle-même est de très-peu plus courte; elle est fourchue, et l'échancrure pénètre dans les trois quarts de sa longueur. On y compte dix-sept rayons, disposés comme à l'ordinaire.

B. 7; D. 5—1/8; A. 1/8; C. 17; P. 13; V. 1/5.

Les écailles de la sphyrène sont petites, au nombre de près de

cent cinquante sur une ligne longitudinale, depuis l'ouïe jusqu'à la
caudale, et de vingt-cinq ou trente sur une verticale. Leur forme est
un ovale plus large que long; elles sont minces, ont le bord entier,
la surface extérieure très-finement pointillée, et celle qui est cachée,
très-finement striée dans le sens d'avant en arrière. Celles de la ligne
latérale, un peu différentes des autres, sont trilobées, et leur lobe
mitoyen est échancré. Sur leur base se voit une petite élevure ovale.
Cette ligne latérale est à peu près droite, et coupe chaque côté du
corps en deux parties, dont la supérieure est à peine un peu plus
petite que l'autre. Il y a des écailles sur la joue, sur les pièces operculaires et sur le crâne. On en voit même des vestiges entre les arêtes
du front et du museau; mais les mâchoires et les premiers sous-
orbitaires n'en ont pas.

Ce poisson est d'une teinte argentée sur les côtés et sous le ventre, et plombée ou noirâtre sur le dos, jusqu'à la ligne latérale qui
fait la séparation des deux couleurs. Ses dorsales et sa caudale sont
brunes, ses pectorales grises, ses ventrales et son anale fauve clair.
L'iris de son œil est argenté.

Les jeunes sphyrènes ont une livrée particulière, qui consiste
en marbrures brunes sur le dos et sur les côtés, lesquelles forment
souvent une suite assez régulière de taches le long de la ligne latérale.

L'espèce devient assez grande : il y en a communément
de dix-huit pouces, et nous en possédons de trois pieds de
longueur.

Les viscères de la sphyrène sont assez simples, et tous ont la forme
très-alongée. Le foie n'a qu'un seul lobe étroit du côté gauche de
l'abdomen.

L'œsophage est court, et donne bientôt naissance à l'estomac, qui
est un sac alongé, mais étroit, de sorte que la capacité de ce viscère
n'est pas très-grande. Le pylore s'ouvre auprès du cardia, presque
sous le diaphragme : il est muni d'un très-grand nombre de cœcums, disposés sur un seul rang, le long du duodénum. L'intestin
est étroit et va droit à l'anus, sans faire aucun repli.

La rate est noire, peu épaisse, arrondie à ses deux extrémités, et placée vers le milieu de la longueur de l'estomac.

Les laitances, ainsi que les ovaires, forment deux sacs très-étroits, placés vers l'arrière de l'abdomen. Les œufs sont très-petits.

La vessie natatoire est grande, ses parois supérieures sont plus épaisses que celles du côté des viscères; elle se termine en pointe en arrière, et en avant elle est fourchue : chaque corne est très-pointue, et se termine presque sous le crâne. Je n'ai pu voir si elles communiquent avec l'oreille.

Les reins sont assez gros, divisés chacun en deux, et ils vont aboutir tout auprès de l'anus.

J'ai trouvé dans l'estomac des petites clupées ou des athérines.

Outre ce que l'on voit à l'extérieur, le squelette de la sphyrène est remarquable par la forme alongée de son crâne, par les tendons ossifiés qui en prolongent les apophyses postérieures. Les tendons du corps de l'os hyoïde sont également ossifiés, ce qui semble annoncer que sa tête a des mouvemens violens. Ses os propres du nez sont singulièrement minces, longs et étroits, et ses ptérygoïdiens larges et concaves pour porter l'œil. Ses os de l'avant-bras ont une assez grande dimension d'avant en arrière, et le cubital surtout; mais ses os du carpe sont petits. Les stylets claviculaires sont courts et grêles, et ne vont point, comme dans le muge, s'attacher au bassin. Il n'y a que vingt-quatre vertèbres à son épine, toutes plus longues que larges, et rétrécies dans leur milieu. L'anale commence sous la quatorzième. Les côtes sont grêles et courtes.

Beaucoup d'auteurs ont représenté la sphyrène. Bélon (p. 167) n'en a donné qu'une esquisse incorrecte. La figure de Rondelet (p. 224) ne pèche que par une tête un peu trop petite. Celle de Salvien (fol. 69, vers.) est plus exacte pour l'ensemble; mais on y a oublié la première dorsale. Celle d'Aldrovande (*pisc.* 102) est faite d'après un individu mal desséché.

Bloch (pl. 389) est plus correct, mais ne rend pas assez

exactement les différentes grosseurs des dents, et place la première dorsale et les ventrales trop en avant, en sorte qu'il est douteux que son peintre ait eu notre vraie sphyrène sous les yeux; de plus, il ne lui donne que quatre rayons à sa première dorsale, ce qui ne se voit dans aucune des sphyrènes que nous connaissons.

Salvien dit que sa chair est méprisée à Rome; mais les autres auteurs s'accordent à la comparer à celle du merluz, qui n'est nullement méprisable. Selon eux, elle est légère, friable et de bon goût.

On la connaît dans toutes les parties de la Méditerranée.

Son nom espagnol, comme nous l'avons dit, est *espeto*[1], c'est-à-dire *broche* : à Iviça, à Montpellier, on le change en *espet* ou en *spet*[2] : les Marseillais l'appellent *peis escome*[3], ce qui signifie *poisson-cheville* (de *scalmus*, la cheville de l'aviron). La plupart de ses noms italiens sont relatifs aux rapports qu'on lui trouve avec le brochet (*lucius*); *lussi* est celui de Nice[4]; *luzzaro*, celui de Gênes[5]; *lucio di mare*, celui de Rome[6] et de Sardaigne[7]; *luzzo*, celui de Venise[8]; *aluzza*, celui de Messine; *lozzo*, celui de Catane[9]. Nous avons déjà dit que dans l'Archipel quelques Grecs lui ont conservé le nom peu altéré de *sphyrna*.

Forskal l'a vue à Smyrne et à Constantinople[10]. Il ne paraît pas cependant qu'elle passe le Bosphore; du moins ne la rencontre-t-on pas bien haut vers le nord de la mer Noire, car Pallas ne la cite aucunement parmi les poissons de la Tauride.

---

1. Rondelet, p. 224. — 2. *Id., ib.*, et Laroche; Ann. du Mus., t. XIII, p. 318. — 3. Bélon, *Aquat.*, p. 64, et traduction française, p. 163, et Salvien, p. 70. — 4. Risso, p. 332. — 5. Cetti, t. III, p. 195. — 6. Salvien, p. 70. — 7. Cetti, *loc. cit.* — 8. De Martens, Voyage à Venise, t. II, p. 426. — 9. Rafinesque, *Indice*, p. 34. — 10. *Faun. arab.*, p. xvi.

Il n'en est pas de même de l'Adriatique. Bélon dit qu'on en voit peu à Venise, mais qu'elle est très-commune à Corfou[1], et Brünnich assure qu'elle n'est pas rare à Salone.[2]

Bélon nie qu'il y en ait dans l'Océan, du moins sur les côtes de France[3]; et Willughby dit aussi n'en avoir jamais vu que de la Méditerranée[4]. C'est également de là que sont en effet venues toutes les nôtres.

Il est vrai que Cornide nomme un espéton parmi les poissons de Gallice, et le croit le même que le spet ou la sphyrène; mais comme il l'appelle *petit poisson (pececillo)*[5] et lui attribue l'habitude de s'enfoncer dans le sable, je soupçonne que cet espéton de Gallice est simplement l'*ammodite*, d'autant plus que Cornide ne mentionne point ce dernier poisson dans l'ordre des apodes.

Des Sphyrènes étrangères.

M. de Lacépède a placé parmi les sphyrènes deux poissons d'après des dessins qu'il a mal jugés, bien qu'ils fussent très-reconnaissables pour un homme qui aurait eu plus d'habitude d'observer la nature.

Le premier, sa *sphyrène orvert* (t. V, pl. 9, fig. 2), donné d'après un dessin de Plumier, copié par Aubriet, n'est autre que notre *centropome* ou le *sciæna undecimalis* de Bloch. Quelque ressemblance de forme, et le nom de *brochet de mer,* que ce poisson porte en Amérique et qui est écrit sur le dessin, ont pu en imposer à son sujet; mais

---

1. Bélon, *Aquat.*, p. 165. — 2. Brünnich, *Pisc. massil.*, p. 101. — 3. Bélon, *loc. cit.* — 4. Will., *Ichtyol.*, p. 274. — 5. Cornide, *Ensayo, etc.*, p. 86.

3.   32

ses ventrales thorachiques et le manque de grandes dents prouvent que ce n'est pas une sphyrène. Nous avons d'ailleurs suffisamment établi sa synonymie au chapitre des centropomes.

L'illusion était moins excusable pour le second, que M. de Lacépède (t. V, pl. 1, fig. 3) nomme *sphyrène aiguille.* C'est une orphie ployée et un peu contournée, de manière que ses ventrales paraissent l'une à droite, l'autre à gauche. C'est l'une de ces ventrales que M. de Lacépède a regardée comme une première dorsale, et sur une méprise aussi aisée à rectifier il s'est empressé d'établir une espèce. La forme seule des mâchoires, le nombre et l'égalité de leurs dents, auraient dû le désabuser.

Bloch a eu une idée encore beaucoup plus bizarre, en rangeant, lorsqu'il a publié son *Systema*[1], le *céphale doré* de Plumier, qu'il avait nommé d'abord *mugil Plumieri,* dans le genre des sphyrènes. C'est un vrai muge, sans aucun doute.

Enfin, le *silurus imberbis* de Houttuyn, quel qu'il soit, car ce n'est assurément pas un silurus, ne peut sans absurdité être classé dans ce genre, comme l'a encore fait Bloch[2], puisqu'il n'a, dit-on, aucune dent.

Mais, sans compter ces fausses sphyrènes, il en existe dans les deux océans de très-vraies, et même de tellement semblables à celle de la Méditerranée, qu'il faut beaucoup d'attention et une comparaison immédiate pour les en distinguer.

---

1. *Sphyræna Plumieri;* Bl., *Syst.,* p. 110. — 2. *Sphyræna japonica; id., ib.*

La Sphyrène du cap Vert.

(*Sphyræna viridensis*, nob.)

Ainsi il en a été envoyé une de Praia-San-Jago, île du cap Vert, par MM. Quoy et Gaymard, qui ne diffère de celles de la Méditerranée que parce que le brun du dos et l'argenté du ventre sont séparés par une ligne en zigzag, qui forme ainsi le long de la ligne latérale, et un peu au-dessus, une série de vingt ou de vingt et une grosses dentelures alternativement de ces deux couleurs.

La Sphyrène bécune.

(*Sphyrène bécune,* Lac.; *Sphyræna picuda*, Bl., Schn.; *Esox becuna,* Sh.)

Il y en a une aux Antilles et sur la côte du Brésil, si semblable à celle d'Europe, que je n'y vois d'autre différence que les taches, qu'elle conserve jusqu'à un âge bien plus avancé. Du reste, sa forme, ses dents, ses pièces operculaires, la position de ses ventrales et de sa première dorsale, sont les mêmes.

C'est, à ce qu'il me paraît, cette sphyrène que le père Plumier a dessinée sous le nom de *bécune* à la Martinique, et je la crois aussi la *picuda* de la Havane, représentée dans Parra. M. de Lacépède l'a fait graver sous le premier de ces noms (t. V, pl. 9, fig. 3), d'après une figure d'Aubriet, copiée de Plumier; et Bloch l'a donnée sous le second dans son *Systema,* pl. 29, fig. 1, d'après la fig. 2, pl. 35, de Parra.

M. de Lacépède a cru pouvoir différencier son *spet* de

sa *bécune,* en ce que le premier n'aurait que quatre épines
à sa dorsale antérieure, et que l'autre en aurait cinq; mais
toutes les vraies sphyrènes en ont cinq, et le spet comme
les autres. Si M. de Lacépède en a pensé autrement, c'est
peut-être pour avoir donné trop de confiance à Bloch, qui
dans son grand ouvrage ne lui en donne en effet que quatre; mais c'est une erreur qu'il a corrigée dans son *Systema,*
p. 109.

Parra dit que son *picuda* approche souvent de quatre
pieds, et qu'il est fort savoureux, mais qu'on ne le mange
qu'avec défiance, apparemment parce qu'il est du nombre
des espèces sujettes à prendre des qualités vénéneuses.[1]
M. Ricord fait un rapport semblable de la bécune de Saint-
Domingue.

M. Poey nous assure que la maladie occasionée par ce
poisson est quelquefois mortelle; mais que l'on peut reconnaître les individus qui se trouvent dans cet état mal-
faisant, à ce que la racine de leurs dents prend une couleur noirâtre, et que l'on mange sans crainte ceux qui
n'ont pas cette marque.

Le GUACHANCHO.

(*Sphyrœna guachancho,* nob.)

M. Poey nous parle d'un autre poisson américain de ce
genre, qu'il nomme *guachancho,* et que nous n'avons pas
vu. On doit, dit-il, s'attacher à bien connaître ce poisson
et à le distinguer de la *picuda,* dont il n'a jamais les qualités mal-faisantes : il est très-recherché, d'un très-bon goût
et presque sans arêtes. Cet observateur nous en a donné

---

1. Parra, p. 91 et 92.

une figure très-semblable pour les formes à celle de la sphyrène d'Europe; et il y ajoute les détails suivans sur ses couleurs.

Son dos est, dit-il, de couleur de terre d'ombre : sa ligne latérale forme une petite bande blanche et luisante : la caudale est d'un vert clair, avec l'extrémité un peu plus obscure.

D. 5 — 10, A. 9, etc.

Cette espèce voyage en société, et l'on en prend quelquefois ensemble plus de deux cents individus, tous de même taille. Leur longueur ordinaire est de vingt pouces.

Mais il y a au Brésil et dans l'archipel des Antilles une autre sphyrène, dont l'histoire a été mêlée avec celle de la bécune, qui y porte souvent aussi les noms de *bécune* et de *picuda,* et qui se distingue néanmoins de l'espèce d'Europe par des caractères beaucoup plus certains. C'est

La GROSSE SPHYRÈNE.

(*Sphyræna barracuda,* nob.; *Esox barracuda,* Shaw, p. 105.)

A longueur égale, elle est de près d'un tiers plus grosse; ses grandes dents sont plus larges et non arquées. Chaque palatin en a un nombre de grandes qui peut aller de cinq ou six à dix ou onze, sans aucunes petites, ni dans leurs intervalles ni à leur suite, ou tout au plus y a-t-il trois ou quatre de ces petites, qu'on ne voit même que dans les jeunes individus, et quand on en a fait le squelette; en sorte que le bord de ces os, après les grandes dents, est entièrement tranchant et lisse. Le préopercule est arrondi comme dans les précédentes; mais l'opercule osseux se termine par deux pointes, dont la supérieure est mousse, et l'inférieure assez aiguë, quoique courte. Cet os est bien moins long proportionnellement à la joue. La position des ventrales et de la première dorsale est aussi très-différente : ces nageoires répondent à la pointe de la pectorale, et ne sont par conséquent pas, à beaucoup près, autant en arrière que dans la bécune et dans la sphyrène d'Europe. La tête, comme dans la sphyrène commune, est trois fois et demie dans la longueur totale; mais elle est plus haute à proportion. Sa hauteur est trois fois juste dans sa longueur. La hauteur du corps est sept fois et plus dans la longueur totale.

Les nombres sont les mêmes.

B. 7; D. 5 — 1/9; A. 1/9; C. 19; P. 12; V. 1/5.

Notre individu du Brésil est long de treize pouces; mais nous en avons depuis long-temps une tête qui annonce une longueur de trois pieds, et tout récemment il nous en est venu un individu de trois pieds et demi, recueilli à Porto-Rico, par M. Plée.

Les viscères de cette sphyrène ne diffèrent pas de ceux de la sphyrène d'Europe. C'est exactement la même forme et la même disposition. L'estomac a seulement paru un peu plus grand.

La vessie aérienne est de même fourchue.

Nous avons le squelette de cette espèce : les pièces y sont en même nombre que dans le *spet;* mais chaque vertèbre y est plus courte à proportion. La première dorsale commence sur la cinquième, tandis que dans le spet c'est sur la sixième.

Il me paraît que c'est de cette seconde espèce que Rochefort parle[1], et qu'il la figure sous le nom de *bécune*[2]. Il la range au nombre des monstres marins avides de chair humaine. Elle atteint, selon lui, sept ou huit pieds de longueur, et s'élance avec furie sur les hommes qu'elle aperçoit dans l'eau. Ses dents font des blessures souvent mortelles.

Dutertre[3] attribue aussi à sa bécune cette énorme taille, et la dit plus dangereuse que le requin, d'autant que le bruit et le mouvement, loin de l'intimider, sont ce qui l'excite le plus à s'élancer contre ses victimes.

---

1. Histoire des Antilles, p. 181. — 2. *Ib.*, fig. 5, la *bécune.* — 3. *Ib.*, t. II, p. 204.

Le goût de sa chair, au dire de ces deux écrivains, est le même que celui du brochet, mais elle est très-sujette à être empoisonnée. Pour s'assurer qu'elle est saine, on examine si ses dents sont bien blanches, et l'on goûte son foie, pour savoir s'il n'a point contracté d'amertume. Dans le cas contraire, on la rejette soigneusement. Les habitans des îles croient qu'elle prend ces qualités vénéneuses quand elle a mangé les fruits du mancenillier.

Catesby nous paraît avoir représenté la même espèce sous le nom de *barracuda*[1]. Cet auteur assure en avoir vu de dix pieds de longueur, et avoir entendu dire qu'il y en a de plus grands encore. Il ajoute que c'est un poisson très-vorace, qui nage avec beaucoup de force, qui en détruit une infinité d'autres, et qui attaque les hommes lorsqu'ils se baignent. On en voit beaucoup dans les bas-fonds autour des îles de Bahama et dans d'autres parages de la zone torride. Leur chair, selon Catesby, est désagréable au goût, et souvent empoisonnée, causant alors de grandes douleurs de tête, des vomissemens, et faisant tomber les cheveux et les ongles. Néanmoins les pauvres habitans de ces îles ne laissent pas que de s'en nourrir.

Sloane parle aussi de ce *barracuda* dans son Histoire naturelle de la Jamaïque[2]. Sa figure du moins ressemble à notre espèce[3]; mais l'individu qu'il décrit n'était long que de quinze pouces. Ce poisson, dit-il, est innocent ou vénéneux, selon les lieux et les saisons, et surtout selon les alimens dont il se nourrit.

Tout ce qui a rapport aux poissons vénéneux des pays chauds, et à cette maladie appelée *siguatera,* qu'ils occa-

---

1. Catesby, t. II, pl. 1, fig. 1. — 2. T. II, p. 185. — 3. Pl. 247, fig. 3.

sionnent en certaines circonstances, étant de nature à inspirer de la curiosité et de l'intérêt, je crois devoir insérer
ici les notions recueillies par M. Plée sur ce *barracuda*,
telles que je les ai trouvées dans les papiers de ce malheureux naturaliste.

« Beaucoup de personnes, dit-il, craignent de manger
« ce poisson, parce qu'on a de fréquentes preuves qu'il
« cause des maladies et quelquefois la mort. Cette pro-
« priété vénéneuse de la bécune tient très-certainement à
« un état particulier de l'individu, qui paraît se présenter
« dans différentes saisons de l'année.

« J'ai consulté plusieurs personnes à l'égard du poison
« de la bécune ; toutes m'ont assuré qu'il y a un moyen
« infaillible de s'assurer si, lorsqu'on vient de la pêcher,
« elle est ou non vénéneuse. Pour cela il n'y a qu'à remar-
« quer si, en la coupant, il ne s'écoule point une espèce
« d'eau blanche, ou plutôt une sorte de sanie, qui, dans
« tous les cas, est le signe certain que la bécune est dans
« l'état de maladie dont j'ai parlé ci-dessus. D. Arthur
« O'Neill, marquis del Norte, m'a dit avoir vu faire des
« expériences sur des chiens, et que toutes ont confirmé
« l'exactitude de ce moyen de sécurité.

« Les signes de l'empoisonnement par la bécune, sont
« un tremblement général, des nausées, le vomissement,
« des douleurs vives, particulièrement dans les articula-
« tions des bras et des mains.

« Quelquefois ces symptômes se succèdent avec une
« telle rapidité, qu'il devient extrêmement difficile de dé-
« terminer d'une manière précise les différentes périodes
« de cette affection morbifique.

« Quand la mort ne termine pas la maladie, ce qui heu-

« reusement est le cas le plus ordinaire, on voit quelque-
« fois le virus causer des phénomènes pathologiques tout-
« à-fait singuliers : les douleurs dans les articulations de-
« viennent plus fortes; les ongles des pieds, des mains,
« tombent insensiblement; les cheveux, qui, comme on
« sait, sont absolument de la même nature que les ongles,
« finissent aussi par tomber. On a vu ces phénomènes se
« présenter chez plusieurs individus et se continuer pen-
« dant un grand nombre d'années. On m'a cité une per-
« sonne qui les éprouve depuis plus de vingt-cinq ans.

« Un fait remarquable, c'est que quand la bécune a été
« salée, elle ne cause jamais aucun accident. A Sainte-
« Croix, par exemple, on est dans l'usage de ne la manger
« que le lendemain du jour où elle a été salée. Le sel ne
« pourrait-il pas être un antidote du poison de la bécune?

« Au reste, je n'ai été témoin d'aucun des accidens de
« l'empoisonnement par la bécune, et je n'écris que ce que
« j'ai entendu raconter par des personnes d'ailleurs fort
« instruites et dignes de foi.

« J'ai eu l'occasion de voir un assez grand nombre de
« très-jeunes individus dont la longueur n'était pas de
« plus de six pouces; tous manquaient de la dent de la
« mâchoire inférieure. »

Il est assez singulier que Margrave n'ait connu ni l'une
ni l'autre de ces sphyrènes au Brésil.

La mer des Indes possède aussi des sphyrènes; et nous
en avons reçu deux espèces distinctes, qui vivent également sur la côte de Coromandel et sur celle de Malabar.

La SPHYRÈNE JELLO.

(*Sphyræna jello*, nob.)

L'une des deux a été représentée par Russel (pl. 174) sous le nom de *jellow*, qu'elle porte à Vizagapatam. Cet auteur la croit identique avec l'*esox sphyræna* de Linnæus, ou la sphyrène commune; mais il s'en faut beaucoup que cette opinion soit juste.

A la vérité, sa forme est à peu près celle de notre sphyrène, sauf un peu moins de longueur à l'appendice pointu de sa mâchoire inférieure; ses dents sont à peu près semblables; son préopercule est aussi coupé en arc de cercle; mais il y a deux pointes à son opercule osseux : sa première dorsale et ses ventrales sont, comme dans le *barracuda*, avancées jusques vis-à-vis le bout des pectorales; sa ligne latérale n'est pas tout-à-fait droite, mais sa courbure est d'abord légèrement convexe vers le dos; le noirâtre de son dos et l'argenté de son ventre sont séparés par une ligne festonnée ou serpentante, qui est coupée par la ligne latérale.

Ses nombres sont les mêmes.

B. 7; D. 5 — 1/9; A. 1/9; C. 17; P. 13; V. 1/5.

M. Leschenault nous en a envoyé un individu long de trente-deux pouces; Russel assure en avoir vu un de quatre pieds : il dit que l'on sert quelquefois ce poisson sur les tables anglaises, mais qu'il y est peu estimé.

La SPHYRÈNE A MACHOIRE OBTUSE.

(*Sphyræna obtusata*, nob.; *Sphyræna chinensis*, Lacép.?)

L'autre sphyrène, de Pondichéry, se reconnaît à l'instant en ce qu'elle n'a pas cette proéminence pointue qui termine la mâchoire inférieure dans les autres espèces, ou du moins qu'on ne lui en voit qu'un léger vestige, et que le bout de cette mâchoire est obtus.

Sa tête est moins grêle que dans la plupart des autres; car sa hauteur n'est comprise que deux fois et demie dans sa longueur.

Elle a les dents disposées à peu près comme l'espèce d'Europe; mais au total elles sont moins nombreuses, surtout les grandes du palatin, dont elle n'a que trois. Son opercule osseux n'a qu'un angle saillant et flexible, comme dans l'espèce d'Europe. Ses ventrales et sa première dorsale répondent à la fin de sa pectorale, comme dans le barracuda et le jello; mais ce qui lui est particulier, c'est que son préopercule n'est pas arrondi, comme dans toutes les espèces précédentes : il a un bord montant rectiligne, et vers le bas un angle rectangle, et même saillant, au moyen d'une dilatation membraneuse et arrondie. La hauteur du corps est huit fois et demie dans la longueur totale; celle de la tête y est un peu plus de trois fois et demie. Sa couleur est argentée sur les flancs et au ventre, brun roussâtre sur le dos; ses nageoires paraissent jaunâtres.

B. 7; D. 5 — 1/9; A. 1/9; C. 17; P. 12; V. 1/5.

Outre les échantillons envoyés de Pondichéry par MM. Sonnerat et Leschenault, nous avons reçu exactement la même espèce de l'île de Bourbon par M. Leschenault, de la côte de Malabar par M. Dussumier, du port Jackson par MM. Quoy et Gaymard. M. Leschenault nous apprend qu'on en pêche abondamment toute l'année dans la rade de Pondichéry, et qu'elle y parvient à une longueur de vingt pouces. Son nom malabare est *oula*.

Autant que l'on peut juger d'une espèce sur une figure chinoise, il nous paraît que c'est à celle-ci qu'appartient le n.° 48 du Recueil de dessins chinois de la bibliothèque du Muséum, d'après lequel M. de Lacépède a fait graver sa figure 2, pl. 10, et qui lui a servi à établir sa *sphyrène chinoise*.

La Sphyrène de Commerson.

(*Sphyræna Commersonii,* nob.)

Nous sommes obligés de regarder encore comme une espèce particulière de la mer des Indes, celle dont Commerson a laissé un individu sec et deux dessins sans explication, l'un desquels est gravé dans M. de Lacépède (t. V, pl. 8, fig. 3) sous le nom de *variété de la sphyrène chinoise.*

Elle n'a pas, comme celle dont nous venons de parler, l'angle du préopercule saillant et dilaté en membrane, mais cet os est arrondi comme dans toutes les autres ; son opercule n'a qu'une pointe, comme dans celle d'Europe, et non deux, comme dans le jello.

Sa tête est moins alongée que dans l'espèce d'Europe. Le bout de sa mâchoire plus court et plus obtus. Sa première dorsale et son anale sont placées plus en avant, et à peu près vis-à-vis la fin de la pectorale, comme dans toutes les espèces non européennes, la bécune exceptée. Il ne paraît pas que le noirâtre et l'argenté de son corps soient festonnés, ni même que ces deux couleurs tranchent l'une sur l'autre ; mais il semble plutôt que le noirâtre du dos était disposé, au moins par les reflets, en lignes longitudinales, suivant la direction de celles des écailles, et qu'il se perdait par nuances dans l'argenté.

Ses nombres sont les mêmes que dans tout le genre.

B. 7 ; D. 5 — 1/9 ; A. 1/9, etc.

Commerson en a eu des échantillons de seize pouces de long, comme on en peut juger par ses figures, qui sont annoncées être de grandeur naturelle.

Malheureusement on ne trouve rien sur ce poisson dans les manuscrits qui nous restent de cet infatigable naturaliste.

Cette espèce est, à ce qu'il nous paraît, l'*allualu* ou *brochet* de Renard (t. I, pl. 40, fig. 202), copié de Vlaming (n.º 6), et représenté aussi dans Valentyn (n.º 70).

La SPHYRÈNE DE FORSTER.

(*Sphyræna Forsteri?*)

Parmi les dessins de Forster, conservés dans la bibliothèque de Banks, s'en trouve un fait à Otaïti et intitulé *esox sphyrænoides,* qui représente une sphyrène différente, à ce que nous pouvons juger, de toutes celles qui précèdent.

Ses formes sont exactement celles de la sphyrène d'Europe; elle a le bout de la mâchoire inférieure aussi long et aussi pointu, le préopercule arrondi, une seule pointe et peu sensible à l'opercule, la ligne latérale droite; mais elle paraît un peu plus courte, et surtout elle a, comme les espèces qui viennent d'être décrites, les ventrales et la première dorsale vis-à-vis la fin de la pectorale. On ne voit pas sur ce dessin, au simple trait, quelle est la distribution des couleurs.

Forster apparemment n'avait pas laissé de description de cette sphyrène, puisqu'on ne la trouve pas mentionnée dans le *Systema* de Bloch.

Nous l'indiquons ici pour appeler sur elle l'attention des voyageurs.

La SPHYRÈNE DU JAPON.

(*Sphyræna japonica?*)

Nous ajouterons encore comme simple indication, que dans l'imprimé japonais sur les poissons, dont nous avons déjà extrait plusieurs faits curieux, on voit une sphyrène bien dessinée, et semblable à celle d'Europe, même par la position de sa dorsale et de ses ventrales à une certaine distance plus en arrière que la pointe des pectorales : la distribution des couleurs y est aussi la même ; mais il est probable que, si l'on vient à l'examiner en nature, on y trouvera quelque caractère distinctif. Déjà les dents paraissent dans ce dessin beaucoup plus égales que ne les a notre sphyrène commune. Si cette différence se trouvait réelle, ce serait une espèce qui mériterait le nom de *sphyræna japonica* mieux que celle que l'on a établie avec le prétendu *silurus imberbis* d'Houttuyn.

D'après la lecture qu'en a faite M. Abel Remusat, son nom japonais est *kamasou*, et le chinois *so-tseu-iu*.

CHAPITRE XXXII.

Des Paralepis.

M. Risso, à qui l'histoire naturelle doit un si grand nom-bre de poissons curieux, est aussi celui qui a fait connaître les espèces singulières qui forment le genre des *paralepis*. Leur deuxième dorsale est si frêle que cet infatigable ob-servateur l'avait crue d'abord adipeuse, et avait en consé-quence rangé ces poissons dans la famille des saumons et dans le sous-genre des *corégones;* mais il est certain qu'elle a des rayons, et qu'à l'aide d'une loupe il n'est pas difficile de les compter.

La première dorsale étant d'ailleurs soutenue par des rayons épineux, les *paralepis* sont des acanthoptérygiens, et c'est auprès des sphyrènes qu'ils doivent naturellement trouver leur place, car ils en ont le museau alongé et les dents tranchantes. Leurs différences principales consistent dans l'excessif reculement de leurs ventrales et de leur première dorsale, dans la petitesse extrême de la seconde et dans l'égalité de leurs mâchoires.

Plus tard, M. Risso a reconnu qu'en effet ces poissons doivent former un genre particulier, et il l'a introduit dans sa nouvelle édition, t. III, p. 472.

Les paralepis portent à Nice le nom de *lussions,* sans doute parce qu'on leur a trouvé quelque ressemblance avec de petits brochets.

Le Paralepis corégonoïde.

(*Coregonus paralepis,* Risso, 1.ʳᵉ édit.; *Paralepis coregonoides,
id.,* 2.ᵉ édit.)

L'espèce que M. Risso nous avait envoyée sous le nom
de *corégone paralepis,* et qu'il appelle à présent *paralepis
corégonoïde,* est représentée dans sa nouvelle édition,
pl. VII, fig. 15.

C'est un poisson très-alongé et comprimé. Sa hauteur est douze
ou treize fois dans sa longueur, et sa largeur n'est guère que le tiers
ou le quart de sa hauteur. Sa tête est comprimée, et son museau
avancé en pointe : la longueur de sa tête fait un peu plus du cinquième de la longueur totale. Le profil s'abaisse lentement et presque en ligne droite. La mâchoire inférieure dépasse à peine l'autre;
elles sont pointues toutes les deux, et l'inférieure un peu crochue.
L'œil est placé au tiers postérieur de la tête. Son diamètre en fait à
peu près le sixième. La fente de la bouche ne passe guère la moitié
de la distance du bout du museau à l'œil. L'intermaxillaire en fait le
bord supérieur : il est accompagné du maxillaire, qui se courbe un
peu vers le bas en arrière. Le premier sous-orbitaire va depuis l'œil
jusqu'auprès du bout du museau : son bord inférieur suit la courbure du maxillaire. Le premier orifice de la narine est près de son
bord supérieur, au tiers postérieur de sa longueur : il est rond et
un peu saillant : le second est presque imperceptible et tout près de
l'œil. Il n'y a à l'intermaxillaire que des dents si petites qu'il faut une
forte loupe pour les distinguer; elles sont nombreuses et serrées
comme celles d'une scie. La mâchoire inférieure et les palatins en
ont au contraire de grandes, grêles, crochues, très-pointues, qui
dans leurs intervalles en ont d'autres plus petites. Il n'y a point de
dents au vomer, et sa langue n'a que de l'âpreté. Le préopercule a
un limbe large et presque membraneux, dont le bord est entier et
en courbe oblique légèrement convexe : il enveloppe presque l'in-

teropercule ; mais l'opercule et le subopercule se voient bien, et sont entiers et presque membraneux : ils occupent à peu près le cinquième de la longueur de la tête. La membrane branchiostège est fendue très-avant, et croise un peu sur celle de l'autre côté. On y compte aisément sept rayons. La pectorale est pointue et petite, ne faisant que le dixième ou le onzième de la longueur totale. Elle a environ treize rayons. Aucun poisson n'est plus abdominal que celui-ci : ses ventrales sont exactement après les deux premiers tiers de sa longueur totale. Elles sont petites, et ont, comme à l'ordinaire, une épine et cinq rayons mous. Au-dessus d'elles est la première dorsale, qui a dix rayons épineux. L'anale est sous le dernier cinquième de la longueur, et se continue jusqu'à la caudale. On lui compte trente rayons. Vis-à-vis du commencement de son dernier tiers est la seconde dorsale, très-petite, un peu pointue, extrémement frêle ; mais où l'on distingue cependant six rayons. La caudale est d'environ le douzième de la longueur totale, un peu fourchue, et a dix-sept rayons.

Ainsi les nombres sont :

B. 7 ; D. 10 — 6 ; A. 30 ; C. 17 ; P. 13 ; V. 1/5.

Ce petit poisson est argenté. Sa ligne latérale est toute droite, et occupe le tiers supérieur du corps. Ses écailles sont plus grandes et plus adhérentes que les autres.

L'individu que nous décrivons n'est long que de six à sept pouces.

Selon M. Risso, qui a disséqué cette espèce, elle est munie d'une vessie natatoire alongée, et son péritoine est teint de noir.

Elle suit les colonnes des différens gades qui arrivent au printemps, et est fort poursuivie par les oiseaux qui se nourrissent de poissons.

Je n'ai pu la trouver dans Rondelet, et je ne sais ce que M. Risso a voulu indiquer par sa citation : *Rond.*, 8, 11.

3.   34

Le PARALEPIS SPHYRÉNOÏDE.

(*Paralepis sphyrœnoides,* Risso.)

M. Risso donne dans sa deuxième édition (pl. VII, fig. 16) la figure d'un autre poisson, que nous n'avons pas vu en nature, et qui est fort voisin du précédent. L'auteur, qui l'avait nommé d'abord *osmère sphyrénoïde,* a reconnu avec nous que c'est aussi un paralepis.

La seule différence remarquable que nous puissions y apercevoir, c'est que les ventrales n'y sont pas exactement sous la première dorsale, mais un peu plus en avant. La tête paraît aussi un peu plus courte à proportion. Sa couleur est argentée.

M. Risso donne comme il suit les nombres des rayons :

B. 7; D. 10; A. 30; C. 18; P. 10; V. 5 (1/5).

Selon M. Risso, cette espèce demeure toute l'année sur les rivages du comté de Nice. Sa chair est beaucoup meilleure que celle de la précédente.

Le PARALEPIS TRANSPARENT.

(*Paralepis hyalinus,* nob.; *Sudis hyalina,* Rafin.)

Le *sudis transparent* de M. Rafinesque[1] est incontestablement encore de ce genre des *paralepis.*

Il ressemble même beaucoup à notre première espèce par la forme de la tête; mais d'après la figure il a la mâchoire inférieure plus crochue au bout, la première dorsale moins en arrière, les ventrales plus en avant que cette dorsale, et l'anale et la seconde dorsale moins rapprochées de la queue. Sa première dorsale a aussi

---

1. *Caratteri di alcuni nuovi generi, etc.,* p. 60, pl. 1, fig. 2.

dix rayons. L'auteur ne nous donne pas le compte des autres. Son corps est transparent, avec divers reflets. M. Rafinesque lui reconnaît une grande affinité avec les sphyrènes. Une différence capitale, cependant, si elle est exacte, serait, selon lui, de manquer de dents à la mâchoire supérieure, c'est-à-dire, sans doute, aux palatins. Dans le cas où en effet il n'y en aurait point, il conviendrait de laisser subsister le genre Sudis, établi par ce naturaliste.

Ce poisson se nomme en Sicile *adazza imperiale;* il y est fort rare. Sa grandeur ordinaire est d'un pied ou de quelque chose de plus.

CHAPITRE XXXIII.

Des Polynèmes.

Les polynèmes sont au nombre de ces genres qui, tenant à plusieurs familles, n'appartiennent précisément à aucune, ou qui du moins ne s'y laissent pas lier étroitement. Leur museau proéminent et écailleux semblerait devoir les faire placer à la suite des sciènes. Les écailles qui couvrent trois de leurs nageoires verticales les rapprocheraient aussi de plusieurs des genres de cette famille, et les lieraient même à quelques égards à celle des squammipennes; mais leurs dents palatines et vomériennes les ramèneraient à celle des perches. Enfin, ils tiennent jusqu'à un certain point aux trigles par les rayons libres de leurs pectorales et par la séparation de leurs nageoires.

Artedi a établi ce genre dans le grand ouvrage de Seba; et comme l'espèce qu'il avait observée ne lui parut avoir que cinq rayons libres, il nomma le genre *pentanemus.* C'est Gronovius qui, ayant vu une espèce à sept rayons, a trouvé le nom de *polynemus* plus convenable : il vient de νῆμα (*filum*). Linnæus a pensé que les filets des polynèmes ne sont pas articulés comme ceux des trigles; mais c'est une erreur : ce sont des rayons articulés comme tous les autres, mais simples et sans branches. Les ventrales des polynèmes sortent, à la vérité, sous les pectorales, mais seulement sous leur milieu ou sous leur partie postérieure, ce qui a engagé Linnæus à les placer tous dans ses abdominaux; néanmoins le bassin est toujours suspendu aux os

de l'épaule, et c'est à sa longueur qu'est due la position des
ventrales en arrière, laquelle même, dans l'espèce à longs
filets, n'est peut-être pas assez prononcée pour mériter au
poisson l'épithète d'abdominal.

Du reste, le corps des polynèmes est oblong; leur tête
est couverte d'écailles dans toutes ses parties, et même à
la membrane branchiostège, mais d'écailles qui tombent
aisément : leur préopercule est dentelé; leur gueule très-
fendue, armée de dents en velours ras aux deux mâchoires,
au-devant du vomer et aux palatins; leur langue lisse,
courte et large; leurs ouïes très-ouvertes; leur membrane
branchiostège constamment munie de sept rayons, bien
que Linnæus ait cru qu'elle pouvait n'en avoir que cinq,
et que Bloch n'en ait compté que cinq à l'espèce d'Amérique. Les deux ouvertures de leur narine sont voisines
l'une de l'autre, et rapprochées du bout du museau. Leurs
deux dorsales sont fort écartées, et la seconde est encore
loin de la caudale; l'anale lui répond; l'anus est percé
sous l'abdomen bien avant le commencement de l'anale;
la caudale est fourchue, et ses fourches sont rarement
égales. De petites écailles couvrent entièrement ces trois
nageoires; il y en a même à la base de la pectorale, qui
prononcent sa séparation des rayons libres placés au-
dessous mieux qu'elle ne l'est dans les trigles. Une membrane écailleuse forme une avance ou un repli arrondi
dans l'aisselle de leurs pectorales, et il y a sur celle de
leurs ventrales une autre avance écailleuse et pointue. On
a dit que leurs rayons libres leur servaient à attirer de
petits poissons, qui les prennent pour des vers; mais c'est
plutôt une conjecture que le résultat d'une observation
positive.

Les auteurs de l'*Ittiolitologia veronese*, p. 153, ont imaginé de donner un de leurs poissons pétrifiés (pl. 75, fig. 3) pour le *polynemus quinquarius*, L., ou le *pentanemus* d'Artedi, c'est-à-dire pour notre première espèce; et d'autres naturalistes ont pensé que c'est le *polynemus plebeius;* mais la seule inspection de la figure, et encore mieux celle du morceau original, dément cette assertion: l'anale y est presque double de la caudale en longueur, et les petites stries sur lesquelles on avait fondé cette conjecture ne sont que des restes d'arêtes.

Le POLYNÈME A LONGS FILETS.

(*Polynemus longifilis,* nob.; *Polynemus paradiseus* et *Polynemus quinquarius,* Linn.)

L'espèce où le caractère du genre est le plus développé, et dont les rayons libres sont en partie plus longs que tout le corps, est aussi celle qui a été représentée la première avec quelque soin. On en voit une assez bonne figure dans Seba (t. III, pl. 27, fig. 2); et c'est sur elle qu'Artedi avait formé son genre *pentanemus.* Ce nom vient, comme nous l'avons dit, de ce qu'il ne lui attribuait que cinq filets libres, et cependant la figure en montre six; mais le vrai nombre, dans cette espèce, est de sept, et dans la grande quantité de polynèmes que nous possédons, il ne s'en trouve aucun qui les ait à la fois au nombre de cinq et plus longs que le corps : aussi ne doutons-nous point que ce *pentanemus* d'Artedi, dont Linnæus a fait son *polynemus quinquarius,* et le *poisson-mangue* ou *de paradis* d'Edwards (p. 208), dont il a fait son *polynemus paradiseus,* ne soient une seule et même espèce; seulement l'individu d'Edwards avait ses grands filets tronqués[1]. Quant au *polynemus paradiseus* de Bloch (pl. 402), c'est un tout autre poisson, le même que le *virginicus* de Linné ou que le *polydactyle* de M. de Lacépède.

Cette espèce à longs filets, dont nous parlons maintenant, habite la mer des Indes, et les Européens l'y ont nommée *poisson-mangue, pêche-mangue, mango-fish*. M. Buchanan l'y a vue et en traite au long dans son Histoire des poissons du Gange (p. 228), où il la nomme *polynemus risua;* Edwards l'avait reçue du Bengale, et c'est aussi d'après un individu de ce pays que M. Russel l'a représentée, pl. 185, sous le nom tamoule de *tupséemutchéy.* Elle nous a été apportée de Pondichéry par M. Sonnerat, et de l'embouchure du Gange par M. Dussumier, qui l'a aussi recueillie à Manille. M. Leschenault l'a eue à l'Isle-de-France. Ainsi elle s'est trouvée dans toute la mer des Indes. C'est gratuitement et sans citer aucune autorité que Linnæus a supposé son *polynemus quinquarius* d'Amérique.

Ce *poisson-mangue* est d'une forme élégante. Son corps est ovale, devenant plus mince vers la queue, qui se divise en deux longues fourches ; en les y comprenant, sa longueur égale cinq fois sa hauteur ; sa tête est petite et contenue six fois dans la longueur ; son museau proéminent est obtus et bombé de toute part ; l'œil est petit et plus en avant que le milieu de la fente de la bouche. Les ouvertures de la narine en sont plus près que du bout du museau. Un sous-orbitaire presque membraneux couvre une partie de la joue, mais n'a point de dentelure. Le préopercule est arrondi et finement dentelé à sa partie montante ; l'opercule s'amincit à ses bords, sans

______

1. Bonnaterre a copié les figures de Seba et d'Edwards. (Encyclopédie méthodique, ichtyologie, fig. 306 et 307.)

former de piquant; les ouïes sont très-fendues, et il n’y a pas de demi-branchie attachée à l’opercule. Les os de l’épaule ne se montrent par aucune dentelure; mais on voit un grand repli écailleux dans l’aisselle de la pectorale, et une petite écaille pointue dans celle de la ventrale; la pectorale est pointue et du cinquième de la longueur du corps, et a seize rayons. Des sept filets placés sous elle, le premier et le second sont du double plus longs que le corps; le troisième l’égale; les quatre autres diminuent rapidement, et il a été facile de perdre les deux derniers sur les individus mal conservés. La ventrale naît sous le milieu de la pectorale, et plus en avant que dans la plupart des autres espèces; sa pointe ne va pas aussi loin que celle de la pectorale. La première dorsale naît vis-à-vis le tiers antérieur de la pectorale, et finit sur sa pointe; elle est triangulaire et a sept rayons épineux et flexibles. Entre elle et la seconde est un intervalle de six ou sept écailles : la seconde est trapézoïdale, un peu plus longue et un peu plus haute en avant que la première, et a une petite épine et quinze rayons mous, dont le dernier fourchu. L’anale, de même forme, et placée vis-à-vis, a aussi une petite épine; mais ses rayons mous ne sont qu’au nombre de douze.

Derrière ces deux nageoires la partie de queue qui n’en a point, fait le cinquième de la longueur totale, et la caudale, qui la termine, en fait plus du quart; elle est fourchue sur les trois quarts de sa longueur; ses branches se terminent en filets, et la supérieure est la plus longue. Sur et sous sa base sont de petites pointes, mais très-peu sensibles.

Les écailles sont médiocres; il y en a une soixantaine sur une ligne, entre l’ouïe et la queue; on ne sent pas leur rudesse au tact : il faut une assez forte loupe pour y voir l’âpreté et les dentelures. La ligne latérale se marque par un petit tube sur chaque écaille, dont la suite est continue et se prolonge sur la caudale.

Nous n’avons pas vu de poisson-mangue qui fût long de plus de huit pouces. M. Buchanan dit que sa taille la plus ordinaire n’est que d’un demi-pied. M. Dussumier, à

qui nous devons deux individus de cette espèce et qui les
a observés à l'état frais, nous dit qu'ils étaient d'un jaune
citron, et que les nageoires et les filets sont d'un bel orangé.
Cependant il paraît, d'après M. Buchanan, que le plus grand
nombre des individus est argenté, avec des reflets dorés et
pourpres, et une teinte verdâtre sur le dos; alors les nageoires sont jaunâtres, et celles du dos sont pointillées
de noir. M. Buchanan, qui appelle ces mangues argentés
polynemus risua, appelle les jaunes *polynemus aureus;*
mais il hésite à en faire une espèce particulière, et il croit
plutôt que leur belle couleur est due à la saison, et ne
dure que pendant le temps du frai, car c'est alors qu'on
l'observe; et en effet, les individus rapportés par M. Dussumier étaient pleins d'œufs ou de laite.

M. Buchanan parle aussi d'un troisième mangue, qu'il
nomme *polynemus toposui,* dont les côtés sont faiblement
marqués de raies longitudinales noirâtres, et où la tête et
les pectorales sont teintes de rougeâtre. Si le compte qu'il
donne des nombres de rayons à la seconde dorsale et à
l'anale est constant, il fournirait des caractères plus sûrs
que ces différences de couleurs.

Dans le *risua* il a trouvé ces nombres de dix-sept et de
quinze; dans l'*aureus,* de quinze et de quatorze; dans le
toposui, de seize et de seize. M. Russel les donne dans son
tuptchée de dix-sept et de douze.

Mais on peut croire que ces différences tiennent en
partie à des circonstances individuelles, et surtout à la
difficulté de bien compter les rayons en travers des écailles
qui les recouvrent.

Je les trouve dans un squelette où ils sont dépouillés,
de seize et de quatorze; ce qui est encore un nombre

tout différent des autres : dans un individu entier et sec, j'en trouve dix-sept et quatorze; dans des individus conservés dans la liqueur, je compte dix-huit et quatorze, et dix-sept et quinze. Ces deux derniers nombres (dix-sept et quinze) sont les plus communs dans notre collection.

Tous ces mangues ont d'ailleurs les mêmes habitudes et les mêmes qualités.

MM. Russel et Buchanan s'accordent à nous les représenter comme les plus délicieux des poissons que l'on mange à Calcutta. On y en pêche toute l'année vers les bouches du fleuve et dans les endroits où l'eau est salée. Ce n'est qu'au temps du frai qu'ils remontent dans l'eau douce, mais ils ne s'y portent pas plus haut que les lieux où atteint l'élévation de la marée. Le frai a lieu à la fin du printemps et au commencement de la saison des pluies ; c'est alors qu'ils ont le meilleur goût. Dans cette saison ce poisson, tout petit qu'il est, se vend à Calcutta une roupie (cinquante sous) la pièce. On estime beaucoup ses œufs. Comme le printemps est aussi l'époque où le fruit du manguier est le plus abondant, cette coïncidence a peutêtre autant contribué que leur couleur à leur en faire donner le nom.

Quant à ceux de *risua* et de *toposui,* qu'on leur donne assez indistinctement au Bengale, M. Buchanan croit que le premier vient de celui des *rischis,* qui sont des saints personnages de la religion des Brames; l'autre signifie *hermite* ou *fakir,* et tient à la ressemblance que l'on a trouvée entre leurs longs rayons libres et la chevelure pendante qui distingue plusieurs de ces anachorètes; c'est ce même nom que Russel écrit *tuptchée.*

Nous avons disséqué deux de ces *poissons-mangues,* et ce qu'ils nous ont offert de plus remarquable dans leur intérieur, c'est le manque absolu de vessie natatoire; tandis que les autres espèces du genre en ont toutes, et souvent de fort grandes et fort robustes. Leur estomac est en cul-de-sac obtus, et nous l'avons trouvé rempli de petits crabes longs au plus d'une ligne : leurs appendices cœcales, au nombre de dix, et assez longues, sont distribuées en deux paquets : l'un de quatre, plus courtes en haut; l'autre de six, plus longues : leur canal intestinal ne fait que deux replis. L'anus s'ouvre fort en avant de l'anale.

Le squelette de cette espèce se compose de dix vertèbres abdominales et de quinze caudales. Les filets libres s'articulent immédiatement à tout le bord inférieur de l'os huméral. La première dorsale est portée sur cinq vertèbres, depuis la troisième jusqu'à la septième; et la deuxième dorsale sur les sept premières caudales, lesquelles portent aussi l'anale.

La mer des Indes nous a envoyé trois autres polynèmes, à filets beaucoup plus courts que ceux du poisson-mangue, à museau moins arrondi, à ventrales placées plus en arrière; à rayons de la première dorsale précédés par une très-petite épine; à opercule osseux, terminé par une pointe plate, sous laquelle le sous-opercule en forme une autre. Les colons anglais et français de la côte de Coromandel leur donnent assez indistinctement le nom de *roubal* ou *rowball,* du moins c'est sous le nom de *péche-roubal* que Sonnerat nous en a envoyé un de Pondichéry, et Russel consacre celui de *rowball* pour deux. Ce nom vient probablement de *robalo,* qui est le nom espagnol du bar. C'est par une corruption de ce mot que Renard donne à sa figure, d'ailleurs à peu près indéchiffrable, d'un polynème (pl. 36, n.° 142) le nom de *folo* ou *pesque royal.* L'original de Vlaming (n.° 107) ne porte que ces mots : *folo* ou *roal.*

Une de ces espèces n'a que quatre rayons libres; les deux autres en ont cinq.

C'est l'espèce à quatre fils ou rayons libres que M. Sonnerat nous a envoyée particulièrement sous le nom de *péche-roubal*. Russel la décrit et la représente planche 183, et dit que les natifs la nomment *maga-jellee;* et Shaw, sur cette notice de Russel, a établi son *polynemus tetradactylus.*

Quant aux deux espèces à cinq filets, elles ne sont pas aussi aisées à distinguer ni à discerner dans les figures et les descriptions qu'on en a données.

L'une des deux est plus alongée, et a les fourches de sa queue prolongées en filamens. Russel la représente (pl. 184), sous le nom de *maga-boshée,* fort exactement pour la caudale, mais un peu moins bien pour le museau. Shaw en a fait son *polynemus indicus.* M. Leschenault nous l'a envoyée de Pondichéry sous le nom de *valan-kala.*

L'autre est d'une taille plus raccourcie; les filets de sa queue sont plus courts; son museau, un peu plus uniformément convexe : nous l'avons aussi reçue de Pondichéry par M. Leschenault, selon lequel elle s'y nomme *pole-kala.*

C'est à l'une de ces deux espèces à cinq rayons que se rapportent l'*émoï* ou *polynemus plebeius* de Broussonnet, le *polynème rayé,* donné par M. de Lacépède d'après un dessin laissé par Commerson, et le *polynemus plebeius,* publié par Bloch (pl. 400), d'après un individu qui lui avait été envoyé de Tranquebar sous le nom de *kala-mine;* et comme aucune de ces figures ne montre de longs fils à la queue, on doit croire qu'elles appartiennent toutes au *pole-kala,* c'est-à-dire à notre seconde espèce. Nous pouvons même l'affirmer pour celle de Commerson, dont nous possédons le sujet original rapporté sec par ce naturaliste, original qui nous a mis à même de rectifier les fautes de son dessin et de la gravure qu'on en a faite. Nous ne pouvons non plus avoir aucun doute sur la figure de Broussonnet, dont les formes raccourcies sont suffisamment caractéristiques. Celle de Bloch est un peu trop alongée, et sa tête n'est pas très-bien faite; mais les lignes de son dos et les formes de ses nageoires la ramènent encore à la même espèce que les deux autres.

C'est bien sûrement aussi sur cette espèce que Vlaming avait fait faire la figure de son *roal,* que nous avons citée ci-dessus, et qui est si horriblement défigurée dans Renard.

Nous affecterons donc le nom de *polynemus plebeius* à l'espèce qui a cinq rayons libres et le corps court; nous donnerons celui de *polynemus uronemus* à celle qui, avec le même nombre de rayons libres, a le corps plus alongé et la queue terminée par de longs filets; et nous laisserons à l'espèce qui n'a que quatre rayons libres, le nom de *polynemus tetradactylus* que Shaw lui a donné; il nous servira à la distinguer de l'espèce du Sénégal, qui n'a aussi que quatre rayons libres, et que nous appellerons *polynemus quadrifilis.*

Le POLYNÈME TÉTRADACTYLE.

(*Polynemus tetradactylus,* Shaw; *Trigla asiatica,* Linn.? *Polynemus teria,* Buchan.; *Maga-jellee,* Russ.)

Cette espèce à quatre filets des Indes, ou le vrai *roubal* de nos colons de Pondichéry, a été représentée et décrite pour la première fois d'une manière distincte par M. Russel (pl. 83) sous le nom indien de *maga-jellee,* qu'elle porte

à Vizagapatam. M. Buchanan en parle, dans son Histoire
des poissons du Gange, sous celui de *teria-bhanggan* ou
polynemus teria; mais elle avait déjà été dessinée par Parkinson, et on en trouve dans la bibliothèque de Banks une
figure faite par cet artiste dans la rivière d'Endeavour, et
intitulée *polynemus quaternarius.* Il ne serait pas impossible non plus qu'elle eût déjà été indiquée par Linnæus;
du moins Bonnaterre a soupçonné, et selon nous avec
raison, quoique Bloch ne soit pas de son avis, que c'est
un polynème que le grand naturaliste d'Upsal avait en vue
dans la courte description qu'il donne de son *trigla asiatica,* poisson qu'il paraît avoir eu sous les yeux, mais dont
il ne nous dit point comment il l'avait reçu. Il lui attribue
quatre rayons libres; le corps argenté, arrondi, lisse (c'est-
à-dire sans épines ni arêtes, comme en ont certains trigles);
le museau proéminent, lisse (non épineux); la bouche rude
à l'intérieur; les préopercules dentelés, et les nageoires pectorales en forme de faux : tous caractères très-convenables
pour un polynème, et nullement pour un trigle. Ses nombres de rayons sont marqués :

$$\text{D. 1/7} - 16; \text{ A. 17; C. 18; P. 18; V. 6.}$$

Mais il est clair que c'est par une faute d'imprimeur
que le chiffre 1 a été mis au-dessus du 7, et qu'il fallait
D. 7 — 1/16, ou à notre manière, 1/15; alors les nombres
reviennent exactement à ceux de notre polynème, en ne
comptant pas la petite épine qui est devant la première
dorsale.

Forster paraît avoir été du même avis que nous sur le
genre du *trigla asiatica,* car dans ses dessins manuscrits
déposés à la bibliothèque de Banks, il donne ce nom à un

polynème d'Otaïti, qui nous paraît cependant plutôt le *plebeius*.

Peut-être aussi a-t-on attribué, soit au *polynemus plebeius*, soit à l'*uronemus*, à cause de leur ressemblance, quelqu'une des propriétés de celui-ci, ou réciproquement, ce qui a produit les contradictions apparentes qui se trouvent encore dans l'histoire de ces poissons.

Il nous paraît que c'est M. Buchanan qui a le mieux connu l'espèce dont nous parlons dans cet article. Le *teria* ou *teria-bhanggan* est commun, dit-il, dans les bouches du Gange, et l'on en voit souvent au marché de Calcutta des individus de six pieds de longueur. Un Indien digne de foi l'a assuré en avoir vu un qui faisait la charge de six hommes, et qui devait peser au moins trois cent vingt livres. Les naturels le regardent comme une nourriture salubre, mais les Européens en font peu d'usage.

M. Russel n'a décrit qu'un individu de vingt pouces de long; mais il paraît qu'à la côte de Coromandel les espèces de ce genre grandissent moins, ou qu'elles la quittent avant d'avoir pris tout leur accroissement.

La forme de ce poisson est plus alongée et plus égale que celle du mangue : sa tête est comprise cinq fois dans sa longueur totale : la hauteur du corps est un peu moindre que le cinquième de cette longueur. Le museau est un peu proéminent et mousse; l'œil, plus grand que dans le mangue, est sur le tiers antérieur de la fente de la bouche, et la narine plus près du bout du museau que de l'œil. Les dents des mâchoires, du vomer et des palatins sont sur de larges bandes, mais en velours très-ras, et ne formant guère qu'une scabrosité; celles de la mâchoire inférieure descendent même en partie sur sa face externe. Le préopercule a son bord montant finement dentelé, et au bas de la dentelure est un petit angle saillant. La première dorsale, vis-à-vis le milieu de la pectorale, est triangulaire, pointue, plus haute que longue, et a sept rayons, dont les deux premiers les plus longs, et une très-petite épine presque imperceptible sur la base du premier, qui porte le nombre total à huit. Entre elle et la seconde est un espace au moins aussi long que cette dernière, et double de l'autre, et qui égale presque la hauteur du corps en cet endroit. La seconde est trapézoïdale, et sa longueur ne surpasse pas la hauteur de son bord antérieur; l'anale lui répond et lui ressemble, mais est un peu plus longue et moins haute. La caudale est très-fourchue, ses fourches très-pointues; la supérieure égale le quart de la longueur totale; l'inférieure est un peu moindre. Les pectorales sont pointues, moins longues que la tête. Les rayons libres, placés sous elles, au nombre de quatre de chaque côté, ne les égalent pas en longueur. C'est cette espèce qui les a les plus courts. Les ventrales sortent sous le milieu ou même sous le tiers antérieur de la pectorale, et leur pointe dépasse à peine la sienne. La ligne latérale est droite depuis la base de la caudale (sur laquelle elle ne s'étend pas) jusque sous le milieu de l'espace qui sépare les deux dorsales, où elle se courbe un peu vers le haut.

D. 8 — 1/15; A. 1/16; C. 17; P. 17; V. 1/5.

Cette description est faite sur les individus desséchés, envoyés de Pondichéry par M. Sonnerat. Quant aux couleurs, selon M. Russel, le corps est gris en dessous et aux flancs, d'un bleu obscur en dessus; il y a une tache jaune en forme de croissant derrière l'orbite; les dorsales et la caudale sont obscures, et les autres nageoires pâles. M. Buchanan le dit argenté en dessous, verdâtre en dessus; les nageoires inférieures jaunes, et les supérieures pointillées; les yeux sont argentés. La figure de Parkinson lui donne une teinte générale bleuâtre. D'après ces documens, qui peuvent fort bien se concilier l'un avec l'autre et avec ce qui reste visible sur nos échantillons, le *roubal* doit ressembler à beaucoup de nos cyprins.

Nous n'avons pas eu l'occasion de le disséquer.

Le Polynème plébéien.

(*Polynemus plebeius,* Brouss.; *Polynemus lineatus,* Lacép.;
Polynemus sele, Buchan.)

Notre première espèce à cinq rayons libres nous paraît le *polynemus plebeius,* dont Broussonnet a publié une description détaillée jusqu'au scrupule[1]. C'était feu Joseph Banks qui lui en avait fourni les sujets, et qui se les était procurés à Otaïti, où ce poisson porte le nom d'*émoï.* Les marins de la première expédition de Cook en avaient aussi pêché près de l'île de Tanna. Il y en a au Cabinet royal des Pays-Bas des individus venus de Java. C'est, comme nous l'avons dit, le *polynème rayé,* dessiné à l'Isle-de-France par Commerson[2], et le *kala-mine,* envoyé de Tranquebar à Bloch par John; nous l'avons aussi reçu de Pondichéry par M. Leschenault, sous le nom de *pole-kala.* Enfin, M. Buchanan croit avec beaucoup de vraisemblance que c'est le *sélé* des bouches du Gange. On peut donc le regarder comme un habitant de toute la mer des Indes et des parties chaudes de la mer Pacifique; mais je ne sais où Bloch a pris qu'il se trouve aussi en Amérique.

En admettant, comme nous croyons devoir le faire, l'identité des sujets vus par ces observateurs, on doit dire que ce polynème est un poisson remarquable par son bon goût et par la taille à laquelle il parvient sur certaines côtes. Selon John, cité par Bloch, il y en a à Tranquebar de quatre pieds de long, et nous en avons vu au Musée royal

---

1. Dans le premier et l'unique cahier de son Ichtyologie. (Copié dans l'Encyclopédie méthodique, ichtyologie, fig. 3og.)

2. Copié dans Lacépède, t. V, pl. 13, fig. 2.

3.

des Pays-Bas un individu venu de Java et long de quarante-cinq pouces. John ajoute que c'est un de ceux que l'on nomme *poisson royal* dans les colonies et les comptoirs de la côte de Coromandel; que sa tête surtout y passe pour un morceau délicat; qu'on le sèche et le sale pour le conserver, et qu'on le marine aussi avec des épices. Il se montre en grande quantité près des côtes, recherchant les endroits limpides et sablonneux et l'embouchure des rivières. On en pêche beaucoup dans celles de la Kischna et du Goudaveri.

C'est en Janvier qu'il est le plus gras; il fraie en Avril.

Je trouve dans un manuscrit de Commerson, qui nous a été nouvellement communiqué par M. Hammer, qu'à l'Isle-de-France, où on le nomme *barbue,* on le prend à peu près toute l'année; que l'on en fait grand cas, et qu'on le réserve pour les tables des riches.

S'il est le même que le *sélé* du Gange de M. Buchanan, il ne jouit pas d'autant de réputation au Bengale. Cet auteur dit qu'il a seulement la chair légère à peu près comme ses *bola* ou, en d'autres termes, comme notre merlan; mais que beaucoup d'espèces lui sont préférables pour le goût. On en prend en grand nombre aux bouches du Gange, et il y pèse de vingt à vingt-quatre livres. A Pondichéry il serait bien moindre; car dans la note jointe aux individus qu'il nous a envoyés, M. Leschenault se borne à dire que l'espèce atteint à un pied de longueur; qu'on en pêche toute l'année dans la rade de Pondichéry, et qu'elle n'y est pas commune.

Ce sera aux observateurs qui vivent sur les lieux à déterminer si ces récits en apparence contradictoires tiennent à la nature des lieux, ou si peut-être on ne confond point ensemble, faute de pouvoir en faire une comparaison immédiate, des espèces dont les caractères sont peu sensibles. Un Indien qui n'aurait que des descriptions faites isolément de plusieurs de nos cyprins, serait fort exposé à ne pas y apercevoir des différences que nous avons peine à saisir en comparant ces poissons de près, et auxquelles nos pêcheurs cependant ne se méprennent jamais.

Mais une confusion d'espèces qui n'a aucune excuse, c'est celle qu'a faite Bruce, précisément au sujet de notre poisson actuel.

Il en donne dans son Voyage (pl. 41) une figure assez exacte, qu'apparemment il avait dessinée pendant son séjour sur les côtes de la mer Rouge; mais par une de ces étourderies dont son livre est rempli, il écrit au bas de la planche le nom de *binny*, et il lui applique dans son texte tout ce qu'il avait recueilli sur le vrai *binny*, qui est un poisson du Nil, du genre des barbeaux (le *cyprinus binny*, Forsk. et Gmel.). Il n'y a point de polynème dans le Nil, et c'est uniquement sur cette méprise de Bruce qu'est fondée l'espèce du *polynemus niloticus* de Shaw.[1]

Nos individus envoyés de Pondichéry sont un peu plus courts à proportion, et ont la tête un peu plus grosse, et la seconde dorsale et l'anale plus pointues, que le polynème tétradactyle, auquel ils ressemblent d'ailleurs beaucoup. Les dentelures du préopercule sont encore plus fines, et l'angle inférieur et un peu saillant de cette pièce est arrondi. Les dents sont sur des bandes plus étroites, et descendent moins en dehors de la mâchoire inférieure. Non-seulement il a un rayon libre de plus; mais les trois premiers sont plus longs que la pectorale, tandis que dans le tétradactyle ils sont plus courts. La ventrale sort sous le tiers postérieur de la pectorale, et la dépasse presque autant que les rayons libres. La ligne latérale va en ligne

---

1. Shaw, *Univ. Zool.*, t. V, 1.re part., p. 151.

droite depuis l'angle supérieur de l'ouïe jusqu'à la caudale, sur laquelle elle se prolonge un peu au-dessous de son échancrure.

Ses nombres de rayons sont

D. 8 — 1/14; A. 2/13; C. 17; P. 17; V. 1/5.

Nos individus paraissent argentés, avec des lignes longitudinales grises ou noirâtres, formées par des reflets plutôt que par une véritable teinte, et régnant tout le long du dos et principalement vers la queue.

Les nageoires sont pointillées de noirâtre.

M. Leschenault, à qui nous devons ces polynèmes, et qui les a vus à l'état frais, assure que le museau du poisson est transparent comme de la gomme ; et Commerson en dit autant. Dans cet état les lignes brunes du dos se montrent moins ; car M. Leschenault se borne à dépeindre cette espèce comme grise sur le dos, et blanche sous le ventre : Commerson y ajoute seulement une teinte d'argent. M. Buchanan ne parle aussi que d'une couleur argentée et bleuâtre vers le dos. La figure de Commerson, d'après laquelle M. de Lacépède a établi son *polynemus lineatus*, est en effet dessinée d'après un individu sec ; et nous sommes d'autant plus certains que c'est la même espèce que celle que nous avons reçue de Pondichéry, que nous en possédons le poisson original, aussi bien que le dessin primitif, et que nous en avons fait une comparaison soignée avec ces autres individus.

D'après nos observations ce polynème a une vessie natatoire très-longue, assez mince, et sans sinus ni appendices ; son estomac est en cul-de-sac, et son pylore est suivi d'une quantité innombrable de petits cœcums.

Le Polynème a queue en filets.

(Polynemus uronemus, nob.; *Maga-boshée*, Russ.; *Polynemus indicus*, Shaw.)*

Notre deuxième espèce à cinq rayons ressemble si fort à la précédente par l'extérieur, qu'à moins de les voir à côté l'une de l'autre, on doit avoir peine à les distinguer; cependant, en les comparant ainsi de près, on voit

que l'*uronemus* est plus alongé; que sa tête en particulier est plus longue à proportion de sa hauteur; que ses premiers rayons libres dépassent la pointe de ses ventrales; que ses dorsales et son anale occupent moins d'espace en longueur, et élèvent moins leur partie antérieure, qui est par conséquent moins aiguë; que les fourches de sa caudale, au contraire, se prolongent davantage, et se terminent en filets déliés : sa couleur paraît aussi plus uniforme; on n'y voit point les lignes qui se montrent sur le *plebeius*, et il a seulement de très-petits points noirâtres, qui s'accumulent sur ses nageoires. Enfin, ses nombres de rayons ne sont pas tout-à-fait les mêmes : je les trouve comme il suit :

D. 8 — 1/13; A. 2/11; C. 15; P. 12; V. 1/5.

Mais ce qui achève de prouver que ce polynème est très-différent du précédent, c'est la structure vraiment extraordinaire de sa vessie natatoire. Sa tunique propre est argentée et épaisse; sa forme générale est ovale. Elle remplit toute la longueur de l'abdomen, et se termine en arrière par une pointe fort aiguë, qui pénètre dans l'épaisseur de la queue sur le premier interépineux de l'anale. Elle adhère d'ailleurs aux troisième, quatrième, cinquième, sixième et septième vertèbres abdominales. De ses deux côtés, vers sa face ventrale, sortent vingt-huit appendices, qui, les trois dernières exceptées, ont deux racines, mais se terminent par une seule pointe aiguë, et au-dessus de chacune d'elles, vers la face dorsale, on en trouve encore une ou deux autres : toutes ces appendices pénètrent dans l'épaisseur des chairs, en se dirigeant un peu vers le dos du poisson.

C'est une modification très-singuliere des appendices simples ou ramifiées que nous retrouverons dans plusieurs espèces de la famille des sciènes, et notamment dans les otolithes, les maigres et les pogonias ou tambours.

Il serait intéressant de savoir si, à l'exemple de ces sciénoïdes, notre *uronème* aurait la faculté de faire entendre quelque son. Je ne trouve aucun indice à ce sujet dans le seul auteur qui ait parlé de cette espèce, c'est-à-dire dans Russel, car c'est bien évidemment celle qu'il représente planche 184, et qu'il nomme *maga-boshée*.

Cet auteur, qui a décrit les couleurs du poisson d'après le frais, dit

> qu'il est argenté sur les côtés et sous le ventre, et d'un bleu obscur ou couleur de plomb sur le dos; que son ventre est pointillé de noirâtre; que ses dorsales et sa caudale sont de couleur obscure, le dessous de sa caudale et ses pectorales presque noirs, sa ventrale et son anale de couleur pâle, et ses rayons libres orangés.

Ces détails s'accordent bien avec ce que nous pouvons apercevoir sur notre individu. Nous n'en avons qu'un, et nous le devons à M. Leschenault, qui le nomme *valankala*. Ce savant voyageur nous apprend que l'espèce parvient à une longueur de dix-huit pouces; que son museau est transparent, comme celui de l'espèce précédente, et que sa chair est très-délicate.

On la pêche pendant toute l'année dans la rade de Pondichéry et à l'embouchure de la rivière d'Arian-Coupang, mais elle n'est pas très-commune.

Russel dit aussi que ce poisson est estimé pour la table, et assure que parmi les Anglais il partage avec le tétradactyle la dénomination de *rowball*. Shaw a adopté l'espèce sur la description de Russel, et lui a donné l'épithète de *polynemus indicus;* mais on ne peut conserver une dénomination si peu distinctive.

Le Polynème a six brins.

(*Polynemus sextarius*, Bl., Schn.)

Bloch (édit. de Schneider, p. 18, et pl. 4) représente et décrit un quatrième polynème de la côte de Coromandel, que nous n'avons pas vu.

Ses formes sont celles de notre tétradactyle, mais il a six rayons, plus courts peut-être encore que ceux du tétradactyle : il est argenté, et des raies dorées et longitudinales paraissent régner sur son dos et sur ses flancs. On voit une grande tache noire sur son opercule, une moindre sur son préopercule, et une troisième, plus grande que la première, derrière l'ouverture des ouïes vers le dos.

D. 7 — 1/13; A. 3/12; C. 19; P. 14; V. 1/5.

John avait envoyé ce poisson à Bloch de Tranquebar, où on le nomme *kati-kahla,* et où il fait, dit-il, les délices des tables. Il ne croît pas au-delà d'un empan.

Le Polynème a six fils.

(*Polynemus hexanemus*, nob.)

MM. Kuhl et Van Hasselt ont dessiné à Batavia deux polynèmes qui nous paraissent différer de tous les précédens, mais que nous ne pouvons décrire que d'après leurs figures.

Le premier a six rayons, comme le *sextarius*, mais beaucoup plus longs, dont le deuxième et les deux suivans atteignent même à la caudale. Sa première dorsale est élevée et pointue; la deuxième est assez haute aussi, mais l'anale n'a pas de pointe en avant. Ses proportions sont assez courtes. Il est sur le dos d'un brun pâle, changeant en jaune doré; sur les flancs d'un argenté à reflets bleuâtres. La dentelure du préopercule doit être faible, car le dessin n'en offre point de traces. Il ne marque que les nombres de la dorsale.

D. 7 — 1/11.

L'individu représenté est long de quatre pouces.

Le POLYNÈME A SEPT BRINS.

(*Polynemus heptadactylus,* nob.)

L'autre de ces polynèmes de Batavia a sept rayons, comme l'espèce de l'Amérique, dont nous parlerons bientôt, et lui ressemble même tellement que nous ne pourrions pas assigner les caractères qui les distinguent; car celle-ci a jusqu'au noir des pectorales si remarquable sur celle d'Amérique.

La figure lui donne une teinte gris jaunâtre, avec un peu de noirâtre vers le bord de la première dorsale et à tout celui de la caudale: la pectorale est presque toute noire. L'individu est long de quatre pouces et demi.   D. 7 — 1/12; A. 3/12.

Nous mentionnons ici ce poisson, afin d'engager les naturalistes qui en auront l'occasion à le comparer définitivement avec l'espèce américaine.

Le POLYNÈME A QUATRE FILS.

(*Polynemus quadrifilis,* nob.)

Nous avons reçu du Sénégal une espèce nouvelle de polynème qui n'a que quatre rayons libres, comme le *tetradactylus,* mais dont les ventrales sont placées plus en arrière, et les rayons libres plus prolongés; les uns et les autres dépassent l'extrémité des pectorales. Sa bouche est aussi moins fendue, son maxillaire plus large. Il est plus court dans l'ensemble de ses proportions. Le groupe de dents de son vomer est petit, rond, et séparé des bandes de dents palatines, tandis que dans le tétradactyle ce groupe est quadrangulaire, échancré en arrière et contigu à ces bandes. Sa tête est aussi un peu plus comprimée, et son front plus étroit. Enfin, les nombres des rayons de ses nageoires sont moins considérables.

D. 8 — 1/13; A. 2/12; C. 17; P. 12; V. 1/5.

Du reste, ces deux poissons se ressemblent beaucoup, et l'espèce du Sénégal paraît argentée comme celle des Indes. Elle doit aussi devenir fort grande. Nous en avons vu un individu de deux pieds au moins.

Son estomac est long, ample, et a les parois minces et sans plis : il contenait un crabe et de petits poissons. Les plis de l'œsophage ne descendent pas plus loin que le pylore, qui est voisin du cardia. Près du pylore sont dix-sept appendices cœcales très-longues. L'intestin fait deux replis aussi longs chacun que l'estomac. Le foie, de grandeur médiocre, est divisé en deux lobes, dont le droit est le plus long. La vessie natatoire est très-grande, d'un tiers plus longue que l'estomac, et sans aucune appendice.

Le Polynème a neuf brins.

(*Polynemus enneadactylus*, nob.)

Vahl a décrit, dans les Mémoires de la Société d'histoire naturelle de Copenhague (t. IV, 2.ᵉ cahier) un polynème de la côte d'Afrique, que nous n'avons pas vu. Il le nomme *polydactylus,* et Bloch adopte ce nom; mais il faut bien le distinguer du *polydactyle* de Lacépède.

Ses rayons libres sont au nombre de neuf, et son corps a des lignes jaunes, comme dans le sextarius.

D. 7 — 1/14; A. 2/10? C. 17; P. 15; V. 1/5.

Ce poisson avait été pris dans les environs de Tanger.

3.

Le POLYNÈME A DIX BRINS.

(*Polynemus decadactylus*, Bl.)

Nous n'avons pas vu non plus le *polynemus decadac-tylus* de Bloch (pl. 401); mais cet écrivain en donne une description suffisante et une figure qui paraît exacte.

Son œil est plus grand, et son museau plus court et plus arrondi qu'à aucune des autres espèces, en sorte que sa tête a l'air tronquée en avant. Il a de chaque côté dix rayons libres, qui n'atteignent pas à la pointe des ventrales. Les nombres des rayons de ses nageoires sont :

D. 8 — 1/13 ; A. 2/11 ; C. 17 (Bloch marque seize; mais ils ne sont jamais en nombre pair) ; P. 14 ; V. 1/5.

On ne voit pas, dans le dessin, de dentelure au préopercule, et Bloch marque dix pour le nombre des rayons des ouïes; mais je me permets de douter au moins de cette dernière circonstance. La couleur, selon le texte, est argentée sur les côtés, et brune sur le dos, où, de plus, les écailles sont bordées de brun foncé. Les nageoires sont brunes, la figure le représente tout brun, avec une tache argentée sur chaque écaille.

Ce poisson habite les côtes de Guinée, et entre dans les rivières de ce pays pour déposer ses œufs. Il devient assez grand. Sa chair est grasse, et on en mange beaucoup. Bloch l'avait reçu du docteur Isert, médecin au service des Danois, qui a publié une relation d'un voyage en Guinée. Les Danois établis à la côte d'Or l'appelaient *stumpf-næss,* ou *nez obtus* (camus).

Le Polynème d'Amérique.

(Polynemus americanus, nob.; *Polynemus paradisæus,* Bloch;
Polydactyle Plumier, Lac.; *Polynemus virginicus,* Linn.?)*

Il existe aussi un polynème dans les mers d'Amérique,
et c'est à la fois celui que Bloch nomme *polynemus paradisæus* et M. de Lacépède *polydactylus Plumieri.* L'identité de ces deux poissons est incontestable, car ils reposent
tous les deux sur un seul et même dessin de Plumier. L'original, intitulé dans les manuscrits de ce voyageur *cepha-
lus argenteus barbatus,* est à la bibliothèque du Roi, et
a été gravé dans l'ouvrage de M. de Lacépède (t. V, pl. 14,
fig. 3), et un double, fait par Plumier lui-même, a servi à
la figure de Bloch (pl. 402). Malgré le peu de fidélité des
deux graveurs, il est facile de saisir encore dans leurs co-
pies les restes du même modèle. On s'en aperçoit encore
mieux quand on les compare au poisson lui-même, dont
nous avons maintenant plusieurs échantillons, envoyés par
M. Poiteau de Cayenne, par M. Ricord de Saint-Domingue,
et par M. Plée de la Martinique, c'est-à-dire du lieu précis
où le père Plumier en avait observé l'espèce.

Bloch a été induit à prendre ce poisson pour le *polynemus paradisæus* de Linnæus, à cause du nombre de sept
rayons libres qu'il lui voyait, et par l'assertion du naturaliste suédois, *habitat in America,* ne songeant pas que
dans la figure d'Edwards, que Linnæus cite et que lui-
même conserve dans ses synonymes, ces rayons, quoique
tronqués, sont encore plus longs que le corps, tandis que
dans le poisson actuel ils sont beaucoup plus courts; et
M. de Lacépède, de son côté, a cru pouvoir en faire une

espèce, et même un genre à part, parce que dans sa gravure il n'y a que six rayons libres, et que les écailles de la tête n'y sont pas marquées; mais, dans la réalité,

ce polynème américain a sept rayons libres, et sa tête n'a ni plus ni moins d'écailles que celle des autres espèces. Il ressemble même beaucoup au *plebeius :* il a également le corps argenté, les pectorales presque noires, et les autres nageoires pointillées de noirâtre; mais son corps est encore plus raccourci, ses dorsales et son anale sont moins pointues, et les fourches de sa queue ne s'alongent pas tant. Ses sept rayons libres sont plus courts, et n'atteignent pas même la pointe de ses ventrales, dont la position est d'ailleurs à peu près la même. Son préopercule, finement dentelé, se termine dans le bas par une véritable petite épine. Ses nombres de rayons sont, comme il suit :   D. 8 — 1/12; A. 3/13; C. 17; P. 16; V. 1/5.

La figure de Plumier fait la troisième épine anale beaucoup trop grosse.

Cette espèce, comme la plupart des précédentes, paraît être argentée, et teinte de verdâtre ou de plombé vers le dos.

Son estomac est un sac fort ample; une très-grande quantité de petits cœcums adhère à son pylore; son foie est divisé en deux lobes alongés; sa vessie natatoire est très-grande, mince, et sans appendices. Nous avons trouvé dans son estomac des débris de crevettes et d'autres petits crustacés.

Nos colons de la Martinique nomment ce polynème le *barbu;* ceux de Saint-Domingue, la *barbe chair.* On ne peut guère douter que ce ne soit le *pira coaba* de Margrave (*Bras.,* p. 176)[1]. Il ne lui donne, à la vérité, que six rayons libres; mais c'est une erreur où il a pu facilement tomber : les pectorales noires et tous les autres caractères s'accordent très-bien.

1, Et non le *pirabèbe,* comme dit Bloch.

Selon Margrave et Pison (p. 5o), ce poisson se prend pendant la saison des pluies le long des côtes sablonneuses et aux embouchures des fleuves; ainsi ses habitudes sont les mêmes que celles des polynèmes des Indes. Sa chair est très-bonne. Ces écrivains ne lui accordent que la longueur d'un pied. Le prince Maurice, dans ses manuscrits, le dit grand comme une truite. A Saint-Domingue, selon M. Ricord, il atteint vingt à vingt et un pouces, et est peu estimé. M. Plée nous dit qu'il est rare à la Martinique, et que ses écailles tombent aussi aisément que dans les surmulets.

Linnæus nomme un *polynemus virginicus,* qui ressemblerait au nôtre par le nombre des filets libres et par ceux des rayons des nageoires, mais auquel il donne une queue entière et pointue. Il est à craindre qu'il n'ait vu qu'un individu altéré de l'espèce actuelle. Dans tous les cas, il est difficile de deviner pourquoi Daubenton et Bonnaterre ont transporté à cette espèce le nom de *mango.*

Le POLYNÈME A TROIS FILETS.

(*Polynemus tridigitatus,* Mitch.)

Le docteur Mitchill parle aussi (Transact. de New-York, t. I, p. 44g) d'un polynème à trois rayons libres qu'il aurait vu à New-York, mais il n'en donne ni description ni figure, et MM. Milbert et Lesueur n'ont pu se le procurer, en sorte que nous sommes réduits, à son égard, à cette simple citation.

CHAPITRE XXXIV.[1]

Des Sillago.

J'ai désigné sous ce nom, dès 1817, dans mon *Règne animal*[2], un genre de percoïdes de la mer des Indes, reconnaissables par une tête de forme conique, terminée par une petite bouche garnie de lèvres charnues, et qui portent deux dorsales contiguës, dont la première a des rayons assez grêles, et dont la seconde est longue et peu élevée.

Leur mâchoire supérieure est un peu protractile; l'inférieure a son articulation fort en avant de l'œil : elles sont garnies, l'une et l'autre, de dents en velours, et ont quelquefois un rang extérieur de dents coniques. Il y a aussi des dents en velours au-devant du vomer. L'opercule est terminé par une pointe assez aiguë. Le préopercule est dentelé à son bord montant, et se recourbe en dessous de manière à toucher presque dans l'état de repos celui de l'autre côté. Il y a six rayons aux ouïes. Le corps est légèrement comprimé, couvert d'écailles médiocres et un peu obliques. A l'intérieur l'estomac est en cul-de-sac obtus; il y a deux ou quatre appendices cœcales au pylore, et l'intestin ne fait que deux replis.

Tous ces caractères, dont l'ensemble détermine bien un genre particulier dans la famille des percoïdes, se sont

---

1. Ce chapitre aurait dû être placé immédiatement après celui du *trichodon,* p. 119 du présent volume.

2. Première édition, t. II, p. 258.

retrouvés dans cinq ou six espèces de la mer des Indes ; mais, comme il arrive le plus souvent pour les êtres qui ne rentrent point dans les genres connus, on a commencé par disperser ces poissons dans des genres différens.

L'une de leurs espèces, très-connue dans l'Inde par son bon goût et la légèreté de sa chair, a été nommée par Bloch *sciæna malabarica;* Russel en a fait un *sparus.* Une autre espèce, très-voisine de celle-là, a été rangée par Forskal dans le genre des athérines, sous le nom de *sihama.*

Ce n'est que dans ces derniers temps, et d'après mon *Règne animal,* que l'on a rapproché convenablement les sillago, et que MM. Quoy et Gaymard en ont classé un avec justesse, leur *sillago maculata.*[1]

Plus récemment encore, M. Rüppel a rapporté à sa véritable place une espèce qu'il regarde comme le *sihama* de Forskal, et l'a nommée *sillago sihama.* Au reste, l'erreur de Forskal étant assez excusable, la bouche protractile des sillago et une raie argentée qui règne sur le flanc de plusieurs de leurs espèces, a pu les faire rapprocher des athérines ; mais la contiguïté et la grandeur de leurs deux dorsales, et la position de leurs ventrales sous les pectorales, s'opposent à cette idée, non moins que les dentelures de leur préopercule et que toute leur organisation intérieure. Sous tous ces rapports ils se rattacheraient plutôt aux sciènes, avec lesquels Bloch les a rangés, et auxquelles ils ressemblent encore par les arêtes saillantes de leur sous-orbitaire et du limbe de leur préopercule ; mais leurs dents vomériennes et leur museau non bombé les ramènent aux percoïdes.

---

1. Zoologie du Voyage de Freycinet, pl. 53, fig. 2.

Le Sillago bécu *ou* Pèche bicout de Pondichéry.

(*Sillago acuta,* noh.; *Sciœna malabarica,* Bl., Schn.)

Dans le jargon moitié français moitié portugais de nos Créoles de Pondichéry, les mots *péche bicout,* corrompus du portugais *peixe beiçudo,* par lesquels on désigne le sillago, signifient poisson à lèvres, à museau avancé. C'est ce que John, qui avait envoyé notre espèce de Tranquebar à Bloch, écrivait *peixe pegude.* Il ajoutait que son nom indigène était à Tranquebar *koulhenga* ou *koulanga,* mot tamoule, que M. Leschenault a entendu prononcer *kigingan* à Pondichéry. Au Bengale on l'appelle *sorring,* selon Russel; mais les Anglais de Calcutta lui ont transporté le nom anglais du merlan, *whiting,* nom qu'ils ont donné à beaucoup d'autres poissons de ce pays, qui ne ressemblent au merlan que par le goût de leur chair. M. Reynaud l'a entendu appeler à Calcutta *pangi-mas,* et quelquefois aussi *chala.* Les pêcheurs de Batavia l'appellent en malais *ikan peren,* dénomination que nous ne retrouvons pas dans Valentyn.

La hauteur de ce *pêche bicout,* au droit des ventrales, fait le sixième de sa longueur totale. Son épaisseur, au même endroit, est des trois quarts de sa hauteur. Il se comprime davantage en arrière. Sa tête a la forme d'un cône aplati en dessous, et à pointe obtuse et un peu déprimée. A cette pointe est la bouche. L'œil occupe le troisième cinquième de la longueur de la tête près de la ligne du profil. La distance des deux yeux égale leur diamètre longitudinal; le front est aplati entre eux; les orifices de la narine sont au-devant de l'œil, un peu plus haut, petits, très-rapprochés l'un de l'autre; l'antérieur est vertical et entouré d'un rebord un peu saillant; le postérieur horizontal et sans rebord. La mâchoire supérieure est à peu près en demi-cercle et un peu protractile; elle dépasse l'inférieure de quelque chose; toutes deux sont garnies de lèvres médiocrement charnues : sous la symphyse de l'inférieure est un pore très-marqué, et il y en a un autre plus petit, oblong, sous chaque branche de la mâchoire. Des dents en fin velours occupent une bande à chaque mâchoire, et un large croissant au-devant du vomer. Le maxillaire est fort petit, grêle, et se cache entièrement sous le sous-orbitaire, qui est fort grand et relevé d'une arête qui se voit au travers de la peau et monte obliquement vers le milieu du bord inférieur de l'œil. Le limbe du préopercule est large, creux, divisé en fossettes par des arêtes saillantes, que de larges écailles recouvrent. Sa portion horizontale est du double plus longue que sa portion montante, et se recourbe en dessous de manière à toucher presque celle du côté opposé; son angle est arrondi, sa partie montante rectiligne et son bord finement crénelé. L'opercule a en longueur le cinquième de celle de la tête, et le double en hauteur. L'angle de sa partie osseuse a une petite pointe fort aiguë, et une légère échancrure au-dessus. Le sous-opercule est fort petit; mais l'interopercule est très-long. Les ouïes ne sont fendues que jusque sous l'angle du préopercule, où leur membrane s'unit à celle du côté opposé, et s'attache avec elle sous l'isthme. Il y a six rayons à chaque membrane. L'épaule n'a aucune armure, et il n'y a point d'écaille particulière dans les aisselles des nageoires paires. La pectorale n'a pas le septième de la longueur totale; elle est pointue et contient quinze rayons, dont le premier est simple; le cinquième est le plus long. Les ventrales s'attachent un peu plus en arrière que les pectorales, qu'elles dépassent aussi un peu : leur premier rayon mou, qui est le plus long, se termine par un petit filet; il ne dépasse que d'un quart le rayon épineux, qui n'est pas très-fort. La première dorsale commence vis-à-vis le milieu de la pectorale; elle est triangulaire et a onze aiguillons assez faibles, dont les premiers, qui sont les plus longs, n'égalent pas tout-à-fait la hauteur du corps; son dernier rayon est court, et sa membrane finit exactement au pied de la deuxième dorsale, qui commence, ainsi que l'anale, un peu après le milieu de la longueur totale : son épine est assez forte

3.   38

et de moitié moindre que son premier rayon mou, lequel a moitié
de la hauteur du corps sous lui. Il y a vingt-un de ces rayons mous,
peu différens en hauteur. L'anale répond exactement à la deuxième
dorsale, et j'y compte une très-petite épine et vingt-trois rayons
mous. La portion de queue entre ces deux nageoires et la caudale
est du douzième de la longueur totale; elle a un quart de moins en
hauteur, et son épaisseur n'est que du tiers de sa hauteur. La caudale
est légèrement excavée en croissant, et prend à peu près le huitième
de la longueur totale; ses rayons sont au nombre de dix-sept.

B. 6; D. 11 — 1/21; A. 1/23; C. 17; P. 15; V. 1/5.

Le bout du museau en avant des yeux est nu, mais il y a des écailles
sur le crâne, sur le front, sur l'opercule et les sous-opercules, et le
limbe de l'opercule en a de fort grandes; celles du corps sont médiocres, et placées obliquement, comme dans les sciènes. On en
compte soixante-dix sur une ligne longitudinale, et quinze sur une
ligne verticale au-dessus des ventrales : elles sont rectangulaires,
plus hautes que longues, à bord extérieur un peu convexe, très-
finement ciliées et pointillées à leur partie visible; à bord radical
rectiligne, sans crénelures, et avec sept ou huit stries, qui ne forment point éventail. La ligne latérale est parallèle au dos, occupe
à peu près le quart supérieur en avant, et le milieu sur la queue, et
se marque par un trait légèrement saillant sur chaque écaille. Ces
traits forment une ligne à peu près continue.

Dans la liqueur ce poisson paraît fauve avec un éclat argenté :
une bande d'un argenté un peu plus vif suit la ligne latérale, mais
elle n'est pas aussi marquée que dans l'espèce de la mer Rouge. A
l'état frais le dos a une teinte bleuâtre. Ses nageoires sont transparentes : dans certains individus les dorsales sont inégalement semées
de points noirâtres très-fins; dans d'autres ces points se rassemblent
de manière à former une série de cinq à six taches au-devant de
chaque rayon de la deuxième dorsale.

Trois petits individus qui n'ont pas quatre pouces de longueur,
et que M. Reynaud a pris dans la rade de Batavia, ont le dos et les
joues gris olivâtre et le ventre argenté très-brillant; les pectorales,

les ventrales et la caudale d'un beau jaune citron. Les deux dorsales sont un peu plus pâles, et le long du bord antérieur de chaque épine de la première dorsale il y a un petit trait noirâtre. Les points de la deuxième dorsale sont faibles.

L'estomac du pêche bicout a la forme d'un sac conique étroit et pointu. Sa pointe n'atteint pas à la moitié de la longueur de la cavité abdominale. Ses parois sont minces et plissées longitudinalement à l'intérieur. La branche montante est très-courte, et s'attache très-haut sous le cardia. Il n'y a, chose remarquable, que deux appendices cœcales, qui sont grêles et de longueur médiocre. L'intestin est étroit, et se replie deux fois, d'abord un peu en arrière de la pointe de l'estomac, et ensuite un peu en avant. Sur la dernière portion de l'intestin, à la hauteur de la pointe de l'estomac, il y a un étranglement, et à l'intérieur une valvule circulaire épaisse. Le rectum, qui suit cette valvule, est un peu plus large que le reste de l'intestin.

Le foie est très-mince, et presque réduit à un seul lobe étroit et court, placé à gauche de l'œsophage. La rate est petite, ovale, noirâtre au-dessous et à droite de l'estomac. Les laitances sont grêles, alongées, et la membrane du sac qui les contient est noirâtre. Les ovaires sont jaunâtres, et réunis presque en une seule masse, placée à l'arrière de l'abdomen, fourchue en arrière, et dont chaque pointe se porte au côté des interépineux de l'anale dans les muscles de la queue.

La vessie aérienne est grande, aussi fourchue, et ses cornes se portent plus loin en arrière que celles de l'ovaire. Sa tunique propre est extrêmement mince; sa tunique fibreuse est épaisse, peu résistante, et si adhérente aux côtes, qu'il est très-difficile de l'en détacher.

Les reins sont noirs et séparés d'abord en un filet de chaque côté des vertèbres; ils se réunissent bientôt en un seul lobe, qui passe entre les fourches de la vessie aérienne, et va donner directement dans le cloaque. Le péritoine est assez épais; sa surface interne est piquetée de petits points noirs en très-grand nombre; à l'extérieur, sous les muscles, il est du plus bel éclat d'argent mat. L'estomac était rempli de petits vers et de très-petits poissons.

Le squelette du pêche bicout est remarquable par les lames saillantes de ses sous-orbitaires, et par celle qui forme tout le limbe de son préopercule, laissant un grand espace creux entre le limbe et le bord. Son crâne est aussi convexe en dessous que dans la plupart des sciènes. Les os de son bassin sont larges et séparés l'un de l'autre, en avant, par une échancrure entre les pédicules qui les suspendent à l'huméral. Il y a en tout à l'épine trente-quatre vertèbres ; mais comme les interépineux antérieurs de l'anale ne s'attachent point aux apophyses épineuses des vertèbres, il est difficile de dire où la queue commence. On peut remarquer cependant que les apophyses transverses des vertèbres treize, quatorze et quinze, descendent vers le bas, et sont réunies par une barre transverse, et que celles des deux suivantes forment de vraies apophyses épineuses inférieures, mais encore un peu fourchues. La dix-huitième est la première dont l'apophyse épineuse inférieure soit tout-à-fait pointue. L'anale et la deuxième dorsale commencent vis-à-vis de la treizième, et finissent vis-à-vis de la vingt-huitième. La première dorsale commence vis-à-vis de la quatrième.

La taille ordinaire de cette espèce est d'un pied ; mais M. Leschenault nous assure qu'on en voit quelquefois, quoique rarement, des individus qui ont jusqu'à trois pieds. Russel en a vu de vingt pouces.

Toutes les côtes de l'Inde en-deçà du Gange la possèdent. On en prend beaucoup dans la rade de Pondichéry. Au Bengale il y en a à l'embouchure du Gange. A la côte de Malabar elle arrive au commencement de Mai, et s'y fait prendre dans la lame qui se brise au rivage, et où elle cherche les vers qui y sont abondamment cachés dans le sable. Ce sont ces mêmes vers que les pêcheurs mettent à leur hameçon. Elle y devient une ressource importante pour la table des Européens, qui sont privés de poissons du large pendant la mauvaise saison ; mais dans l'Inde entière elle est renommée comme un des poissons les plus agréables et les plus salubres[1]. C'est un des alimens les plus abondans à Pondichéry. M. Leschenault la compare pour le goût au merlan. Russel fait la même comparaison, il la dit même encore plus délicate. M. Dussumier assure qu'elle tient de l'éperlan.

A Batavia les Européens ne paraissent pas en faire autant de cas; mais les indigènes en mangent beaucoup avec leur sauce au *kari*.

La figure que Bloch a donnée de son *sciæna malabarica* (*Syst. posth.*, pl. 19), faite d'après un individu dont la dorsale n'avait point de taches, est d'ailleurs fort exacte; mais il s'est glissé dans son texte (p. 81) une faute d'impression singulière, et qui pourrait induire ses lecteurs en erreur : *rictu amplissimo* pour *angustissimo*.

La figure de Russel (pl. 181) est assez exacte aussi, sauf quelques différences dans le nombre des rayons. Elle est faite d'après un individu dont les dorsales étaient tachetées.

Nous ne trouvons ni dans Vlaming ni dans ses copistes rien qui ressemble à ce genre, ce qui est d'autant plus étonnant qu'il y en a dans l'archipel des Moluques des espèces bien caractérisées.

Le Sillago de la mer Rouge.

(*Sillago erythræa*, nob.; *Sillago sihama*, Rupp.)

La mer Rouge produit un sillago voisin du bicout, qui se reconnaît à sa tête plus grosse et plus courte, et à sa bande argentée beaucoup mieux marquée le long de chaque flanc. L'œil

---

1. *Habitat in mare ad Tranquebariam omnium frequentissimus, delicatissimus et saluberrimus; John, ap. Bl. Schn.*, p. 81.

est aussi un peu plus grand que celui du bicout, et l'espace qui le
sépare de celui du côté opposé est plus étroit : sa caudale est plus
nettement et plus profondément échancrée, et sa ligne latérale est
tracée plus bas sur le côté du corps.

B. 6; D. 11 — 1/22; A. 1/23, etc.

Nous possédons deux individus de cette espèce : l'un
rapporté de Suez par M. Geoffroy; l'autre de Massuah par
M. Ehrenberg.

Leur longueur n'est que de six à sept pouces.

Leur couleur paraît dans l'alcool d'un rougeâtre doré glacé d'argent sur le dos et argenté sous le ventre, mais moins brillant que la
bande argentée qui sépare la couleur du dos de celle du ventre.

Selon M. Ruppel, qui a vu ce poisson frais, et qui le
représente dans l'atlas de son Voyage (poissons, pl. 5),

le dos est vert-doré, le ventre couleur de chair glacé d'argent : les
nageoires sont teintes d'un violet rougeâtre transparent. Il y a de
petits points noirs le long des rayons de la dorsale.

Le foie de ce sillago est petit, composé de deux lobes minces
triangulaires, dont le gauche remonte sur l'œsophage; en arrière du
diaphragme l'œsophage fait une inflexion, et il se rétrécit beaucoup
au cardia. L'estomac forme un sac obtus assez long; le pylore s'ouvre
presque sous le cardia : il y a auprès quatre cœcums; les deux antérieurs sont courts; c'est le troisième qui est le plus long. L'intestin
fait deux replis; le rectum se dilate après la valvule de son commencement. Dans nos individus, qui, sans doute, n'ont pas été pris au
temps du frai, les ovaires sont petits, placés à l'arrière de l'abdomen,
et de couleur brune assez foncée. La vessie aérienne est grande,
arrondie en avant et fourchue en arrière : chaque fourche se prolonge au-delà de la cavité abdominale de chaque côté des interépineux de l'anale : sa tunique fibreuse est épaisse et argentée, l'intérieure
est très-mince. Le péritoine offre un bel éclat d'argent mat à sa surface, qui touche aux muscles : sa face interne, que l'on voit à l'ou-

verture de l'abdomen, est couleur de terre d'ombre, plus foncée vers le dos du poisson que sous le ventre.

La figure que M. Ruppel donne de ce poisson est fort exacte, mais il le confond avec l'espèce des Indes, et il croit que c'est aussi l'*atherina sihama* de Forskal. Il n'est pas douteux, en effet, que ce *sihama* ne soit du genre sillago : formes, proportions, dents, nombres de rayons, couleurs même, tout est semblable. Aussi ne comprend-on pas comment Bloch (*Syst. posth.,* p. 60) a pu en faire un platycéphale; mais Forskal parle dans sa description de points ou d'ocelles verts, à pupille blanche, qui régne-raient sur le bord du préopercule et sur celui de l'oper-cule, et dont la série se continuerait sous la gorge : or il n'y en a aucune trace ni dans nos individus, ni dans la description ou la figure de M. Ruppel. Il se pourrait donc que ce sihama de Forskal fût encore une espèce différente des autres. On l'appelle, dit-il, *sjhámi* à Lohaia, ce qui est probablement un nom générique, et voilà ce qui aura trompé M. Ruppel.

Le SILLAGO MACULÉ.

(*Sillago maculata,* Quoy et Gaym.)

MM. Quoy et Gaymard, naturalistes de l'expédition du capitaine Freycinet, ont découvert, au port Jackson, dans la rade de Sidney, un sillago qu'ils ont fait graver à la planche 53, n.° 2, de l'atlas zoologique de leur Voyage, sous le nom de *sillago maculé.*

Il diffère des précédens par son museau plus court et plus gros, et par la courbe de sa tête et de son dos, qui est plus relevée. Les dentelures de son préopercule sont très-fines, et semblables à des cils : sa caudale est peu échancrée.

D. 11 — 1/19; A. 2/19; C. 17; P. 16; V. 1/5.

Son dos est rosé glacé d'argent, son ventre est argenté : sept à huit taches obliques noirâtres se voient sur chaque flanc, et il y en a une auprès de l'épaule, et une autre à la base de la pectorale. Une bandelette argentée, plus étroite et mieux marquée encore que celle des espèces précédentes, suit le milieu du corps. La seconde dorsale est couverte de points noirâtres. La longueur de ce poisson est de huit pouces.

Le Sillago de Bass.

(*Sillago Bassensis*, nob.)

Ces mêmes intrépides voyageurs, MM. Quoy et Gaymard, qui accompagnent maintenant le capitaine Durville, viennent d'envoyer au Cabinet du Roi, du port Western, dans le détroit de Bass, à la Nouvelle-Hollande, un sillago qui tient de près aux deux qui précèdent.

Ses flancs sont de même relevés par une belle bandelette argentée, plus large, mais moins fortement tracée que celle du sillago maculé, dont il se distingue d'ailleurs parce qu'il n'a point de taches : il se distingue de celui de la mer Rouge par une tête encore plus courte, et qui ne fait pas le quart de la longueur totale : son museau est aussi plus rond et plus gros. Les dentelures de l'angle de son préopercule sont plus visibles; l'arête relevée du limbe est plus sinueuse.

D. 11 — 1/18; A. 1/12; C. 17; P. 15; V. 1/5.

Il y a deux épines à son anale, et sa caudale est très-échancrée; les deux lobes en sont égaux.

Le dos paraît avoir été brun rougeâtre, couvert d'un grand nombre de petits traits bruns obliques tracés à la base de chaque écaille. Il y a quelques traces de petits points bruns sur les rayons de la dorsale. Le ventre est argenté.

Le seul individu que nous possédons a neuf pouces de longueur.

Le SILLAGO PONCTUÉ.

(*Sillago punctata,* nob.)

Cette deuxième expédition de MM. Quoy et Gaymard nous a procuré encore un sillago, pris au port du Roi George, et

beaucoup plus alongé que les précédens. Sa hauteur n'est que le huitième de sa longueur totale. Le ventre est arrondi et plus épais que le dos. L'épaisseur du corps, mesurée près des ventrales, n'est que les deux tiers de la hauteur.

La longueur de la tête est contenue quatre fois et demie dans celle du corps; le museau est lisse, arrondi; les joues sont renflées; les cavernes des sous-orbitaires ou du limbe du préopercule sont remplies de substance adipeuse, grasse, qui rend la tête plus lisse que celle des espèces précédentes.

Les dentelures du préopercule sont assez distinctes, et occupent presque tout le bord de cet os. Les trois pores de la symphyse de la mâchoire inférieure sont oblongs et très-marqués.

La première dorsale est plus basse, et occupe un plus grand espace sur le dos. Ses rayons sont plus nombreux que dans celle du bicout.

D. 12 — 1/26; A. 1/22; C. 17; P. 14; V. 1/5.

La caudale est fourchue. Les écailles sont beaucoup plus petites que dans tous les précédens. On en compte cent soixante-dix sur une ligne, depuis l'ouïe jusqu'à la caudale, et trente-cinq sur une ligne verticale.

Ce poisson est d'une belle couleur violacée, glacé d'argent sur le dos, et d'un beau blanc argenté sur le ventre. Au-dessus de la ligne latérale il y a de nombreux points noirs. Les nageoires sont blanches, sans taches. Il n'y a pas de bandelette argentée. Un de nos individus (le plus grand) est long de dix pouces.

Nous avons aussi disséqué cette espèce : son foie est petit; son estomac, étroit et peu alongé, a sa membrane montante épaisse, et

3.   39

le pylore muni de quatre appendices cœcales. L'intestin fait deux replis. La vessie aérienne est grande, à parois très-minces et membraneuses, fourchue en arrière, et se portant de chaque côté de l'anale dans l'épaisseur de la queue. Le péritoine est brun noirâtre en dedans, et argenté du côté qui touche les muscles. L'estomac était rempli de petites crevettes.

Le SILLAGO CILIÉ.

(*Sillago ciliata*, nob.)

Péron avait rapporté des mers australes un sillago dont l'espèce ne rentre dans aucune de celles qui précèdent.

Sa physionomie ressemble à celle du bicout, mais le dos est un peu plus courbé et un peu plus haut. Tout le bord du préopercule est comme cilié, tant les dentelures en sont fines. Les rayons de la première dorsale sont flexibles et n'offrent aucune rigidité. La caudale est peu échancrée. Sa couleur est uniformément dorée, glacée d'argent, sans taches ni bandelette sur les flancs. Il y a seulement quelques taches rousses sur la première dorsale, et des points noirâtres sur la seconde.

D. 11 — 1/17; A. 1/18; C. 17; P. 15; V. 1/5.

L'individu est long de sept pouces.

Le SILLAGO MADAME *ou* PÈCHE MADAME DE PONDICHÉRY.

(*Sillago domina*, nob.)

Feu Sonnerat, qui nous a le premier donné ce poisson, nous assura que de son temps il portait privativement à Pondichéry le nom de *pêche madame*, lequel lui venait de ce que son goût agréait à un degré tout particulier à Mme de la Bourdonnaye, femme du célèbre gouverneur de cette colonie; mais nous voyons par l'article de John, dans le Système de Bloch, et par les notes dont M. Leschenault a accompagné ses envois, qu'aujourd'hui ce nom est devenu générique, et qu'on le donne aussi au bicout. Néanmoins nous croyons devoir le restreindre à l'espèce qui l'a porté d'abord, et qui mérite d'autant plus d'en avoir un à elle, qu'elle diffère assez de ses congénères pour devenir peut-être un jour le type d'un sous-genre particulier.

En effet, son œil est beaucoup plus petit, ses dents du rang extérieur beaucoup plus fortes, son museau plus déprimé et plus élargi en avant, et toutes ses formes plus alongées, sans parler du long filet que forme le deuxième rayon de sa dorsale.

Sa hauteur aux pectorales est près de huit fois dans sa longueur, et son épaisseur égale presque sa hauteur. Sa tête, plus déprimée que dans les autres, est aussi plus longue, et n'est comprise que trois fois et demie dans sa longueur totale. Elle a le museau bien plus plat et plus obtus ; son contour horizontal est parabolique. L'œil n'a en diamètre que le onzième de la longueur de la tête. Il n'y a pas d'écailles sur les rebords inférieurs du préopercule, et les orifices de la narine sont ovales, très-rapprochés l'un de l'autre, et à une distance, en avant de l'œil, égale à son diamètre. Mais du reste les pièces osseuses de la tête, leurs arêtes saillantes, les dentelures du préopercule, l'épine de l'opercule, les rayons branchiostèges, sont comme dans tout ce genre.

La ligne du dos est à peu près droite, ainsi que la ligne latérale, qui lui demeure parallèle au tiers supérieur de la hauteur du corps. Les pectorales, plus grandes que dans les autres espèces, ont plus du sixième de la longueur totale, et l'on y compte vingt rayons. Les ventrales sont plus courtes d'un tiers. La première dorsale répond aux deux quarts mitoyens de la pectorale : son premier aiguillon est très-court ; le deuxième, au contraire, se prolonge en un filet, qui atteint jusque sur la caudale. Le troisième revient subitement à une hauteur qui n'est que des deux tiers de celle du corps, et les autres vont en diminuant, jusqu'au dixième, qui est aussi petit que le premier. Il y a vingt-sept rayons à la deuxième dorsale, dont le premier est une épine flexible. L'anale a deux épines et vingt-six rayons mous.

Le nombre des écailles sur une ligne longitudinale est de quatre-vingt-cinq à quatre-vingt-dix, et sur une ligne verticale au-dessus des ventrales, de quinze ou seize. Leur forme diffère peu de celle des autres espèces.

Tout ce poisson est teint d'un brun uniforme, avec un reflet un peu doré. Nous en avons des individus d'un pied et davantage.

L'œsophage du pêche madame est large et plié sur lui-même avant de se dilater un peu pour former l'estomac, sac obtus qui se prolonge en arrière du diaphragme au-delà des deux tiers de la longueur de l'abdomen, et que nous avons trouvé plein de petits poissons et de petits crustacés. La branche montante s'attache très-peu en arrière du diaphragme; elle est courte et donne insertion aux quatre appendices cœcales. L'intestin, assez long, ne fait que deux replis. Le foie est mince et divisé en deux lobes, dont le gauche recouvre une partie de l'estomac. La vessie aérienne ne paraît que comme un petit point argenté, de la grosseur d'une tête d'épingle, suspendu au-dessus du fond de l'estomac, dans une membrane transparente et très-mince.

La tête osseuse du pêche madame offre les mêmes caractères que celle du pêche bicout; mais elle est plus déprimée en avant. Les pédicules des intermaxillaires y sont beaucoup plus courts et les orbites beaucoup plus petits. Le nombre de ses vertèbres va jusqu'à quarante-trois; mais c'est aussi à la dix-septième qu'il commence à y avoir des apophyses épineuses inférieures.

Nous n'avons pu trouver aucune trace de cette espèce remarquable dans les auteurs qui ont traité des poissons de la mer des Indes; c'est pourquoi nous l'avons fait dessiner de préférence.

APPENDICE AU LIVRE TROISIÈME.

Des Mulles (*Mullus*, Linn.)

Les mulles forment un genre parfaitement naturel, et qui se distingue aisément du reste des acanthoptérygiens par deux dorsales séparées l'une de l'autre, par les écailles larges et peu adhérentes qui garnissent la tête et le corps, et surtout par deux barbillons attachés sous la symphyse de la mâchoire inférieure, et qui se retirent entre ses branches dans l'état de repos ; et ce genre est tellement isolé, que l'on peut le considérer comme formant à lui seul une famille particulière. Nous le plaçons à la suite des percoïdes, non pas qu'il leur appartienne entièrement, mais à cause de quelques rapports légers qui l'en rapprochent:

Ces poissons se ressemblent beaucoup entre eux : leur corps est oblong, peu comprimé ; leurs nageoires de médiocre étendue ; leur profil plus ou moins convexe, et dans les deux sens. Un sous-orbitaire haut et étroit, qui ne couvre point la joue, relève l'œil jusque près de la ligne du profil ; l'ouverture de la bouche est petite, faiblement garnie de dents ; celle des branchies est bien fendue, mais leur membrane n'a que quatre rayons ; la ligne latérale, parallèle au dos, se marque par un petit arbuscule sur chacune de ses écailles ; enfin, le fond de la couleur est presque généralement d'un rouge plus ou moins vif.

Leur intérieur n'est pas moins uniforme que leur extérieur : l'estomac n'est qu'un repli épaissi de l'œsophage; des cœcums assez nombreux entourent le pylore, que suit un intestin de longueur médiocre; vingt et quelques vertèbres composent leur épine; leur chair, blanche, ferme, facilement divisible en couches, en fait un des alimens les plus agréables que la mer nous fournisse.

C'est, ainsi que la couleur, un rapport qu'ils ont avec les trigles, et il en est résulté que l'on a donné le nom de *rouget* à l'un et à l'autre genre, et même qu'ils ont été pendant quelque temps réunis en un seul[1], bien que l'armure de la tête des trigles, le nombre de leurs rayons branchiaux, la longueur de leur seconde dorsale et de leur anale, les rayons libres qu'ils ont sous les pectorales, enfin l'absence totale de barbillons dans presque toutes leurs espèces, repugnassent évidemment à ce rapprochement bizarre.

Le genre des mulles, tel qu'on le trouve encore dans les auteurs les plus récens, peut se diviser en deux genres parfaitement caractérisés par les dents.

Le premier, qui est propre à l'Europe, et auquel nous réserverons le nom de *mullus,* n'a point de dents à la mâchoire supérieure; mais elles sont suppléées par une large plaque de petites dents en pavés, qui garnissent le devant du palais, et qui appartiennent au vomer. Il n'a point d'épine à l'opercule, ni de vessie aérienne.

Le second, dont les nombreuses espèces habitent les mers des deux Indes, et que nous appellerons *upeneus,* a des dents aux deux mâchoires, tantôt en velours ras, tantôt distinctes et sur une seule série; son opercule a une

---

1. Le genre *trigla* d'Artedi.

petite épine : il possède une vessie natatoire. Quelques-unes de ces espèces, que l'on pourrait encore distinguer des autres, ont des dents en velours ras, soit au-devant du vomer, soit aux palatins : le plus grand nombre n'en a à aucune partie du palais.

Nous avons déjà vu qu'il fallait retrancher des mulles le prétendu *mulle imberbe* de Willughby et de Linnæus, ainsi que les espèces voisines, dont M. de Lacépède a fait avec raison un genre différent, nommé *apogon,* auquel il faut aussi rapporter le *mullus fasciatus* de White (Voyage à la Nouvelle-Galles du sud, p. 268, fig. 1), espèce, d'ailleurs, que sa figure détermine mal, et qui n'est point décrite dans le texte, en sorte que Walbaum seul a cru pouvoir l'adopter. (Voyez notre second volume, p. 113.)

DES MULLES PROPREMENT DITS,

Ou des Mulles d'Europe, à mâchoire supérieure sans dents, nommés aussi rougets *et* rougets-barbets.

Les poissons appellés *trigles* (τρίγλη) par les Grecs, et *mulles* (*mullus*) par les Latins, sont sans contredit ceux qui ont été le plus célébrés dans les ouvrages des anciens pour l'excellence de leur goût et la beauté de leurs couleurs; et c'est d'eux que le luxe des Romains s'est occupé avec le plus de sollicitude.

Le nom de *triglia,* que nos rougets-barbets portent encore aujourd'hui en plusieurs contrées de l'Italie, n'est pas le seul motif que l'on ait pour croire qu'ils sont les τρίγλη des Grecs. Pline traduit τρίγλη par *mullus,* en empruntant un passage d'Aristote, où il est dit que le τρίγλη pond trois fois par an[1]. Or, le *mullus* des Latins est bien sûrement notre rouget-barbet : Pline le caractérise parfaitement par la double barbe qu'il porte sous la mâchoire inférieure et par sa couleur rouge[2]. D'ailleurs il est aussi parlé de la barbe du τρίγλη dans deux endroits d'Athénée, et on l'y nomme *bossu* et *jaune,* deux épithètes qui conviennent bien à notre mulle, à cause de sa couleur et de la saillie de sa nuque.[3]

On dérivait ce nom de τρίγλη de la triple ponte attribuée à ces poissons, et ce nom, à son tour, en avait fait dédier l'espèce à la triple Hécate ou à Diane, surnommée τρίγληνος (au triple œil), d'où, par une autre de ces inductions trop habituelles chez les Grecs, on avait fait aux trigles la réputation d'être anti-aphrodisiaques.[4]

Le nom de *mullus* avait une autre origine. Il venait, disait-on, de ce que sa couleur ressemblait à celle de la chaussure appelée *mulleus,* que les rois d'Albe[5] avaient portée originairement, et qui était demeurée sous la république la chaussure du consul, du préteur et de l'édile-curule[6], et plus tard avait été réservée aux empereurs.

Les Grecs vantent déjà la saveur de leur trigle, mais les Latins en parlent encore plus souvent, et en termes plus expressifs.[7]

Il était du nombre des poissons les plus chers.

> *Ne mullum cupias cum sit tibi gobio tantum*
> *In loculis.*[8]

---

1. Aristote, l. V, c. 9, et Pline, l. IX, c. 17. — 2. Pline, l. IX, c. 17. *Barba gemina insigniuntur inferiori labro.* — 3. Ath., l. VII, p. m. 324 et 325. — 4. *Id., ib.* — 5. *A colore mulleorum calceamentorum.* (Pl., l. IX, c. 17.) — 6. Cato *ap.* Fest. Voyez aussi Robert Étienne (*voce* Mulleus). — 7. Pline, l. IX, c. 17. *Gratia maxima mullis.* — 8. Juvénal, *Sat.,* l. XI, v. 37.

On le cherchait au loin; aucuns frais ne paraissaient trop grands pour s'en procurer.

Mullus erit domini quem misit Corsica vel quem
Tauromenitanœ rupes, quando omne peractum est,
Et jam defecit nostrum mare.[1]

Leur valeur augmentait surtout avec leur poids; deux livres étaient, selon Pline, le plus élevé qu'ils atteignissent communément[2], et même alors ils étaient déjà une sorte de magnificence, quoique la livre romaine fût d'un tiers moindre que la nôtre. Martial cite l'achat d'un mulle de ce poids parmi les sacrifices que sa maîtresse exigeait de lui.

Nunc ut emam grandemve lupum mullumque bilibrem
Indixit cœnam dives amica tibi.[3]

Et en parlant d'une table somptueuse qu'il fuyait, il dit :

Nolo mihi ponas rhombum mullumve bilibrem.[4]

On regardait un mulle de trois livres comme un objet d'admiration.

. . . . Laudas insane trilibrem
Mullum; in singula quem minuas pulmenta necesse est.[5]

Martial nous représente un mulle de quatre livres comme un mets ruineux.

Addixti servum nummis here mille trecentis
Ut bene cœnares, Calliodore, semel :
Nec bene cœnasti. Mullus tibi quatuor emptus
Librarum, cœnœ pompa caputque fuit.

---

1. Juvénal, *Sat.*, l. V, v 92.
2. Pline, l. IX, c. 17. *Et gratia maxima est et copia mullis, sicut magnitudo modica : binasque libras ponderis raro admodum exsuperant.*
3. L. XI, ép. 50, v. 9. — 4. L. III, ép. 45, v. 5. — 5. Hor., *Sat.*, l. II, sat. 2, v. 33.

3. 40

Exclamare libet, non est hic improbe, non est
Piscis : homo est; hominem, Calliodore, voras. [1]

Mais au-delà le prix de ce poisson devenait vraiment extravagant.

Sénèque raconte l'histoire d'un mulle présenté à Tibère, qui pesait quatre livres et demie, et que ce prince, ridiculement économe, envoya au marché. Apicius et Octavius se le disputèrent; et le dernier l'emporta au prix de cinq mille sesterces [2], qui dans ce temps-là faisaient neuf cent soixante-quatorze francs.

Juvénal en cite un qui fut vendu six mille sesterces (1168 francs), et pesait près de six livres.

.... *Mullum sex millibus emit*
Æquantem sane paribus sestertia libris. [3]

Asinius Celer, au rapport de Pline, en acheta un huit mille (1558 francs) du temps de Caligula. [4]

Cependant les plus chers de tous furent ceux dont parle Suétone, qui, au nombre de trois, furent payés trente

---

1. Mart., l. X, ép. 31. Bloch, qui ne savait pas le latin, s'est imaginé que Calliodore avait acheté quatre mulles (II.ᵉ partie, p. 105); et un écrivain qui le savait très-bien, aimant mieux s'en rapporter à Bloch que de remonter aux sources, non-seulement a admis cette belle explication, mais, d'après une phrase équivoque de Bloch, il a attribué ces vers à Juvénal, et, d'après je ne sais qui, il suppose que Calliodore avait payé ses quatre mulles quatre cents sesterces (Lacépède, t. III, p. 388). C'était bien autre chose, un seul lui en avait coûté treize cents (253 francs). Cette évaluation et les suivantes sont dues à la complaisance de mon savant confrère à l'Institut, M. Letronne.

2. Sénèque, ép. 95.

3. *Sat.*, l. IV, v. 15. Bloch a encore imaginé que ces vers signifiaient qu'on donnait pour un mulle un poids égal d'argent (part. II, p. 104); et cette plaisante explication a été fidèlement transmise dans d'autres ouvrages (Lacépède, t. III, p. 388). Les grands mulles étaient bien plus chers que cela : mille sesterces équivalaient à trois livres d'argent.

4. Pl., l. IX, c. 17.

mille sesterces (5844 francs); ce qui engagea Tibère à rendre des lois somptuaires, et à faire taxer les vivres apportés au marché[1]. C'était apparemment la circonstance d'en avoir trois à la fois d'une grande taille qui en avait si fort augmenté la valeur.

Ces grands mulles venaient de la mer, et peut-être de parages éloignés. Pline dit qu'ils ne grandissent point dans des viviers et des piscines[2]. Les Romains cependant y en élevaient. Martial cite de ces poissons qui y vivaient depuis long-temps, et qui étaient en quelque sorte apprivoisés.

> *Ridet procellas, tuta de suo, mensa.*
> *Piscina rhombum pascit, et lupos vernas;*
> *Natat ad magistrum delicata muræna,*
> *Nomenculator mugilem citat notum,*
> *Et adesse jussi prodeunt senes mulli.*[3]

Leur éducation y exigeait des soins et des dépenses extraordinaires; car l'espèce supportait difficilement l'esclavage, et c'était à peine, dit Columelle, s'il en restait quelques-uns sur plusieurs milliers.[4]

On s'expliquerait difficilement toutes les peines que se donnait Hortensius, au rapport de Varron[5], seulement pour avoir dans ses étangs, et sans vouloir en manger, des poissons que la mer fournissait en si grande abondance, si l'on ne savait qu'une des jouissances du luxe des Romains

---

1. Suétone, *Tib. cæs.*, c. 34. — 2. L. IX, c. 7. *Nec in vivariis piscinisque crescunt.* — 3. L. X, ép. 30.

4. *Mollissimum genus et servitutis indignantissimum. Raro itaque unus aut alter de multis millibus claustra patitur.* (*Colum.*, *de re rustic.*, l. VIII, c. 17.)

5. Varron, *De re rustic.*, l. III, c. 17. *Neque satis erat eum (Q. Hortensium) non pasci piscinis, nisi eos ipse pasceret ultro; ac majorem curam sibi haberet ne ejus esurirent mulli, quam ego habeo ut mei in Rosea non esuriant asini.* Et plus loin : *Non minor cura ejus erat de ægrotis piscibus quam de minus valentibus servis.*

était de les faire venir dans de petites rigoles jusque sous les tables où l'on mangeait, et de les voir mourir dans des vases de verre, pour observer tous les changemens que leurs brillantes couleurs éprouvaient pendant leur agonie.[1]

Cicéron déplore tristement, dans une de ses lettres à Atticus, l'inertie qui pouvait inspirer aux riches Romains des goûts si puériles.

Cum nostri principes digito se cœlum putant attingere si mulli barbati in piscinis sunt, qui ad manum accedant: alia autem negligant.[2]

Et l'on peut croire qu'il songeait particulièrement à Hortensius, lorsqu'il dit ailleurs :

Reviviscat M. Curius — et videat aliquem summis populi beneficiis usum, barbatulos mullulos exceptantem de piscina et pertractantem.[3]

Sénèque en fait aussi l'objet de longues déclamations à une époque où cet amusement aurait dû lui sembler bien innocent au milieu des autres aberrations d'un peuple blasé sur toutes les jouissances.

« Les poissons nagent sous les lits mêmes des convives;
« c'est sous la table qu'on les prend, afin qu'ils soient plu-
« tôt dessus : un mulle ne paraît pas frais s'il ne meurt dans
« les mains des convives. On les expose à la vue dans des
« vases de verre; on observe les différentes couleurs par
« lesquelles une agonie lente et douloureuse les fait passer
« successivement.[4] »

---

1. *Mullum exspirantem versicolori quadam et numerosa varietate spectari proceres gulæ narrant, rubentium squammarum multiplici mutatione pallescentem, utique si vitro spectatur inclusus.* (Pline, l. IX, c. 17.)

2. *Ad Attic.*, l. II, *ep.* 1. — 3. *Parad. ad Brut.*, c. 5. — 4. *Quest. nat.*, l. III. c. 17 (traduction de Lagrange).

— « Rien de plus beau, dit-on, qu'un mulle expirant.
« Les efforts qu'il fait contre la mort répandent sur tout
« son corps le rouge le plus éclatant, qui se termine par
« une pâleur générale: mais dans le passage de la vie à la
« mort, par combien de nuances agréables ces deux cou-
« leurs ne se mélangent-elles pas ! »

— « On disait autrefois : Rien de meilleur qu'un mulle
« pris entre les roches. On dit aujourd'hui: Rien de plus
« beau qu'un mulle expirant. Passez-moi ce vase de verre,
« que je le voie bondir, que je le voie tressaillir. Après
« avoir long-temps loué avec extase, on le tire de ce vivier
« transparent. Alors les plus experts instruisent les autres.
« Voyez ce rouge de feu, plus vif que le plus beau vermil-
« lon; voyez ces veines qui s'enflent. On dirait que son
« ventre est de sang. Avez-vous remarqué cet éclat d'azur
« que viennent de réfléchir ses ouïes? etc. »

Ce n'était pas, au reste, seulement pour le plaisir des
yeux qu'on voulait avoir le mulle vivant; c'était aussi pour
le manger plus frais : Sénèque lui-même le fait entendre.

« La diligence était extrême; on se hâtait de faire place
« aux chasse-marée hors d'haleine et enroués à force de
« crier.

« Aujourd'hui le poisson est déjà rance; fût-il pêché
« du jour même? — Mais il a été pêché dans le moment.
« — Je ne veux pas m'en rapporter à vous sur une affaire
« de cette importance; je n'en croirai que mes yeux. Qu'on
« me l'apporte; qu'il meure devant moi.[1] »

Cette précaution était en quelque sorte devenue nécessaire, depuis qu'Apicius avait enseigné à faire mourir le

---

1. *Quest. nat.*, l. III, c. 18 (traduction de Lagrange).

mulle dans le garum des associés, et à lui préparer une sauce avec son propre foie.[1]

Galien dit en effet que le foie du mulle passait chez les gourmands pour en être la partie la plus délicieuse, et qu'on le broyait avec du vin pour assaisonner le poisson; mais que cette sauce n'était pas fort de son goût, ce que je crois aisément. Après le foie c'était la tête qu'on estimait le plus; mais au total il passait pour le meilleur de tous les poissons.[2]

Cette passion pour les mulles avait fort diminué dans des temps postérieurs; car Macrobe (Saturn., t. II, p. 12) assure que de son temps on en voyait de plus de deux livres, mais que l'on ne connaissait plus les prix excessifs dont parlent les auteurs du premier siècle.

Aujourd'hui les mulles, sans être l'objet de soins si extraordinaires, ni se vendre à des prix si exorbitans que chez les Romains, sont encore mis avec raison au nombre des meilleurs comme des plus beaux poissons de la mer. Ceux de Provence, et surtout ceux de Toulon, sont particulièrement célèbres Leur chair est blanche, ferme, friable, agréable au goût, un peu piquante; elle se digère aisément, parce qu'elle n'est pas grasse.

Nos mers produisent deux espèces de ces poissons, que Salviani a le premier bien distinguées, et qu'il représente comparativement avec assez d'exactitude[3]: une plus petite, à museau plus vertical, d'un rouge plus pourpré (*mullus barbatus,* L.), qui est plus abondante dans la Méditerranée, et la seule que Bélon et Rondelet aient représentée;

---

1. M. *Apicius ad omne luxus ingenium mirus in sociorum garo necari eos præcellens putavit atque e jecore alecem excogitare provocavit.* (Pline, l. IX, c. 17.)

2. Galen., *De alim. facult.*, l. III, c. 27. — 3. Salviani, fol. 235.

et une plus grande (*mullus surmuletus,* L.), à museau plus oblique, dont le rouge est interrompu par des lignes longitudinales jaunes : elle est beaucoup plus commune que l'autre sur les côtes de l'Océan, mais elle habite aussi la Méditerranée, et l'on peut croire que c'est à elle qu'appartenaient ces mulles de deux livres et plus dont les Romains faisaient tant de cas. Pline dit même expressément que ces grands mulles se trouvaient surtout dans l'Océan septentrional et occidental.[1]

La petite espèce passe pour la meilleure, comme elle est aussi la plus belle par l'éclat de sa couleur pourpre ; et c'est elle sans doute que l'on élevait dans des viviers et que l'on faisait venir vivante sur la table ; c'était, en un mot, le *mullulus barbatulus* dont Cicéron se moque.

Le Surmulet, *ou* grand Mulle rayé de jaune.

(*Mullus surmuletus*, Linn.)

Nous plaçons cette espèce en tête du genre, parce que c'est celle qu'il est le plus facile de se procurer dans nos provinces septentrionales. Elle n'est pas rare dans la Manche, et il en vient beaucoup à Paris dans les mois d'Avril et de Mai.

Pennant[2] nous apprend qu'elle paraît aussi au mois de Mai sur la côte de Devonshire, et qu'il y en reste jusqu'en Novembre.

Ray[3] en cite un individu qui avait été pris à Pensance, en Cornouailles.

A mesure qu'on remonte au Nord, l'espèce devient plus

---

1. *Septentrionalis tantum hos et proxima occidentis parte gignit oceanus.* (Pline, l. IX, c. 17.) — 2. *Brit. zool.*, t. III, p. 230. — 3. *Syn. pisc.*, p. 91.

rare. C'est comme telle qu'elle est citée parmi les poissons de la mer du Nord et de la Baltique dans l'Ichtyologie du Holstein[1] et dans la Faune de Suède[2], et il n'en est pas question dans celle du Groënland.

Le contraire arrive vers le Midi. Ce mulle est bien plus commun dans le golfe de Gascogne que dans la Manche.

On en mange beaucoup à Bordeaux et à Bayonne, où on le nomme *barbeau* et *barberin*.

Cornide le cite parmi les poissons de Galice, sous les noms de *barbo* et de *salmonete*.[3]

Dans beaucoup d'endroits de la Méditerranée cette espèce est plus nombreuse que l'autre : c'est ce que Cetti dit expressément pour les côtes de Sardaigne.[4]

Nous l'avons reçue de Marseille, d'Iviça[5], de Nice, de Naples. Elle abonde dans les lagunes de Venise, où on l'appelle *tria*[6]. C'est elle qu'on nomme à Nice *streglia;* c'est elle que Brünnich a décrite à Marseille sous le nom de *rouget*[7]; et il y a grande apparence que Forskal, lorsqu'il assure que le *mullus barbatus* est commun et méprisé à Constantinople, ne parlait que de ce *mullus surmuletus*.

Sa chair est en effet, au rapport de Cetti, moins estimée que celle du *mullus barbatus,* et c'est surtout ce dernier qui est si célèbre sur les côtes de Provence; néanmoins il s'en faut beaucoup que le surmulet soit un mauvais poisson. Les Parisiens savent encore très-bien l'apprécier.

---

1. Schonevelde, *Ichtyolog.*, p. 47. — 2. Linn., *Faun. suec.*, edit. *Retzii*, p. 341. — 3. *Peces de la costa de Galicia*, p. 69 et 70. — 4. Cetti, t. III, p. 193 et 194.

5. M. de Laroche l'a prise pour le *mullus barbatus* (Annales du Muséum, t. XIII); mais nous avons ses échantillons.

6. Martens, Voyage à Venise, t. II, p. 427.

7. Il n'a pas vu le *mullus barbatus*, ce qui l'a engagé à regarder les deux espèces comme identiques.

Sa longueur ordinaire est d'un pied; mais il y en a de quatorze et quinze pouces.

Sa plus grande hauteur, qui est au tiers antérieur, fait un peu plus du cinquième de sa longueur totale, et sa largeur transverse, au même endroit, fait les trois cinquièmes de sa hauteur. La tête a un peu moins du quart de la longueur totale ; le dos et le ventre sont arrondis. La queue, de moitié moins haute que le corps, est comprimée. La ligne du ventre va, presque sans s'élever, jusqu'au bout du museau : celle du dos commence à descendre un peu à la nuque, et descend plus rapidement, à compter du front, de manière à faire à peu près un quart de cercle, mais d'une courbure peu régulière. L'œil, dont le diamètre est de plus du quart de la longueur de la tête, est placé très-haut, près de la ligne du front, et distant, de son semblable, d'un tiers de plus que leur diamètre. Le sous-orbitaire est haut, dirigé obliquement en avant, coupé en arrière en portion de cercle, et marqué de quelques pores et de quelques sillons, mais sans dentelures. Il est loin de couvrir la joue. La bouche est au bout du museau, peu fendue, médiocrement protractile, à lèvres peu charnues. Il y a une bande très-étroite de petites dents en velours tout autour de la mâchoire inférieure. La supérieure n'en a aucunes ; il n'y en a pas non plus sur la langue; mais le milieu du palais porte une large plaque ovale, divisée par un sillon longitudinal, et toute garnie de dents en petits pavés serrés, qui appartiennent à une dilatation du vomer. Le maxillaire, plat, mince, se cache en partie sous le grand sous-orbitaire.

La ligne postérieure du préopercule est verticale, son angle arrondi, ses bords membraneux. Des pores sur plusieurs rangs règnent le long de son bord inférieur. L'opercule produit deux petites pointes obtuses de son bord postérieur. Il est presque membraneux, surpasse à peine le sous-opercule, et s'en sépare par une ligne droite qui descend obliquement en avant. La fente des ouïes est verticale et revient en dessous jusque sous l'œil. On ne trouve que quatre rayons dans leur membrane. Le quatrième est même très-grêle, et a jusqu'à présent échappé aux observateurs.

Les branches de la mâchoire inférieure se rapprochent en dessous,

3. 41

et couvrent ainsi un espace dans lequel se cachent, pendant le repos, les deux barbillons. Ceux-ci ne sont que d'un quart moins longs que la tête.

L'os de l'épaule n'a rien de particulier.

La pectorale est un peu pointue, à peu près du sixième de la longueur totale : elle a dix-sept rayons, tous articulés ; le premier plus court, simple ; les autres branchus. C'est le quatrième qui est le plus long.

Les ventrales, aussi longues que les pectorales, un peu pointues, ont six rayons : le premier simple, épineux, plus court ; les cinq autres branchus : c'est le troisième qui est le plus long. La racine de ces ventrales est à peine plus en arrière que celle des pectorales. Sa distance à la tête est un peu plus du tiers de la longueur de celles-ci.

La première dorsale commence un peu avant le tiers antérieur ; sa longueur fait moins d'un sixième de la longueur totale : elle est en avant aussi haute qu'elle est longue, et a sept épines qui vont en diminuant et sont assez robustes, quoique minces.

Entre elles et la seconde dorsale est un intervalle égal à sa longueur. La seconde est aussi longue, mais un peu moins haute. Elle a en avant un rayon simple, d'un tiers moins long que celui qui le suit, puis huit autres, branchus et articulés, dont le septième est profondément fourchu.

L'anus est sous le commencement de la seconde dorsale, et à peu près au milieu de la longueur totale (la caudale comprise). L'anale répond à la seconde dorsale ; elle a un et quelquefois deux rayons simples, mais articulés : sur la base du premier se colle un très-petit vestige d'épine, qu'on a peine à voir, même dans le squelette. Il y en a de plus six branchus, dont le dernier est profondément fourchu.

Ce qui reste de queue, depuis l'anale et la seconde dorsale, sans comprendre la caudale, fait un peu moins du cinquième de la longueur totale.

La caudale égale le cinquième de la longueur totale ; elle est fourchue jusqu'à moitié, et a, à chaque bord, quatre rayons simples, mais articulés, dont les trois premiers sont petits. Il y en a treize branchus. Ainsi les nombres de rayons sont, comme il suit :

B. 4 ; D. 7 — 1/8 ; A. 2/6 ; C. 13 ; P. 17 ; V. 1/5.

Ce poisson porte des écailles sur le front, la joue, la nuque, et toutes les pièces operculaires, comme sur le corps. Ses écailles sont grandes ; il n'en a qu'environ quarante sur une ligne longitudinale, et dix ou douze sur une ligne verticale. Arrachées, elles sont plus hautes que longues, lisses, transparentes. Leur bord visible est à peu près demi-circulaire ; le bord adhérent est droit, avec quelques dentelures obtuses ; tout le bord externe a une bordure étroite, sèche, matte, et garnie de cils très-courts, très-fins et très-serrés.

A la loupe, la bordure sèche se montre finement gravée de petits points carrés en quinconce, dont chaque série longitudinale se termine par une petite dent, qui fait le cil du bord.

Au-dessus de la base des ventrales est une grande écaille pointue, et entre elles en est une dont la partie extérieure est coupée en triangle obtus.

La ligne latérale est formée d'une suite de petits arbuscules relevés au milieu de chacune de ses écailles. Chacun d'eux a sept ou huit petites branches, distribuées irrégulièrement.

La surface des barbillons, vue à la loupe, paraît toute couverte de petits points saillans, serrés et fins.

La couleur générale de ce poisson est sur le dos et les flancs d'un beau rouge de minium ou de vermillon clair, avec trois lignes jaunes dorées. Ces lignes sont beaucoup plus marquées au mois de Mai, époque à laquelle le poisson approche de son frai. Il y a, en différens endroits, des teintes argentées, et en d'autres la peau, qui a perdu ses écailles, paraît cramoisie. La gorge, la poitrine, le ventre, et le dessous de la queue sont blancs, légèrement teintés de rose. Les nageoires ont leurs rayons plus ou moins rouges, excepté les intérieurs des ventrales et les postérieurs de l'anale, qui sont jonquille. La membrane de la première dorsale est jaune. Dans nos individus de la Méditerranée le jaune y forme deux bandes obliques plus foncées ; dans ceux de Brest et La Rochelle il y a deux bandes brunes sur chacune des deux dorsales. La mémbrane des autres nageoires est transparente. L'iris de l'œil, couleur d'or pâle, est teinté en quelques points de rougeâtre; sa prunelle est large et noire.

Le foie du surmulet est assez gros, d'un très-beau rouge de minium, assez profondément divisé en deux lobes, dont le gauche est deux fois plus gros que le droit.

La vésicule du fiel s'attache, comme à l'ordinaire, au lobe droit; elle est oblongue, peu large : son canal cholédoque est très-long, et donne dans la partie supérieure de l'intestin entre les cœcums.

L'œsophage est assez long, plissé en dedans par de grosses rides longitudinales. L'estomac est petit, pointu en arrière; il se dilate un peu à droite de l'œsophage, et donne une branche qui monte entre les deux lobes du foie. Les parois de cette branche sont fort épaisses. Nous avons trouvé dans l'estomac des débris de crevettes.

Le pylore est entouré de vingt-deux appendices cœcales, dont les mitoyennes en dessous sont beaucoup plus petites que les autres : celles du dessus sont contournées et fortement attachées auprès de l'intestin par un tissu cellulaire très-dense.

Le canal intestinal est peu long, mais assez gros : il se replie entre les deux lobes du foie, se porte jusqu'au-delà de l'estomac, d'où il remonte vers le pylore, pour y faire un second repli et se rendre directement à l'anus.

La rate est petite, d'un rouge-brun très-foncé; elle est située sur le duodénum en avant du pylore.

Au mois de Mai les ovaires sont remplis d'un grand nombre de houppes foliacées, qui contiennent une quantité innombrable d'œufs excessivement petits.

Il n'y a point de vessie natatoire.

Les reins sont assez gros; ils aboutissent auprès de l'anus dans une petite vessie urinaire.

L'encéphale de ce mulle est volumineux, et se distingue surtout par la grandeur des tubercules inférieurs, en forme de reins, ainsi que par celle des tubercules de derrière le cervelet, qui de plus sont sillonnés en travers et assez profondément. Les tubercules antérieurs sont grands et divisés en deux, c'est-à-dire qu'il y en a encore un plus petit en avant sur la racine du nerf olfactif. Les tubercules creux sont grands, et ne contiennent chacun, à l'intérieur, qu'un seul petit tubercule oblong. Le cervelet s'alonge, et se recourbe un peu, comme un bonnet phrygien.

Le squelette du surmulet a dix vertèbres abdominales, dont les trois dernières ont leurs apophyses transverses réunies en anneaux, et quatorze caudales, toutes plus longues que hautes, rétrécies dans le milieu, comprimées. Les côtes sont grêles, mais doubles ; elles n'entourent pas, à beaucoup près, tout l'abdomen.

Il y a sur la nuque deux interosseux sans rayons avant ceux de la première dorsale. Les huit de cette nageoire répondent à cinq vertèbres, depuis la troisième jusqu'à la septième. Les neuf de la seconde répondent aux cinq premières caudales, et les sept de l'anale aussi.

Bloch a représenté ce mulle d'après nature (pl. 57), bien qu'il en ait dessiné le museau un peu trop pointu, le profil un peu trop plat, et l'œil un peu trop en arrière, et qu'il n'ait pas assez marqué les arbuscules de la ligne latérale. Mais lorsque dans son *Systema* (édit. de Schneider, p. 78) il lui attribue des dents aux deux mâchoires, dont quatre, plus longues que les autres, se recourbent en arrière et en dehors, c'est une erreur qui ne peut provenir que de ce qu'il a pris une autre espèce pour celle-ci.

C'est également par erreur que Gmelin et Bloch regardent le *pirametara* de Margrave comme une variété du surmulet, et que Bloch considère de même le *mulle de la Nouvelle-Hollande* de Latham. Ce sont bien des espèces distinctes, et ils appartiennent l'un et l'autre aux upénéus.

Le VRAI ROUGET, *ou* ROUGET-BARBET.

(*Mullus barbatus*, Linn.)

Le rouget se distingue promptement du surmulet par la forme de sa tête, dont le profil tombe bien plus verticalement, en sorte que sa physionomie est fort différente. Les pores de son sous-orbitaire sont aussi plus gros, plus nombreux; ses écailles sont moins larges, et n'ont pas tant de crénelures à leurs racines : on n'y en compte que quatre ou cinq, et le surmulet en a sept ou huit. Les stries de leur éventail s'y marquent davantage. Du reste, tout paraît semblable dans les deux espèces, quant à la forme et au nombre des parties, et quant aux dents.

Le rouget est d'une couleur plus uniforme et d'un rouge plus foncé, plus carmin que le surmulet, avec les plus beaux reflets irisés, mais, à ce qu'il paraît, sans lignes jaunes. Le dessous de son corps est argenté : ses nageoires sont jaunes.

C'est la Méditerranée qui est le séjour principal du rouget; il s'y prend dans tous les parages, d'ordinaire sur les fonds limoneux. On célèbre surtout ceux des côtes de Provence, et particulièrement ceux de Toulon. Il y en a dans la mer Noire et jusque sur les côtes de la Tauride. Hermann, cité par Georgi, prétend même qu'on en pêche dans quelques fleuves de Sibérie; mais nous aurions besoin de preuves bien positives pour admettre une pareille assertion[1]. Sur nos côtes de l'Océan, et surtout dans la Manche, il devient rare; et toutefois M. d'Orbigny l'a vu et dessiné à La Rochelle. Bloch allègue Pennant comme l'ayant observé sur les côtes de Cornouailles; mais Pennant dit précisément le contraire : il n'y a vu que le surmulet.[2]

Je ne sais si ce n'est point aussi une méprise de Müller, qui le lui fait compter parmi les poissons du Danemarck[3]; il l'aura confondu avec le surmulet.

Bloch représente assez bien cette espèce (pl. 348, fig. 2), si ce n'est qu'il donne des dents à la mâchoire supérieure.

---

1. Description de la Russie, part. III, t. VII, p. 1928. — 2. *Brit. Zool.*, t. III, p. 229. — 3. *Zool. danic. prodrom.*, p. 47, n.° 399.

Il prétend, dans son grand ouvrage[1], l'avoir reçue de Coromandel; mais, d'après ce qu'il en dit ensuite dans son
Systema[2], c'était le *mullus vittatus* qu'il avait confondu
avec celui-ci.

Il paraît y avoir des variétés dans l'espèce du rouget et
dans celle du surmulet, ou peut-être existe-t-il des espèces
voisines qui n'ont pas encore été assez bien distinguées.

Ainsi Aldrovande (*Pisc.*, p. 123) représente un grand
surmulet, envoyé d'Espagne, à dorsales tachetées, que
Schneider (Bloch, *Syst.*, p. 80) nomme *mullus hispanicus*.

M. de Martens parle de certains rougets du port de Venise, appelés *barbon di porto*, et qui sont plus obscurs de
couleur que les autres.

M. Rafinesque fait une espèce particulière de certains
mulles de Sicile, qu'il intitule *mullus fuscatus*[3]. On les
appelle, dit-il, *triglia di fango*.

> La couleur est plutôt brune que rouge : des lignes jaunes parcou-
> rent les flancs. La queue est brune à la base, rougeâtre à l'extrémité,
> et les nageoires paires à peu près orangées. Il leur trouve la tête *plus
> obtuse* et *moins tronquée* qu'au surmulet; deux expressions qui ne
> nous paraissent pas faciles à concilier.

Les dessins communiqués par M. Risso nous montrent
un très-petit surmulet, qui a sur les flancs des taches d'un
rouge vif, séparées par des lignes bleuâtres, et du noirâtre
vers la pointe de la première dorsale.

Nous-mêmes nous avons reçu de Messine, par M. Biberon, un petit mulle de la forme du surmulet,

> d'un beau rouge de rubis, avec deux lignes dorées, et des points

---

1. Part. X, p. 81. — 2. Édition de Schneider, p. 79. — 3. *Caratteri di alcuni
nuovi generi, etc.*; Palerme, 1810, p. 85.

noirs ou bruns mal terminés le long de la ligne latérale. Le sommet de la première dorsale est traversé par une large bande rouge ou brune, et le milieu par une large bande jaune. La seconde dorsale est brune, avec des taches rondes transparentes. Les nageoires paires, l'anale et la caudale sont jaunes ou orangées, teintées de brun.

Ce joli poisson n'est peut-être qu'un jeune surmulet dans toute la force de ses couleurs.

C'est aux naturalistes habitans des bords de la Méditerranée qu'il appartiendra de nous apprendre jusqu'à quel point ces différences caractérisent des espèces, ou rentrent dans les variétés que l'âge, le sexe et la saison peuvent produire.

DES UPÉNÉUS,

Ou d'un sous-genre de Mulles, à mâchoire supérieure dentée.

Les mers des pays chauds abondent en mulles, qui, chose assez remarquable, soit aux Indes, soit en Amérique, ont tous le caractère que nous venons d'indiquer, c'est-à-dire des dents à la mâchoire supérieure comme à l'inférieure. Leur vomer n'a point de dents en pavés; mais dans quelques-uns il en porte deux petits groupes en velours, et il y en a aussi quelquefois aux palatins. Leur opercule se termine d'ordinaire en une pointe aiguë; la plupart ont une vessie natatoire considérable, tandis que les espèces d'Europe en manquent. Plusieurs de leurs espèces deviennent assez grandes; et toutefois c'est une exagération monstrueuse que celle de Licinius Mutianus, qui, au rapport de Pline, prétendait qu'il en avait été pris un dans la mer

Rouge, pesant quatre-vingts livres[1]; ou bien il s'agissait de quelque autre poisson que sa couleur rouge avait fait regarder comme un mulle, probablement de notre *meso-prion rubellus* (t. II, p. 360).

Forskal, Commerson et Russel ont décrit une partie des mulles de la mer des Indes, et on trouve des figures grossières de quelques-uns dans l'ouvrage de Renard. Margrave a fait connaître un de ceux d'Amérique.

Nous avons cru convenable de distinguer ces poissons des mulles ordinaires par un nom sous-générique, et nous avons choisi pour cela celui *d'upénéus,* qui n'a point de signification fixe dans les anciens.

On peut dès à présent les diviser en deux petites tribus, selon que leurs dents sont à chaque mâchoire sur une étroite bande de velours, comme dans la mâchoire inférieure de ceux d'Europe, ou sur une seule rangée, distinctes les unes des autres et de forme conique; et la première de ces deux tribus peut encore être subdivisée, selon qu'elle a des dents à certaines parties du palais, ou qu'elle y en manque tout-à-fait.

1.° *Upénéus des Indes à dents en velours aux deux mâchoires, au vomer et aux palatins.*

L'Upénéus rayé.

(*Upeneus vittatus,* nob.; *Mullus vittatus,* Forsk. et Gm.)[2]

Un des mieux caractérisés dans la tribu à dents toutes en velours, est le *mulle rayé,* dont Commerson a laissé

---

1. Pline, l. IX, c. 18. *Mullum octoginta librarum in mari rubro captum Licinius Mutianus prodidit.* — 2. *Mullus bandi,* Shaw, t. IV, 2.ᵉ part., p. 616.

une figure sans description, gravée dans l'ouvrage de M. de Lacépède (t. III, pl. 14, fig. 1). Il y en a une autre dans celui de Russel (t. II, n.° 158), et il paraît bien être le même que le *mullus vittatus* de Forskal.

Les Arabes l'appellent, selon Forskal, *aboudagn* (le père à la barbe, le barbu), et les habitans de la côte d'Orixa, selon Russel, *bandi-gooli-vinda*. M. Leschenault nous l'a envoyé de Pondichéry, où on le nomme *navéré* ou *navéri*, nom semblable à celui de *nagarei*, sous lequel Bloch a reçu de Tranquebar un mulle qu'il rapporte fort mal à propos au *barbatus* [1] ; mais il ajoute que ce mulle de Tranquebar varie par des nageoires rayées, ce qui manifestement est relatif à un individu de notre espèce actuelle.

Nous l'avons aussi reçu des îles de la Société par MM. Lesson et Garnot, et de celles de la Sonde par MM. Kuhl et Van Hasselt.

Sa forme est à peu près celle de notre surmulet, si ce n'est qu'il a le premier sous-orbitaire plus court, et par conséquent que son œil est moins éloigné du bout de son museau. Son profil est légèrement et également convexe. Ses mâchoires ont chacune une bande étroite de très-petites dents en velours, et il y en a en velours ras sur le devant du vomer et sur une bande à chaque palatin. Ses barbillons n'atteindraient pas l'angle de son préopercule : son dos est brunâtre, un peu vineux ; ses flancs et son ventre argentés, légèrement dorés. Deux lignes plus argentées parcourent longitudinalement le brun du dos, et une troisième, plus dorée, le sépare de l'argenté du flanc.

La première dorsale, aiguë, et aussi haute que le corps, a sa pointe et une bande transverse sur son milieu, quelquefois une

---

1. Bloch, édition de Schneider, p. 79.

troisième sur sa base, noires. Une bande noirâtre traverse obliquement la seconde, et il y en a quelquefois deux autres. La caudale
est fourchue, et elle porte quatre de ces bandes sur son lobe supérieur, et trois sur l'inférieur, dont la dernière est plus large. Les
autres nageoires sont blanches.

D. 7 — 1/8; A. 1/7; C. 15; P. 17; V. 1/5.

Nos individus n'ont pas plus de huit ou neuf pouces.

M. Leschenault dit qu'il y en a toute l'année en abondance dans la rade de Pondichéry. Selon M. Russel, il est
aussi très-commun dans les rivières de la côte d'Orixa. On
l'estime peu. Il fraie, dit Forskal, à l'époque où la carotte
fleurit.

Le Cabinet de Berlin possède un mulle, rapporté de
Nukasiva, au Japon, par M. Langsdorf, et qui pourrait
bien n'être qu'une variété du *vittatus*.

Il a la même forme : dans son état desséché on voit encore les
traces de ses bandes ; mais elles sont toutes très-pâles, excepté la
pointe de sa première dorsale et celle du lobe inférieur de son
anale, qui sont d'un noir très-foncé.

L'individu n'a que quatre pouces et demi.

*L'*UPÉNÉUS SOUFRÉ.

(*Upeneus sulphureus*, nob.)

Cette espèce vient d'Antjer, dans le détroit de la Sonde,
où elle a été recueillie par M. Reynaud.

Ses formes et ses dents sont comme dans la précédente. Les écailles
sont grandes, et leur bord est finement cilié. Les barbillons sont
jaunâtres, et dépassent à peine le bord du préopercule. Du violet
colore le préopercule et l'opercule, ainsi que l'iris de l'œil ; une
teinte jaunâtre, lavée de violet, est répandue sur le dos ; les flancs,

le ventre et les nageoires ventrales et anales sont d'un beau jaune de soufre : les deux dorsales et la caudale sont rougeâtres.

D. 7 — 1/9; A. 2/6, etc.

Nos individus n'ont pas quatre pouces de longueur.

L'UPÉNÉUS AUX NAGEOIRES RUBANNÉES.

(*Upeneus tœniopterus*, nob.)

Cette espèce est abondante dans la rade de Trinquemalé, à Ceilan, et M. Reynaud, à qui nous la devons, a trouvé sa chair aussi savoureuse que celle de nos rougets de Provence.

Elle diffère peu de notre surmulet par la forme générale. Sa plus grande hauteur se mesure entre les deux dorsales, et n'est que le cinquième de la longueur totale. La tête est courte, à chanfrein très-aplati, même un peu concave entre les yeux : le museau est gros et obtus; l'œil petit, et la disposition et les proportions des différentes pièces operculaires ne présentent pas de caractères différens de ceux des mulles.

L'intermaxillaire est étroit et porte une bande de dents en velours fin et ras. On en voit de semblables à la mâchoire inférieure, sur le chevron du vomer, et sur chaque palatin, où elles sont réunies en deux groupes ovales.

Les nageoires sont comme dans les autres mulles : la première dorsale est assez haute, la caudale est profondément fourchue.

M. Reynaud nous apprend que les couleurs sont distribuées de la manière suivante :

Le dos est rouge, rembruni par une légère teinte de bistre : le dessus de la tête est plus foncé que le dos. Le rose assez vif des flancs se perd sur le blanc mat du ventre. A la base de la queue on voit une grande tache triangulaire rouge très-foncé, un peu rembruni, comme le dos.

La première dorsale est rougeâtre et rayée obliquement de trois

bandes brunâtres : le premier rayon est aussi rembruni. Le fond de
la seconde dorsale est plus pâle, et les bandes obliques sont beaucoup plus foncées et leur couleur bistre est mêlée de rougeâtre. La
caudale est d'un rouge terne, et offre sur chaque lobe six raies
longitudinales et parallèles, noirâtres à la pointe, et rougeâtres à
la base de la nageoire. Les barbillons sont roses à la base, et jaune-
citron à la pointe.

L'estomac est très-grand, et nous l'avons trouvé rempli de crustacés.

L'intestin est court, nous ne comptons que deux appendices cœcales au pylore. La vessie aérienne est très-grande.

Ce poisson est long de neuf à dix pouces.

*L'*Upénéus de Vlaming.

(*Upeneus Vlamingii,* nob.)

MM. Quoy et Gaymard viennent de nous envoyer de
leur nouvelle expédition un upénéus, qui nous a fait d'autant plus de plaisir que, nous présentant les caractères
d'une des figures de ce genre qui sont dans Vlaming, il
nous a prouvé l'authenticité des autres. C'est celle qui
porte dans ce recueil (n.° 123) le nom de *bienanque-lauwd,*
et qui est copiée, mais peu correctement, dans Renard
(t. I, pl. 5, fig. 31) sous celui de *baard-manetje* (petit
homme barbu).

Il y en a aussi une figure dans le Recueil de Parkinson,
à la bibliothèque de Banks : elle y porte le nom de *labrus,*
et a été faite dans le détroit de la Reine-Charlotte.

Il est un peu court, et a le corps élevé : sa hauteur à l'épaule n'est
que trois fois et deux tiers dans sa longueur. Son museau descend
obliquement; son sous-orbitaire est grand, et a non-seulement des
pores, mais des lacunes vers le haut; ses dents, assez fortes et
mousses, sont disposées sur plusieurs rangs aux deux mâchoires,

et il en a deux groupes au-devant du vomer. L'opercule se termine vers le haut en deux pointes mousses et un peu déchirées ; ses barbillons atteignent l'angle inférieur du préopercule ; ses arbuscules se divisent en quatre ou cinq branches courtes, assez grosses et tronquées.

D. 8 — 9 ; A. 1/7 (le dernier fourchu) ; C. 16 ; P. 16 ; V. 1/5.

Sa couleur est d'un bel orangé ou minium, tirant au jaune vers le ventre, avec une petite tache violette et brillante au milieu de chaque écaille, ce qui lui fait des séries longitudinales de points, dont les quatre ou cinq du flanc sont les plus marqués.

Il y a trois lignes violettes en travers du chanfrein, quatre obliques sur la joue, et quelques autres sur les mâchoires et en avant de la base des pectorales.

Toutes ses nageoires sont jaunes à rayons aurore. On voit sur la dorsale des traces de lignes violâtres, et elle est bordée de jaune. L'anale a deux lignes de points violets. Sa taille est de dix pouces.

Le foie de l'*upeneus Vlamingii* est composé de deux petits lobes quadrilatères égaux entre eux, qui sont réunis, sous l'œsophage, par une portion assez étroite, et qui ne descendent pas en arrière au-delà de la naissance de la branche montante de l'estomac.

L'œsophage n'est ni très-long ni très-large : il se dilate en un assez grand estomac, en sac arrondi, à parois charnues, assez épaisses, lisses à l'intérieur.

La branche montante est plus épaisse et plus charnue ; elle est presque aussi longue que l'œsophage.

L'ouverture du pylore est très-étroite : nous avons compté plus d'une trentaine de cœcums longs, grêles, et enveloppant l'estomac. Le canal intestinal est simple et fait deux plis, de longueur médiocre ; le rectum est un peu élargi.

La vessie aérienne est si petite qu'on pourrait facilement ne pas la voir ; elle a à peine deux lignes de long, et n'en a pas une de large ; elle se termine en une pointe aiguë des deux côtés : elle brille d'un bel éclat d'argent poli.

Les reins sont gros et épais, et débouchent, par deux uretères

fort courts, dans une très-grande vessie urinaire, qui s'étend de la
pointe postérieure de l'estomac vers l'anus : ses parois sont minces
et transparentes.

Nous avons trouvé l'estomac rempli de petits crustacés.

L'amiral Corneille de Vlaming, qui avait recueilli et fait
représenter un si grand nombre de poissons, méritait bien
de ne pas tomber dans l'oubli, où l'ont laissé Ruysch, Valentyn et Renard, ses trois misérables copistes. C'est pour
réparer autant qu'il est en nous le délit de ces plagiaires,
que nous croyons devoir donner son nom à cette espèce,
l'une de celles que lui seul avait observées avant les voyageurs qui nous l'ont procurée.

2.° *Upénéus des Indes à dents en velours aux deux
máchoires et sur le chevron du vomer, mais non aux
palatins.*

L'Upénéus a museau poreux.

(*Upeneus porosus*, nob.)

On trouve dans les rivières de la Nouvelle-Zélande un
upénéus de cette tribu à dents en velours; mais qui se distingue des précédens, parce qu'il n'en a point aux palatins.
MM. Lesson et Garnot l'ont rapporté de ce pays, et il y
avait aussi été trouvé auparavant par Péron à la terre de
Van-Diémen.

Il est gros et court; sa hauteur n'est que trois fois et un tiers
dans sa longueur, et il est comme bossu à sa première dorsale. Son
museau, légèrement convexe, est peu alongé; son œil est moins
grand à proportion; son sous-orbitaire, aussi large que haut, est
tout semé, ainsi que le devant du museau et le tour de l'œil, d'une
quantité de très-petits pores. Il a de larges écailles à sept crénelures

à leur base. Les arbuscules de sa ligne latérale ont beaucoup de petites branches disposées en rayons : sa deuxième dorsale est assez longue, mais ne finit pas en pointe.

Il paraît avoir été rouge, plus brun vers le dos, et l'on voit des lignes obliques brunes sur sa deuxième dorsale. Le dessous et les nageoires inférieures sont pâles.

B. 4 ; D. 8 (dont le premier très-court) — 9 (dont le dernier fourchu) ; A. 7 ;
C. 15 ; P. 16 ; V. 1/5.

L'individu est long de sept pouces.

3.° *Upénéus des-Indes* à dents en velours aux deux mâchoires et sans dents au palais.

L'Upénéus cordon jaune.

(*Upeneus flavolineatus*, nob.; *Mullus flavolineatus*, Lacépède, t. III, p. 406; *Mullus aureo-vittatus*, Shaw, *Gen. zool.*, t. IV, 2.ᵉ part., p. 618.)

Commerson a décrit, mais sans en laisser de figure, un de ces upénéus à dents en velours aux mâchoires seulement, qu'il nomme *rouget à cordon jaune*, et M. de Lacépède a publié sa description avec la même épithète.

Ce *mulle cordon jaune* est long de huit ou neuf pouces, et souvent d'un pied : le dessus de son corps est d'un brun tirant au bleuâtre ; le dessous d'un blanc argenté ; une bande intermédiaire dorée règne le long de chaque flanc. Une ou deux lignes, de même couleur, descendent quelquefois de l'œil vers le bout du museau. Les dorsales sont jaunâtres vers leur pointe ; la caudale roussâtre, et les autres nageoires blanchâtres : le profil est convexe (aquilin, dit l'auteur) : les dents se sentent plutôt qu'elles ne se voient.

Commerson dit du palais : *Palatum anterius callis seu tuberculis dentium loco exasperatum ;* ce qui pourrait s'entendre d'une disposition semblable à celle des mulles d'Europe, mais se rapporte seulement, ainsi que nous nous en sommes assurés, aux tubercules que les maxillaires forment ordinairement au-devant du palais.

Les barbillons n'atteignent pas tout-à-fait la base des ventrales. L'opercule a, comme dans tous les upénéus, une petite épine.

D. 7 — 9; A. 7; C. 15; P. 16; V. 1/5.

Cette espèce, au dire de Commerson, arrive assez irrégulièrement à l'Isle-de-France : tantôt elle y est rare, et tantôt très-commune; mais on l'y estime toujours comme le meilleur des poissons que l'on y mange.

Nous l'avons reçue de l'île de Bourbon par M. Leschenault; de l'île de Bourou, l'une des Moluques, et de celle de Borabora, dans l'archipel de la Société, par MM. Lesson et Garnot, et de Massuah, sur la mer Rouge, par M. Ehrenberg.

C'est une des plus alongées; sa hauteur est cinq fois et un tiers dans sa longueur : son museau est aussi un peu alongé et convexe; son corps est très-peu comprimé; sa deuxième dorsale est courte, et le dernier rayon en est le plus court. Les arbuscules de sa ligne latérale sont palmés, et à cinq ou six branches simples. Il n'y a que quatre ou cinq crénelures aux racines de ses écailles : ses barbillons, assez charnus, dépassent un peu l'angle du préopercule.

Nous en avons de plus d'un pied de long.

Nous avons examiné les viscères d'un de ces mulles còrdon jaune; il a le foie petit, presque entièrement placé du côté gauche.

L'œsophage est assez long, peu plissé : l'estomac a son cul-de-sac arrondi à parois minces et sans plis; sa branche montante en a au contraire de fort épaisses et munies en dedans de grosses rides longitudinales et parallèles. Le pylore a dix-huit appendices cœcales longues et grosses.

Le canal intestinal ressemble, pour la grosseur et pour ses replis, à celui de notre surmulet. La rate est placée de même; sa couleur est d'un rouge-noir très-foncé. Il y a une vessie aérienne très-grande, simple, mince, occupant presque toute la longueur de l'abdomen.

Les reins sont peu gros, d'un rouge-noir assez foncé. Le péritoine est noir comme de l'encre. Les ovaires n'étaient pas développés dans notre individu; ils occupaient la seconde moitié de l'abdomen. Les œufs paraissaient plus petits que ceux du surmulet ordinaire.

L'UPÉNÉUS DE CEILAN.

(*Upeneus zeylonicus*, nob.)

Cette espèce, encore plus alongée que la précédente, a le chanfrein très-large et très-aplati, les dents très-fines et sur une bande fort étroite. Ses barbillons ne dépassent pas l'à-plomb du bord postérieur de l'œil.

Son corps est d'un beau rouge, un peu lavé de bistre sur le dos. La première dorsale est d'un jaune mélangé de brunâtre; la seconde, d'un jaune plus pur, a une ligne noire à sa base. Les autres nageoires sont teintes de jaune et de rouge. Des deux côtés de la base de la caudale est une tache triangulaire du carmin le plus vif. Les barbillons sont rouges.

D. 7 — 1/8; A. 1/6; C. 17; P. 16; V. 1/5.

Autant que nous pouvons en juger, d'après un individu mal conservé, ses viscères ressemblent à ceux du mulle cordon jaune; mais les appendices cœcales sont moins nombreuses et beaucoup plus grêles. La vessie aérienne est très-grande, le péritoine d'un noir peu foncé.

L'estomac était plein de très-petites huîtres perlières (*Mytilus margaritiferus*, L.; *Pintadina*, Lam.).

Ce poisson, qui a près de neuf pouces de long, a été rapporté au Cabinet du Roi, par M. Reynaud, de la rade de Trinquemalé, à Ceilan.

Outre la description des couleurs faite sur l'individu frais, que ce zélé navigateur a bien voulu nous communiquer, il a ajouté que ce poisson a la chair aussi délicate que celle de notre rouget, et qu'il vit en grand nombre sur la côte de Ceilan.

L'Upénéus du Japon.

(*Upeneus japonicus*, nob.; *Mullus japonicus*, Houtt.)

M. de Langsdorf a rapporté du Japon et donné au Cabinet de Berlin un upénéus de cette subdivision à dents en velours.

Il les a en velours très-ras. Sa forme est à peu près celle de notre surmulet; il paraît avoir été entièrement jaunâtre, et ses barbillons ont encore conservé cette couleur: son scapulaire a une petite pointe comme son opercule.

D. 7 — 1/8; A. 1/6; C. 17; P. 19; V. 1/5.

Son nom japonais est *bensatsch*. L'individu que M. Lichtenstein nous a communiqué a cinq pouces. C'est l'espèce que Houttuyn a décrite et nommée *mullus japonicus*[1]. Il s'en trouve une assez bonne figure dans le Recueil de Vlaming (n.° 122), intitulée *bienanque-conning*. Elle a le dos enluminé d'orangé. Renard ne l'a pas copiée. Nous ne savons où Gmelin[2] a pris que ce mulle n'a point de dents. Houttuyn ne dit rien de cette circonstance.

4.° *Upénéus des Indes à dents distinctes et sur une seule rangée (ils n'en ont point au palais).*

L'Upénéus auriflamme.

(*Upeneus auriflamma*, nob.; *Mullus auriflamma*, Forsk.)

Dans la seconde tribu, celle où les dents sont isolées et sur une seule rangée à chaque mâchoire, la mer des Indes

1. Mém. de Harl., t. XX, 2.ᵉ part., p. 334, n.° 23. — 2. Gmelin, p. 1340, n.° 4.

produit quelques espèces reconnaissables par le caractère commun d'une tache noire de chaque côté de la queue, mais qui paraissent différer à d'autres égards, et sont toutefois assez difficiles à distinguer avec sûreté. Nous allons en faire connaître successivement les ressemblances et les différences.

Le premier qui en ait connu est Forskal. Il en décrit une de la mer Rouge (son *mullus auriflamma*) dans les termes suivans (*Faun. arab.*, p. 3o) :

> Ses dents sont petites, nombreuses, serrées. Les côtés de sa tête ont des traits jaunes ; ses dorsales et sa caudale sont jaunes ; les autres nageoires blanches : le dos est d'un brun bronzé ; une bande longitudinale large et dorée règne de chaque côté sur le milieu du corps, et sous la queue il y en a deux autres comme effacées, jaunes : la queue a au-dessus de la ligne latérale une petite tache noire.
>
> B. 3 ; D. 7 — 1/9 ; A. 2/7 ; C. 15 ; P. 17 ; V. 1/5.

On le nomme à Djidda *ambris*.

Commerson a laissé trois dessins marqués de même d'une tache à la queue, et gravés dans M. de Lacépède (t. III, pl. 13) : fig. 1, sous le nom de *mulle auriflamme;* fig. 2, sous celui de *mulle macronème,* et fig. 3, sous celui de *mulle barberin.*

*L'*Upénéus barberin.

(*Mulle barberin,* Lacép., t. III, p. 4o6.)

La troisième de ces figures seule est accompagnée dans les papiers de ce voyageur d'une description, dont voici l'extrait :

> Le *barberin du détroit de Bouton* est de la taille de celui d'Eu-

rope; sa couleur, sur la tête et sur le dos, est d'un brun légèrement
rougeâtre. Sous ce brun règne une bande d'un vert jaunâtre, puis
vient une bande noire, plus marquée, qui va de l'œil jusques un
peu au-delà de la moitié du corps; elle se prolonge aussi au-devant
de l'œil, mais elle y est plus lavée. De chaque côté de la queue est
une tache ronde et noire. Toutes les nageoires sont d'un incarnat
pâle. Les dents sont en petit nombre, courtes et pointues. La première épine dorsale est extrêmement courte, et c'est la troisième
qui est la plus longue. Le dernier rayon de la deuxième et celui de
l'anale sont alongés en pointe.

D. 7 — 1/8; A. 7; C. 15; P. 17; V. 1/5.

La figure, dessinée par Commerson lui-même, montre des barbillons qui atteindraient à peine à l'angle du préopercule.

L'individu était long de sept pouces.

L'UPÉNÉUS A TRAIT LATÉRAL.

(*Mullus lateristriga*, nob.; *Mulle macronème*, Lacép., t. III,
p. 404; *Mulle auriflamme*, id., p. 400.)

Les deux autres figures, celles que M. de Lacépède a
nommées *auriflamme* et *macronème*, sont l'une de Jossigny, l'autre de Sonnerat. Aucune description ne les accompagne; elles ne portent aucun nom.

Dans l'une et dans l'autre il y a une bande noire qui part de l'œil
sans passer au-devant, et qui finit sous la fin de la deuxième dorsale;
ensuite vient la tache ronde des côtés de la queue. La moitié inférieure de la deuxième dorsale est noire, et son dernier rayon se
prolonge en pointe.

Ces deux figures, qui ne diffèrent que par la longueur
des barbillons, nous paraissent représenter le même poisson, et cette différence ne tient, à notre avis, qu'à l'incu-
rie des dessinateurs. L'original est en herbier au Cabinet.

Ses dents sont sur un seul rang, pointues, peu serrées : ses nageoires anale et deuxième dorsale finissent en pointe; il a le sous-orbitaire plus long que large, et les arbuscules de la ligne latérale assez rameux.

Nous ne pouvons décrire ses barbillons, qui sont tombés.

D. 8 — 9; A. 1/7 (le premier très-petit, épineux; le second simple, mais articulé); C. 15; P. 16; V. 1/5.

Les individus sont longs de sept pouces.

Dans aucun cas, ni l'une ni l'autre de ces figures ne pourrait répondre à l'*auriflamma* de Forskal, qui n'est pas rouge, et qui ressemblerait bien davantage au barberin de Commerson, s'il ne manquait pas de la demi-bande noire qui caractérise celui-ci.

L'Upénéus de Russel.

(*Upeneus Russelii*, nob.)[1]

Russel a aussi décrit et représenté un de ces upénéus à tache à la queue[2], qu'il a cru mal à propos le *mullus barbatus* de Linnæus, et qui fait une grande et belle espèce. Les natifs de Vizagapatam le nomment *rahtée goolivinda.*

Sa forme est celle des précédens; ses nombres de rayons sont les mêmes; ses dents sont fines et serrées : ses barbillons dépassent à peine l'angle de son préopercule.

L'auteur décrit les couleurs de ce poisson comme il suit :

Un pourpre foncé, relevé de quelques lignes d'un violet clair, domine sur sa tête; ses joues sont roses, variées de jaune pâle et de lignes bleu pâle; ses lèvres sont rougeâtres, et il y a une tache foncée à chaque angle de sa bouche. Le dos est d'un pourpre

---

1. *Mullus indicus,* Shaw, t. IV, 2.ᵉ part., p. 614. — 2. T. II, p. 42, n.° 157.

changeant. Deux taches ovales se montrent sur la ligne latérale :
la première dorée et blanche très-brillante, mais qui s'efface vite ;
la seconde, au côté de la queue, d'un pourpre très-foncé. Les flancs
sont d'un pourpre pâle, avec des lignes d'azur, qui vont depuis la
pectorale jusqu'à la queue. Entre les inférieures le fond est changeant de couleur or et argent. Le dessous du corps est blanc, et il
y a à la gorge des teintes rosées. Les dorsales sont pourpre rayées
de bleu pâle ; les pectorales roses, l'anale blanche et rose, avec
quelques traits de jaune-paille en travers ; les rayons de la caudale
sont rougeâtres, et sa membrane verte.

Ce poisson est d'ordinaire long de dix pouces (anglais),
et en passe rarement quatorze. On ne le pêche pas communément à Vizagapatam, et sa chair n'est pas d'aussi bonne
qualité que celle du mulle d'Europe.

*L'*Upénéus de Waigiou.

(*Upeneus waigiensis*, nob.)

MM. Quoy et Gaymard ont rapporté de l'île de Waigiou
un upénéus très-voisin de celui de Russel, et que nous n'en
distinguons même qu'en hésitant.

Il a le corps moins haut, et les dents plus fines et plus nombreuses
que le *lateristriga*, que nous avons décrit d'après le sec, et auquel il
ressemble d'ailleurs par les nombres et par tous les caractères. La
tache latérale de sa queue est ronde et noire ; mais on ne lui voit
point de bande noire : il montre, sur le côté du dos, vis-à-vis l'intervalle des deux dorsales, une partie plus claire que le reste. C'est tout
ce qu'on peut apercevoir de ses couleurs ; ses barbillons se terminent
en fil délié, et dépassent l'angle de son préopercule.

L'individu n'a que quatre pouces.

L'Upénéus de Malabar.

(*Upeneus malabaricus*, nob.)

M. Dussumier vient encore de nous rapporter une espèce
très-voisine de la côte de Malabar.

Ses formes sont les mêmes que dans le dessin du barberin, laissé
par Commerson : sa tête est oblongue, son sous-opercule plus long
que large, et marqué de pores nombreux; ses dents sont minces et
courtes; ses barbillons dépassent un peu l'angle de son préopercule;
une ligne pâle traverse son chanfrein un peu au-devant des yeux. Une
grande tache ovale, pâle ou dorée, se trouve sur la ligne latérale,
vis-à-vis l'intervalle des deux dorsales, et il y en a une ronde, noire,
sur la queue. Dans la liqueur, le corps est devenu olivâtre; mais selon
M. Dussumier il était rose dans le frais.

D. 8 — 1/8; A. 1/7, etc.

L'individu est long de près de six pouces.

Le squelette d'un de ces mulles à tache latérale noire diffère de
celui de notre surmulet, par un profil moins convexe, des sous-
orbitaires plus longs et plus étroits, et en outre par les dents et le
petit aiguillon de l'opercule, et par les nombres de rayons déjà décrits à l'extérieur; mais le nombre de ses vertèbres, et les formes et
les autres détails de ses os, sont les mêmes.

Les Upénéus a deux *et* a trois bandes.

(*Mullus bifasciatus* et *Mullus trifasciatus*, Lac., t. III, p. 404.)

D'autres de ces upénéus de la mer des Indes, à dents
isolées et sur une seule rangée, se distinguent par de larges
bandes transversales noires. Commerson a aussi laissé les
figures sans description de deux que M. de Lacépède a
publiées sous les noms de *mulle deux-bandes* (t. III, pl. 14,
fig. 2) et *mulle trois-bandes* (pl. 15, fig. 1).

Nous les possédons l'une et l'autre. Ce sont deux espèces bien distinctes.

A la vérité, le *mulle deux-bandes* a quelquefois une troisième bande sur la queue, comme le *mulle trois-bandes;* mais son front est plus bombé, et ses barbillons bien plus courts ; ils ne dépassent pas l'angle du préopercule, et ceux du *mulle trois-bandes* dépassent même l'opercule. Cependant la figure, qui est de Sonnerat, les exagère, en les faisant aller jusque sous les ventrales. Le *mulle deux-bandes* a aussi le sous-orbitaire marqué de beaucoup de petits pores, qui y forment plusieurs lignes, qu'on ne voit pas dans l'autre, et celui-ci a, sur la tempe, une tache noire, qui manque au premier.

Le *mulle trois-bandes* a la pointe de sa deuxième dorsale plus aiguë que le *mulle deux-bandes*, et les arbuscules de sa ligne latérale sont moins branchus.

Le *mulle deux-bandes* est de tout le genre celui où les arbuscules sont le plus compliqués, et composés de rameaux plus nombreux et plus déliés. Du reste, les deux espèces ont les dents sur une seule rangée, peu serrées, menues et un peu obtuses.

Les deux bandes noires principales répondent aux deux dorsales; la troisième, quand elle existe, est sur la queue.

Elles s'étendent sur les dorsales, dont la seconde a, dans le mulle trois-bandes, sa pointe noire. L'anale de ce mulle est aussi rayée, en travers, de gris ou de violet. Dans le deux-bandes elle paraît toute d'une couleur et pâle.

Il y a plus d'irrégularité dans le noir du *mulle trois-bandes* que dans l'autre espèce, et souvent les bandes y sont divisées en plus de trois.

C'est ainsi que MM. Quoy et Gaymard l'ont représenté sous le nom de *mulle multibande,* dans la zoologie du Voyage de M. Freycinet (pl. 59, fig. 1).

Nous ne pouvons juger du fond de la couleur que par les figures de Commerson, qui le représentent d'un rouge vermillon uniforme dans le *mulle trois-bandes*, et d'un gris rougeâtre sur le dos, blanc

3. 44

sous le ventre, dans le *mulle deux-bandes*. Mais nous avons lieu de croire qu'elle est plus variée dans le frais.

Le *mulle deux-bandes* ne nous est venu que de l'île de Bourbon. Le *mulle trois-bandes* a été recueilli aux îles Sandwich et aux Carolines par les naturalistes des expéditions de MM. Duperrey et Freycinet. On le nomme aux Sandwich *mouano*.

Nous n'en avons pas d'individu de plus d'un pied.

*L'*Upénéus a croupe dorée.

(*Upeneus chryserydros, Mulle rougeor*, Lacép., t. III, p. 406.)[1]

L'upénéus que Commerson appelle *surmulet à croupe dorée*, et dont il a laissé une description sans figure, sur laquelle M. de Lacépède a établi son *mulle rougeor*, a aussi ses dents sur une seule rangée.

Il est tout entier d'un rouge vineux, excepté une grande tache d'un jaune doré, placée comme une housse sur la queue, entre la deuxième dorsale et la caudale, et descendant des deux côtés, mais dont le contour est mal terminé. Les yeux sont entourés de lignes jaunes dorées divergentes aux rayons, et dont les antérieures descendent vers le bout du museau. Les nageoires sont rouges comme le corps, les inférieures plus pâles, comme à l'ordinaire ; mais la deuxième dorsale et l'anale ont des lignes obliques jaunes. Sa tête est oblongue ou cunéiforme, et son profil presque rectiligne. Des dents petites, obtuses, non-contiguës et sur une seule rangée, occupent les deux mâchoires : il y en a moins dans l'inférieure.

D. 7 — 9 ; A. 7 ; C. 15 ; P. 16 ; V. 1/5.

Sa longueur ordinaire est d'un pied.

---

1. *Mullus radiatus*, Shaw, p. 618. C'est aussi la *sciène ciliée*, Lacépède, t. IV, p. 312.

On en voit toute l'année sur les côtes de l'Isle-de-France, mais il n'y est jamais bien commun. Il ne le cède point aux autres pour le goût.

Jusqu'ici nous ne faisons qu'extraire l'article de Commerson; mais nous avons des échantillons de douze et de quatorze pouces, venus de l'Isle-de-France, desséchés, et d'autres plus petits dans la liqueur, les uns apportés des îles Sandwich par MM. Quoy et Gaymard, et les autres de l'île de Bourbon et de la côte de Coromandel par M. Leschenault, sur lesquels nous avons pu faire encore quelques observations.

> Cette espèce a le corps assez haut et fort comprimé. Les arbuscules de sa ligne latérale ont des branches plus nombreuses et plus délicates que dans la plupart des autres espèces; ses écailles sont très-grandes et d'un contour peu régulier, leur base n'a que cinq crénelures : ils en portent de petites jusque sur le milieu de la longueur de la caudale. Le sous-orbitaire est plus long que large, et les barbillons atteignent au moins l'angle du préopercule.

C'est sur un individu desséché de cette espèce qui a perdu ses barbillons, et où le limbe des écailles se distingue fortement du disque, que M. de Lacépède a établi sa *sciène ciliée* (t. IV, p. 308 et 312). Il était d'autant plus nécessaire que nous en fissions ici la remarque qu'à moins d'avoir, comme nous, sous les yeux les pièces qui en font la preuve, personne n'aurait pu même soupçonner une pareille méprise.

*L'*Upénéus cyclostome.

(*Upeneus cyclostomus,* nob.; *Mullus cyclostome,* Lac., t. III,
p. 404.) [1]

Il y a encore dans les collections de Commerson un grand upénéus en herbier et en dessin, mais sans étiquette ni description, dont M. de Lacépède a fait graver la figure (t. III, pl. 19, fig. 3) sous le nom de *mulle cyclostome.* Ce nom tient à ce que le dessinateur, qui travaillait sur un sujet desséché, lui a représenté la bouche comme si elle était circulaire; mais dans le fait elle n'est pas dans ce mulle autrement que dans le reste du genre.

Il ressemble beaucoup au rougeor, si ce n'est que son sous-orbitaire est plus alongé, et surtout que les tubes de sa ligne latérale ne forment point des arbuscules, et sont seulement un peu déchiquetés par les bords, et même on pourrait encore soupçonner que c'est le produit de la compression et du desséchement. La figure, qui est de Jossigny, ne peut lever ce doute, parce qu'aucune de celles du Recueil de Commerson n'a marqué ce détail, si ce n'est celle que cet habile observateur avait faite lui-même de son *mulle barberin.* Cette figure n'est pas non plus colorée; elle fait aller les barbillons jusqu'aux bases des ventrales, et montre les rayons comme il suit :   D. 7 — 9; A. 7; C. 15; P. 16; V. 1/5.

L'individu, desséché, est long de quinze pouces, et n'a plus de barbillons.

C'est un individu plus petit de la même espèce, qui avait aussi perdu ses barbillons, que M. de Lacépède (t. IV, p. 308 et 312) a décrit sous le nom de *sciène heptacanthe;* erreur toute semblable à celle que nous venons de signaler relativement à l'espèce précédente.

---

1. *Sciène heptacanthe,* Lacép., t. IV, p. 312.

Nous croyons avoir retrouvé cette espèce dans la belle collection de poissons que M. Dussumier nous a rapportée en 1827. L'individu a été pris aux îles Séchelles, et est conservé dans la liqueur, en sorte que l'on est plus sûr de ses formes.

La tête est des plus alongées du genre; elle prend plus du quart de la longueur totale, et excède en longueur la hauteur du poisson. L'œil est au tiers postérieur, et n'a pas le sixième de la longueur de la tête, ce qui fait que le sous-orbitaire est très-alongé. Sa surface est à peu près lisse. Chaque mâchoire a une rangée de petites dents coniques et mousses, dont les mitoyennes d'en haut sont un peu plus fortes; mais il n'y en a aucunes au palais. L'opercule a une très-petite épine. Les barbillons atteignent la base des ventrales. La première dorsale est ponctuée, des deux tiers de la hauteur du corps, et du double de celle de la deuxième. Les écailles sont un peu rudes, comme du verre dépoli, et ont le bord lisse. Les arbuscules de la ligne latérale ont le tronc court et gros, et beaucoup de petites branches courtes et fines, irrégulièrement disposées en rayons. Les fourches de la caudale ont le cinquième de la longueur du corps.

D. 8 — 1/9; A. 2/6; C. 13; P. 16; V. 1/5.

Ce mulle était d'un rose assez vif sur le dos, plus pâle sous le ventre, sans aucunes taches : sa deuxième dorsale et son anale sont jaunes. La première a, sur sa base, quatre rubans serrés, bruns, violâtres : la deuxième, quatre lignes étroites, lilas et plus écartées.

La longueur de l'individu est d'un pied.

L'UPÉNÉUS VERMILLON.

(*Upeneus cinnabarinus*, nob.)

Nous devons à M. Reynaud encore un de ces upénéus à dents coniques et pointues sur un seul rang.

On ne lui voit aucune trace du trait noir des flancs, ni de tache sur les côtés de la queue. Ses barbillons atteignent à la pointe de l'opercule. Les arbuscules de sa ligne latérale sont fort composés.

M. Reynaud, qui l'a pêché dans la rade de Trinquemalé, le décrit comme

ayant le corps d'un beau rouge vermillon, plus foncé sur le dos, et plus pâle sur le ventre; les rayons des deux dorsales et de l'anale jaunes, et leur membrane rougeâtre; le lobe supérieur de la caudale orangé, et l'inférieur rouge. Une grande tache purpurine couvre l'opercule et descend sur le sous-opercule. L'iris de l'œil est d'un beau rouge vermillon. Les barbillons étaient roses.

L'estomac est petit, conique; la branche montante est grosse et charnue; les cœcums étaient détruits : la vessie aérienne est petite, très-mince, et rejetée vers l'arrière de l'abdomen. Le péritoine est argenté.

Ce poisson est très-bon à manger. Il n'a pas paru être abondant sur la côte de Ceilan.

Il est, au reste, certain que les dix ou douze espèces d'upénéus dont nous venons de parler, n'épuisent pas la liste de celles que produit la mer des Indes.

Bloch en donne une (dans son *Systema,* édition de Schneider, p. 18) qui venait de la Nouvelle-Hollande, et qui lui avait été communiquée par M. Latham. Il la regarde comme une variété du surmulet; mais c'est évidemment une espèce distincte, presque aussi alongée que notre cordon jaune, à dos pourpre, à flancs variés de jaune, à ventre blanc, à nageoires rouges; une ligne bleue marque le sourcil, et trois autres vont de l'œil au bout du museau. Si l'on pouvait s'en rapporter à la figure, sa seconde dorsale aurait douze rayons, ce qui ne permettrait de la confondre avec aucun autre.

Bloch la nomme dans le texte (p. 78) *mullus lineatus,* et sur la planche 18, *mullus Lathamii :* c'est ce dernier nom que nous lui conserverons.

Nous en trouvons aussi dans le Recueil de Corneille de Vlaming, outre ce que nous en avons déjà cité, deux figures que nous ne pouvons rapporter à aucune de nos espèces. La première (n.° 121) est jaune, avec de grandes marbrures noires sur le dos et sur les flancs, et quelques taches noires à la tête, qui est alongée comme dans l'espèce du Malabar. Elle est nommée *byenancque lombour.* Nous n'en trouvons de copie ni dans Renard ni dans Valentyn.

La seconde, intitulée *byenancque passir,* est petite, alongée, d'un beau rouge, avec une bande longitudinale, étroite, blanche de chaque côté, des nageoires jaunes, des barbillons qui ne vont qu'à l'angle de l'opercule. Cette figure est copiée, mais avec beaucoup d'incorrection, dans Renard (pl. 3, fig. 22) sous le simple nom de *byenancque,* qui est générique pour ces poissons aux Moluques.

Valentyn n'a donné aucun mulle; mais on en voit encore deux différens de tous les précédens, à la planche 7 du *Theatrum animalium* de Ruysch, fig. 14 et 15. Leurs figures sont cependant tellement grossières qu'elles ne peuvent servir que d'une indication aux naturalistes qui fréquenteront ces mers pour leurs recherches ultérieures.

Enfin, tout nouvellement MM. Quoy et Gaymard viennent de nous envoyer le dessin d'un mulle qu'ils nomment *bilineatus,* et qui a deux lignes orangées le long du flanc et deux lignes jaunes sur chaque dorsale.

5.° *Upénéus de l'Atlantique.*

L'Amérique n'a, comme les Indes, que des mulles du deuxième sous-genre; et jusqu'à présent nous n'en avons reçu que quatre. Le quatrième rayon de la membrane des ouïes est si mince et si écarté des autres, qu'il pourrait échapper à l'observateur.

Quant aux dents, ils se divisent comme ceux des Indes, selon qu'ils les ont aux mâchoires sur une rangée ou en velours. Nous n'en avons pas vu à leur palais.

*L'*Upénéus *métara.*

(*Upeneus maculatus,* nob.; *Mullus maculatus,* Bl.)

Le premier appartient à la tribu à dents distinctes et sur une seule rangée. Il nous paraît le même que le *pirametara* de Margrave (p. 156 et 181; Pison, p. 60), ou *mullus maculatus* (Bloch, pl. 348, fig. 1).

Nous l'avons reçu du Brésil par M. Delalande, et de la Martinique par MM. Richard, Plée, Achard et Choris. Il porte dans cette île le nom de *souris.* Les Espagnols et les Portugais d'Amérique le nomment *salmonete,* qui est le nom du mulle ordinaire dans la Péninsule.

Sa hauteur est à peine plus de quatre fois dans sa longueur; son museau est assez long, son profil oblique et presque rectiligne. Tout le bord inférieur de ses sous-orbitaires, depuis l'œil, est traversé de petites lignes saillantes, terminées chacune par un pore. Il y en a vingt à vingt-cinq. Le disque de la même pièce a des pores sans lignes. L'épine de l'opercule est forte et pointue; ses dents sont coniques et sur une seule ligne. Quelques-unes au milieu de la mâchoire supérieure sont plus fortes, et dans un grand individu il y en a au milieu quatre qui se recourbent en avant, et de chaque côté une plus forte, qui se recourbe en arrière. Les arbuscules de sa ligne latérale sont assez compliqués; ses barbillons dépassent à peine l'angle du préopercule. Du reste, ce mulle a les caractères communs à tous ceux des Indes.

D. 8 (dont le premier très-court) — 9 (dont le dernier fourchu, peu alongé); A. 7 (dont le premier simple et le dernier fourchu); C. 15; P. 17; V. 1/5.

Nos plus grands individus de la Martinique n'ont que huit pouces; ceux du Brésil n'en ont que six : huit pouces est aussi la mesure ordinaire de ceux de Cuba, selon M. Poey; mais on y en a pris quelquefois qui étaient plus grands et pesaient jusqu'à deux livres.

Tout le corps de ce poisson est rouge. J'aperçois à quelques-uns de mes individus une tache noirâtre sous la deuxième nageoire, et une autre de chaque côté de la queue; d'autres n'en montrent aucune. Margrave, qui représente trois de ces taches dans sa figure, n'en fixe pas le nombre dans son texte: il ajoute que la caudale a le bord jaune; mais le dessin colorié du prince Maurice, copié par Bloch, ne marque point cette particularité : il est tout rouge, avec trois taches noires.

Sur le dessin que M. Poey nous a apporté de Cuba, l'on voit trois taches, comme dans celui que Bloch a publié : une près de l'ouïe, l'autre au droit de la pointe de la pectorale; la troisième entre la naissance de la deuxième dorsale et celle de l'anale. M. Poey dit dans une note que sa couleur est d'un rouge orangé, foncé à la partie supérieure, très-clair à l'inférieure. Les taches sont couleur de bistre; les nageoires ont les mêmes teintes que les parties du corps auxquelles elles adhèrent.

Nous avons pu disséquer une femelle de cet upénéus que M. Choris nous a envoyée de la Martinique. Le foie est petit, triangulaire, situé presque en entier à gauche de l'estomac : sa couleur est d'un beau rouge. La vessie est si longue qu'elle atteint presque à l'extrémité du rectum; elle n'a qu'une demi-ligne au plus de diamètre. On ne compte que huit à neuf appendices cœcales grêles assez longues. La rate est grosse, située très en avant sous l'estomac, d'une belle couleur noire. La vessie natatoire est grande, à parois minces, dont la couleur, ainsi que celle du péritoine, est d'un beau rose. Une grande quantité de graisse enveloppait les intestins.

M. Plée assure qu'on fait peu de cas de ce poisson à la Martinique. Margrave se borne à dire de celui du Brésil, qu'il est mangeable; Pison ajoute que sa chair est friable, grasse, et a besoin d'être assaisonnée pour se conserver. Mais M. Poey nous assure dans ses notes que c'est un des poissons les plus estimés de la Havane, et qu'il s'y paie le double de tout autre. Il est assez singulier qu'il n'en soit question ni dans Sloane, ni dans Brown, ni dans Parra.

Gmelin a fait fort mal à propos de ce poisson une variété du surmulet d'Europe. Bloch, dans son grand ouvrage, semble, quoique sans meilleures raisons, plus tenté de le croire une variété du rouget; mais dans son *Systema* il est revenu à l'idée de Gmelin; et bien certainement c'est un individu de cette espèce qu'il avait sous les yeux quand il a pu dire du surmulet (*Syst.*, p. 78): *A sequente specie* (a mullo barbato) *differt dentibus utriusque maxillæ teretibus, obtusis,* supra quos prominent quatuor majores, quorum duo inferiores retrorsum et extrorsum versi sunt: *contra sequens dentibus maxillæ superioris caret.*

C'est la même confusion qui a pu lui faire dire que le surmulet se trouve sur les côtes d'Amérique; erreur que M. de Lacépède n'a pas manqué de répéter.

*L'*Upénéus ponctué.

(*Upeneus punctatus,* nob.)

La Martinique possède encore un mulle qu'elle nomme *souris,* comme le précédent, et qui a de même une rangée de dents serrées à chaque mâchoire, une épine à l'opercule, et à peu près tous les caractères du précédent, si ce n'est que son museau est un peu plus convexe. Les barbillons atteignent le bord postérieur de l'opercule. Nos individus n'ont pas de dents crochues.

Un d'eux, arrivé nouvellement, par les soins de M. Achard, dans le plus grand état de fraîcheur,

a le dos et le milieu de la joue d'un beau rouge; le dessus du museau, le bas de la joue, l'opercule, d'un jaune verdâtre. Une teinte jaune règne le long du flanc, et sous elle une teinte rose : le dessous du corps est blanc, et toutes les nageoires sont jaunes. La caudale, l'anale et les ventrales ont cependant leurs rayons orangés. Au milieu de chaque écaille est une petite tache ou plutôt un reflet argenté ou lilas, et l'on voit trois lignes étroites de la même couleur qui se rendent de l'œil au museau. Aux côtés du corps, sur le rouge et le jaune, se voient quatre ou cinq larges taches peu marquées et nuageuses, d'une teinte brunâtre.

D. 7 — 9; A. 7; C. 15; P. 16; V. 1/5.

Je rapporte à cette espèce une figure que j'ai trouvée dans le recueil de peintures fait au Mexique par MM. Sessé et Mocigno, et qui présente les mêmes caractères. On y nomme ce poisson *mullus punctatus,* et en espagnol *salmonete,* comme le mulle d'Europe.

Il est représenté tout entier d'un beau rouge, avec une petite

tache ronde, d'un gris violet, sur le milieu de chaque écaille, et
quatre lignes de la même couleur de chaque côté du museau, entre
l'œil et la bouche, sur le sous-orbitaire.

Par ses couleurs il ressemble, comme on voit, beaucoup à l'upénéus de Vlaming.

*L'*Upénéus martiniquois.

(*Upeneus martinicus*, nob.)

Le troisième de ces mulles d'Amérique est de la tribu
à dents en velours, et ressemble même beaucoup pour la
forme au *mulle cordon jaune.*

Son museau est seulement encore un peu plus convexe, et son
œil un peu plus grand. Les palmettes de sa ligne latérale sont semblables; mais ses écailles, tronquées en demi-cercle, ont à leur racine
jusqu'à sept et huit crénelures : ses barbillons n'atteignent pas tout-
à-fait à l'angle du préopercule.

D. 7 — 9; A. 7; P. 15; V. 1/5.

Ce poisson nous a été envoyé de la Martinique, mais
sans notes particulières, ce qui annonce qu'il a été peu
remarqué.

L'individu n'a que cinq pouces.

Dans la liqueur il paraît brun sur le dos, argenté sur les côtés et
au ventre; mais on voit à son tissu muqueux qu'il doit avoir eu des
teintes rouges.

*L'*Upénéus a baudrier.

(*Upeneus balteatus*, nob.)

M. Poey nous a donné la figure d'un autre *salmonete,*
dont le dos est violet-clair, le ventre blanc, et qui a, entre ces deux
couleurs, une bande longitudinale d'un jaune brillant, comme le

mulle cordon jaune; mais il a de plus une tache noire sur le côté de la queue, après la fin de la deuxième dorsale et de l'anale.

Ne trouvant dans cette figure et dans la note qui l'accompagne rien qui nous fasse connaître la disposition des dents et le nombre des rayons branchiaux, nous ne savons dans quelle tribu cette espèce doit être placée, et nous n'en parlons ici que pour engager les naturalistes à en compléter la description. Elle doit avoir une analogie marquée avec l'auriflamme et les autres espèces à tache sur le côté de la queue.

Il ne paraît pas qu'en Amérique ni les mulles ni les upénéus remontent aussi haut vers le Nord qu'en Europe.

M. Mitchill ne cite aucun mulle dans ses Poissons de New-York, et nous n'en avons reçu aucun dans les nombreux envois de poissons qui nous ont été faits des États-Unis.

L'UPÉNÉUS DU CAP VERT.

(*Upeneus prayensis*, nob.)

Les îles du cap Vert possèdent un beau mulle, que MM. Quoy et Gaymard viennent d'y recueillir, et qui est entièrement du plus beau rouge doré, comme notre rouget proprement dit, avec une tache plus rouge sur le milieu de chaque écaille; mais sa forme est très-différente : son museau est encore plus alongé que dans notre surmulet. Les grands sous-orbitaires sont marqués d'une foule de pores. Son opercule se termine en une pointe aiguë, comme dans les espèces des Indes et d'Amérique. Il n'y a qu'une rangée de dents à chaque mâchoire, et le vomer est lisse, aussi bien que les palatins. Les arbuscules ont sept ou huit branches; les tentacules atteignent le bord postérieur de ses opercules : sa première dorsale n'a que les deux tiers de la hauteur du corps, laquelle est comprise cinq fois dans la longueur totale; la tête y est moins de quatre fois.

D. 8 — 1/8; A. 1/6, etc.

Notre individu est long de six pouces.

ADDITIONS ET CORRECTIONS

AUX TOMES I, II ET III.

TOME PREMIER.

Page 8, ligne 15, au lieu de : Ἔταιρε, lisez : Ἔτειρε.

TOME SECOND.

Page 2, lignes 23 et 24, au lieu de : ne manquant jamais, lisez : ne manquant presque jamais. — Les ambasses forment en effet une exception notable à la règle.

Page 13, dans la seconde moitié du tableau des genres des percoïdes, il convient d'ajouter quelques genres que nous avons établis depuis sa rédaction.

Ainsi, ligne 19, détachez les Trichodons, pour les placer dans une section séparée de percoïdes à moins de sept rayons branchiaux, qui sera caractérisée par *deux dorsales*, comme nous l'avons dit tome III, p. 114, et ajoutez-y le genre

    Sillago. Tête conique; bouche petite, au bout du museau; préopercule dentelé; une épine au préopercule.

Ligne 24, après les Thérapons, ajoutez le genre
    Datnia. Les caractères des thérapons; la dorsale peu échancrée.

Ligne 35, après les Béryx, intercalez le genre
    Trachichtes. Une épine à l'angle du préopercule et au surscapulaire; une seule nageoire courte sur le dos; l'abdomen caréné à grosses dents de scie.

Ligne 47, après les Sphyrènes, intercalez le genre
    Paralepis. Les mâchoires égales; la première dorsale très-reculée; la seconde excessivement petite et presque adipeuse.

Page 44, lignes 12 et 13, au lieu de : empoissonner les rivières, lisez : empoissonner les viviers.

Après la page 64, ajoutez l'article suivant :

Le Bar multiraie.

(*Labrax multilineatus*, nob.; *Perca multilineata*, Lesueur.)

M. Lesueur a récemment découvert dans la rivière Wabash un bar rayé, que les pêcheurs américains lui ont nommé *rock-fish* ou *striped bass*, et qui est cependant différent du *rock-fish* (*labrax lineatus*, nob.) des côtes orientales de l'Amérique septentrionale. Nous conservons à cette nouvelle espèce le nom sous lequel M. Lesueur l'a envoyée au Cabinet du Roi, et sous lequel il compte la publier; mais nous ne l'avons pas encore trouvée dans les écrits de cet infatigable voyageur.

Comparé au bar rayé, on trouve au bar multiraie le corps plus haut, la tête plus courte, les dents plus faibles, les âpretés de la langue plus fortes, et surtout les écailles du maxillaire beaucoup plus grandes et semblables à celles de l'espèce que nous avons appelée *labrax mucronatus*. Dans le bar rayé, ces écailles s'aperçoivent à peine. Les rayons de la seconde dorsale et de l'anale sont un peu plus nombreux.

D. 9 — 1/13; A. 3/12; C. 17; P. 14; V. 1/5.

Le fond de la couleur est de même gris verdâtre sur le dos, et argenté sur le ventre. On compte au moins seize lignes longitudinales noirâtres et étroites sur les flancs. Les nageoires impaires sont noirâtres.

L'individu que nous décrivons a quinze pouces de longueur.

Nous avons reçu par les soins du même naturaliste, et du même lieu, un poisson qui paraît n'être qu'une variété de celui que nous venons de décrire.

Sa tête est un peu plus alongée; le corps paraît encore un peu plus élevé, et nous lui comptons un rayon mou de plus à la seconde dorsale. La couleur du corps est plus claire : les lignes des flancs sont plus nombreuses et plus effacées; il y en a au moins dix-neuf, et les nageoires verticales sont à peine grisâtres.

Cependant ces différences nous semblent trop peu importantes pour nous décider à distinguer comme une espèce particulière ce poisson, dont nous n'avons pu examiner qu'un seul individu desséché, mais bien conservé. Nous laissons aux naturalistes américains, qui pourront en voir un grand nombre d'individus, à résoudre cette question.

Page 70, après l'article de la *variole du Nil*, ajoutez :

La variole se trouve aussi dans le Sénégal. Le Cabinet du Roi en a reçu deux individus, que le gouverneur de cette colonie, M. Jubelin, y a recueillis. Il nous apprend que ce poisson y atteint jusqu'à quatre-vingts livres de poids, et que les Nègres le nomment *ghiènevèche*. Ce dernier mot pourrait bien être une altération du nom arabe de ce poisson *keschr*. Dans un des deux individus on compte un rayon mou de plus à la seconde dorsale.

Page 79, ligne 15, au lieu de : (t. IV, p. 418, et t. V, pl. IV, fig. 2), lisez : (t. V, p. 326, et pl. X, fig. 2).

Page 113, après l'article de l'*apogon à nageoires noires*, ajoutez l'article suivant :

L'APOGON A NAGEOIRES ROSES.

(*Apogon roseipinnis*, nob.)

M. Reynaud a rapporté un apogon pris dans la rade de Trinquemalé, à Ceilan, et qui est assez semblable pour les

3. 46

formes et les proportions à notre apogon de la Méditerranée.

Toutes ses nageoires sont d'un rose brillant : une légère teinte noirâtre est répandue sur la première dorsale. Les dents sont fines ; les nageoires peu élevées. La couleur du corps paraît avoir été d'un beau rouge brillant glacé d'argent : un cercle noir entoure la base de la caudale, et un point noir est un peu au-dessus de l'aisselle de la pectorale. A la base de l'anale il y a un point noir entre chaque rayon.

D. 7 — 1/9 ; A. 2/8, etc.

L'individu est long de quatre pouces.

Il ne serait pas impossible que ce fût cette espèce qui eût donné lieu à la figure nommée par M. de Lacépède *ostorinque Fleurieu*.

Page 119, ligne 15, au lieu de : LONGUES ANALES, lisez : LONGUE ANALE.

Même page, après l'*apogon à longue anale*, ajoutez les deux articles suivans :

L'APOGON DE CEILAN.

(*Apogon zeylonicus*, nob.)

Cette espèce, due aussi à M. Reynaud,

a quatorze rayons à l'anale, comme l'*apogon lineolatus* de la mer Rouge ; mais elle n'offre aucune trace de taches ni de bandes transversales. Son anale ayant un rayon mou de moins que l'*apogon à longue anale*, découvert à Java par Kuhl, nous croyons devoir en faire une espèce distincte. Son corps est rouge, glacé d'argent. Les épines de la dorsale sont faibles, et la caudale est assez fourchue.

D. 6 — 1/9 ; A. 2/14, etc.

Notre individu est long de deux pouces.

L'Apogon thermal.

(*Apogon thermalis*, nob.)

M. Reynaud a encore trouvé une espèce nouvelle d'apogon, que son séjour dans les sources d'eaux chaudes de Cania, à Ceilan, rend fort intéressante à faire connaître.

C'est un petit poisson long de trois pouces, qui ressemble à celui que M. Ehrenberg a rapporté de la mer Rouge sous le nom d'*apogon à sept taches*, mais qui n'offre qu'une seule tache noire à la base de la queue : on n'en voit aucune trace sous la dorsale.

Les nombres sont :

D. 6 — 1/9; A. 2/8, etc.

La couleur paraît avoir été rouge sur le corps et sur les nageoires. Il y a un peu de noirâtre sur la première dorsale, entre la pointe des deux premiers rayons.

Page 135, avant l'article de l'*ambasse nalua* :

L'Ambasse thermal.

(*Ambassis thermalis*, nob.)

M. Reynaud a rapporté de Ceilan un ambasse qui tient de très-près à celui de Dussumier.

Il est encore un peu plus alongé, sa hauteur étant trois fois et plus de deux tiers dans la longueur totale. Les écailles sont grandes et fortes. Tout le corps paraît verdâtre, et par le milieu de chaque flanc il y a une bandelette argentée. L'opercule est aussi très-brillant. Sur chaque lobe de la caudale il y a un trait vert noirâtre longitudinal.

Les nombres sont ceux de l'ambasse de Commerson.

D. 7 — 1/9; A. 3/9, etc.

Ce poisson, qui ne paraît pas dépasser trois pouces, vit

dans les eaux douces de Ceilan; et, ce qui est remarquable, il est du très-petit nombre de ceux qui vivent dans les eaux thermales. M. Reynaud l'a trouvé, avec l'*apogon thermalis,* dans les sources d'eau chaude de Cania, à une température de 37° Réaumur.

Page 179. Addition à l'article du *serran galonné* :

M. Reynaud vient de rapporter du détroit de la Sonde le serran galonné. Les pêcheurs malais l'ont nommé *djapou,* nom que nous ne trouvons pas dans Valentyn.

L'individu est de même grandeur que celui que nous avons décrit; mais nous n'avions pu juger de la beauté de ses couleurs. Un rose vif et très-brillant colore le dos et les côtés, et se fond sur l'argenté brillant du ventre. Une large bandelette d'un brun très-vif va de l'œil à la queue, par le milieu des flancs. Toutes les nageoires sont d'un beau jaune.

Page 230. Addition à l'article du *mérou boelang* :

Nous croyons devoir rapporter à cet *ikan boelang* un serran que M. Reynaud a pris dans la rade de Trinquemalé.

Les formes sont entièrement semblables; les nombres ne diffèrent pas. Ce poisson plus frais nous montre que sur un fond brun le corps est traversé par sept bandes verticales olive clair, dont la première est placée sous le troisième rayon épineux de la dorsale. Les nageoires sont noires.

Page 249, après l'article du *mérou maculé,* ajoutez :

Le MÉROU CRAPAO.

(*Serranus crapao,* nob.)

M. Reynaud a pris dans la rade de Batavia un serran très-voisin du serran maculé, et qui tient aussi au pantherin et même au bontoo, mais qui cependant ne peut être rapporté à aucune de ces trois espèces.

La dorsale molle est plus haute que la portion épineuse. La caudale est arrondie. Tout le corps et les nageoires sont couverts de gros points bruns, sur un fond brun olivâtre. Sur le dos, à la base de la dorsale, il y a trois ou quatre grosses taches brunes.

D. 11/15; A. 3/9; C. 17; P. 16; V. 1/5.

Ce poisson atteint à un pied, et se nomme en malais *crapao*.

Page 271, lignes 6 et 7, au lieu de : (*Holocentrus bœnack*, Bl., pl. 326), et : L'*holocentre bœnack*, lisez : (*Bodianus bœnack*, Bl., pl. 226), et : Le *bodian bœnack*.

Page 296, note, au lieu de : *Holocentrus maculatus*, lisez : *Bodianus maculatus*.

Page 322, après l'article de la *diacope bordée*, ajoutez :

La Diacope aux ventrales jaunes.

(*Diacope xanthopus*, nob.)

Une espèce très-voisine de la *diacope marginata* vient d'être rapportée de la rade de Trinquemalé, à Ceilan, par M. Reynaud.

Le dos paraît avoir été rougeâtre, et le ventre jaune. La dorsale et la caudale sont pourpres, un peu noirâtres : le bord de la dorsale est noir, et on voit, quand la caudale n'est pas tout-à-fait étendue, un très-petit liséré blanc. Les ventrales et l'anale sont d'un beau jaune-soufre : les pectorales sont plus olivâtres.

D. 10/14; A. 3/9, etc.

Cette diacope a sept pouces de longueur.

Page 338, après l'article du *mésoprion à stigmate*, ajoutez :

Le MÉSOPRION RAYÉ D'OR.

(*Mesoprion auro-lineatus*, nob.)

M. Reynaud a rapporté de la rade de Trinquemalé un mésoprion à tache latérale noire, qui se distingue de tous ceux que nous connaissons.

Le corps est plus alongé; le dos est vert-olivâtre, rayé obliquement de brun. Le ventre est un peu plus pâle que le dos, et au-dessous de la ligne latérale, sur chaque flanc, on voit quatre lignes longitudinales dorées très-brillantes. La dorsale et la pectorale sont olivâtres : la caudale et l'anale sont jaune-olive brillant, et les ventrales d'une belle couleur jaune d'or.

D. 10/14; A. 3/8, etc.

Ce poisson n'a pas six pouces de longueur.

Sur les pages 344 et 347, ainsi que sur la page 121 du troisième volume, on doit remarquer que l'épithète ou le nom de *monbin*, qui est proprement celui de l'arbre appelé par les botanistes *spondias purpurea*, se donne dans nos colonies d'Amérique à plusieurs poissons de couleur rouge. Outre les divers mésoprions qui le portent, MM. Achard et Choris nous apprennent qu'on l'attribue aussi au *myripristis jacobus*, autrement nommé *frère Jacques*.

Page 345, ligne 25, au lieu de : *dorade à petites dents*, lisez : *vrai pagel*.

Page 367. Addition à l'article du *mésoprion porte-anneau :*

M. Reynaud a rapporté de la rade de Trinquemalé deux individus du *mesoprion annularis*, presque aussi frais que si on les retirait de l'eau.

Leur corps est du plus beau rouge carmin, un peu rembruni sur le dos par les traits obliques de couleur brune dont il est rayé; l'opercule est glacé d'argent. Le bord de la dorsale et la moitié de la membrane de sa portion molle sont noirâtres; les rayons mous sont rouges; la caudale est plus ou moins orangée; les ventrales ont la membrane noirâtre et les rayons rouges; l'iris de l'œil est rouge carmin glacé d'argent; le haut de l'œil est brun; la tache annulaire de la queue est entourée de rose clair.

Le plus grand des deux individus est long de huit pouces.

Les pêcheurs malais de la rade de Batavia appellent ce poisson *tembola*.

TOME TROISIÈME.

Page 38, ligne 6, au lieu de : p. 54, lisez : p. 39.

Page 52, après la septième ligne, ajoutez :

M. Ruppel donne une figure du cirrhite marbré dans l'atlas de son Voyage (poissons, pl. 4, fig. 1), et il l'y représente d'un vert brunâtre, avec de grandes taches nuageuses jaunâtres et de petites taches noirâtres semées sur la tête et les nageoires.

Il lui a observé un estomac cylindrique musculeux, trois cœcums au pylore, un intestin à deux replis, une vessie natatoire simple.

Il n'en a pas vu de plus de neuf pouces. Ce poisson se nourrit de petits crustacés. Les pêcheurs du nord de la mer Rouge le nomment *sideri*.

Page 69, après l'article du *pomotis commun*, ajoutez :

Le POMOTIS GRANDE GUEULE.

(*Pomotis gulosus*, nob.)

M. Lesueur vient d'envoyer tout récemment au Cabinet du Roi une nouvelle espèce de pomotis, qui vit dans le lac Pontchartrain et dans les lagunes voisines de la Nouvelle-Orléans. On y trouve également le pomotis commun, que les colons français nomment *fendeur* ou *coupeur d'eau*. Ils distinguent l'espèce qui fait le sujet de ce nouvel article sous le nom de *grande gueule*.

En effet, en comparant entre eux ces deux poissons, on reconnaît que la grande gueule a la bouche fendue jusqu'au-delà de la moitié de l'œil. Le corps est moins orbiculaire; l'auricule noire est plus courte, et le nombre des rayons mous de la dorsale et de l'anale est moins considérable.

D. 10/9; A. 3/8; C. 17; P. 15; V. 1/5.

Les couleurs sont à peu près les mêmes que celles du pomotis commun. M. Lesueur, qui a vu ces poissons frais, dit qu'ils sont très-brillans; le fond brun de leur corps étant mélangé d'or.

Ils n'atteignent guère à plus de huit pouces. Leur chair est estimée.

Page 149, article de l'*holocentre oriental*, après la seixième ligne, ajoutez:

M. Reynaud en a rapporté de la rade de Batavia de très-beaux échantillons, brillans du plus beau rouge rayé d'argent, et les a donnés au Cabinet du Roi sous le nom de *gourrara*. Suivant ce naturaliste, la chair de ce poisson est fort délicate.

Page 211, ligne 10, au lieu de : D. 7, lisez : D. 9.

Page 233, ajoutez en note :

Notre *uranoscope à gros barbillon* est représenté dans la zoologie du Voyage de *la Coquille*, par MM. Lesson et Garnot (poissons, n.º 18), sous le nom d'*uranoscope kouripoua*.

FIN DU TOME TROISIÈME.